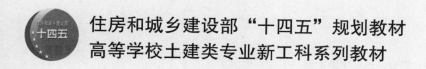

住房和城乡建设部"十四五"规划教材

高等学校土建类专业新工科系列教材

BIM技术及应用

王　茹　主　编

梁　琼　邢毓华　副主编

中国建筑工业出版社

图书在版编目（CIP）数据

BIM 技术及应用/王茹主编；梁琼，邢毓华副主编
. —北京：中国建筑工业出版社，2023.12
住房和城乡建设部"十四五"规划教材　高等学校土
建类专业新工科系列教材
ISBN 978-7-112-29176-2

Ⅰ.①B… Ⅱ.①王… ②梁… ③邢… Ⅲ.①建筑设
计-计算机辅助设计-应用软件-高等学校-教材 Ⅳ.①TU201.4

中国国家版本馆 CIP 数据核字（2023）第 180908 号

本书结合工程实例，紧密围绕 BIM 技术综合应用能力的培养，力求理论联系实际，突出 BIM 建模技能与土木工程行业背景的融合，使读者在结合行业设计规范和原则的同时，掌握 BIM 技术在土木工程中的技能和方法。全书共分 11 章，从创建项目开始，结合工程实例，深入浅出地讲解了创建 BIM 模型和深化设计的基本方法，结合专业软件进行土木工程 BIM 模型的深化应用和成果输出。为提高学生复杂模型的建模水平和了解装配式建筑发展的需要，在第 10、11 章，进一步介绍了族、钢结构及 PC 装配式结构 BIM 建模的技术方法。

本书是系统学习 BIM 技术建模及应用的专业教材，可作为本科院校土木工程、道桥、交通、智能建造等专业的教材，也可作为 BIM 技能考试及 BIM 工程技术人员的参考资料。

为了更好地支持相应课程的教学，我们向采用本书作为教材的教师提供课件，有需要者可与出版社联系。建工书院：http://edu.cabplink.com（PC 端），邮箱：jckj@cabp.com.cn，2917266507@qq.com，电话：（010）58337285。

* * *

责任编辑：聂　伟　吉万旺
责任校对：赵　力

住房和城乡建设部"十四五"规划教材
高等学校土建类专业新工科系列教材
BIM 技术及应用
王　茹　主　编
梁　琼　邢毓华　副主编
*
中国建筑工业出版社出版、发行（北京海淀三里河路 9 号）
各地新华书店、建筑书店经销
霸州市顺浩图文科技发展有限公司制版
北京圣夫亚美印刷有限公司印刷
*
开本：787 毫米×1092 毫米　1/16　印张：20½　字数：510 千字
2024 年 2 月第一版　　2024 年 2 月第一次印刷
定价：**58.00** 元（赠教师课件）
ISBN 978-7-112-29176-2
（41892）

出版说明

党和国家高度重视教材建设。2016年，中办国办印发了《关于加强和改进新形势下大中小学教材建设的意见》，提出要健全国家教材制度。2019年12月，教育部牵头制定了《普通高等学校教材管理办法》和《职业院校教材管理办法》，旨在全面加强党的领导，切实提高教材建设的科学化水平，打造精品教材。住房和城乡建设部历来重视土建类学科专业教材建设，从"九五"开始组织部级规划教材立项工作，经过近30年的不断建设，规划教材提升了住房和城乡建设行业教材质量和认可度，出版了一系列精品教材，有效促进了行业部门引导专业教育，推动了行业高质量发展。

为进一步加强高等教育、职业教育住房和城乡建设领域学科专业教材建设工作，提高住房和城乡建设行业人才培养质量，2020年12月，住房和城乡建设部办公厅印发《关于申报高等教育职业教育住房和城乡建设领域学科专业"十四五"规划教材的通知》（建办人函〔2020〕656号），开展了住房和城乡建设部"十四五"规划教材选题的申报工作。经过专家评审和部人事司审核，512项选题列入住房和城乡建设领域学科专业"十四五"规划教材（简称规划教材）。2021年9月，住房和城乡建设部印发了《高等教育职业教育住房和城乡建设领域学科专业"十四五"规划教材选题的通知》（建人函〔2021〕36号）。为做好"十四五"规划教材的编写、审核、出版等工作，《通知》要求：（1）规划教材的编著者应依据《住房和城乡建设领域学科专业"十四五"规划教材申请书》（简称《申请书》）中的立项目标、申报依据、工作安排及进度，按时编写出高质量的教材；（2）规划教材编著者所在单位应履行《申请书》中的学校保证计划实施的主要条件，支持编著者按计划完成书稿编写工作；（3）高等学校土建类专业课程教材与教学资源专家委员会、全国住房和城乡建设职业教育教学指导委员会、住房和城乡建设部中等职业教育专业指导委员会应做好规划教材的指导、协调和审稿等工作，保证编写质量；（4）规划教材出版单位应积极配合，做好编辑、出版、发行等工作；（5）规划教材封面和书脊应标注"住房和城乡建设部'十四五'规划教材"字样和统一标识；（6）规划教材应在"十四五"期间完成出版，逾期不能完成的，不再作为《住房和城乡建设领域学科专业"十四五"规划教材》。

住房和城乡建设领域学科专业"十四五"规划教材的特点，一是重点以修订教育部、住房和城乡建设部"十二五""十三五"规划教材为主；二是严格按照专业标准规范要求编写，体现新发展理念；三是系列教材具有明显特点，满足不同层次和类型的学校专业教学要求；四是配备了数字资源，适应现代化教学的要求。规划教材的出版凝聚了作者、主审及编辑的心血，得到了有关院校、出版单位的大力支持，教材建设管理过程有严格保障。希望广大院校及各专业师生在选用、使用过程中，对规划教材的编写、出版质量进行反馈，以促进规划教材建设质量不断提高。

住房和城乡建设部"十四五"规划教材办公室
2021年11月

前言

PREFACE

近年来，建筑业已由高速增长阶段转向高质量发展阶段，迫切需要数字信息技术和产业的创新驱动。而 BIM 技术作为建筑数字化的核心技术，必然会成为建设行业技术升级、生产方式变革、管理模式革新的核心要素。2020 年 9 月，国务院国资委印发《关于加快推进国有企业数字化转型工作的通知》，针对建筑企业数字化明确指出"重点开展建筑信息模型、三维数字化协同设计、人工智能等技术的集成应用"。因此，随着企业数字化转型快速推进，BIM 应用技术人才的培养也变得非常急迫。

本教材贯彻以服务为宗旨、产学研结合的方针。作者团队由高校、设计院、施工单位和咨询企业组成。作者团队前期对 BIM 技术进行了大量研究和工程项目实践，在 2012 年承担 BIM 相关国家基金面上项目研究的基础上，承担了二十余项大型工程项目的 BIM 技术服务，并在 2013 年率先为西安建筑科技大学土木工程学院研究生开设 BIM 技术课程，随后又为土木工程、道桥、交通、智能建造等专业本科生开设 BIM 建模及工程应用课程，积累了丰富的工程实践和教学经验。

本教材坚持立德树人，培养创新精神。本教材编写过程中充分考虑了 BIM 技术与土木工程行业背景的融合，使读者在学习 BIM 建模技能的同时，结合行业设计规范和原则，掌握 BIM 技术在土木工程中的技能和方法，突出 BIM 技术综合应用能力的培养。

本教材强调实践教学，提高实践能力，通过工程实例，深入浅出讲解 BIM 应用方法与技能，给出多种方法和技巧，采用图文并茂的描述方法给出详细操作步骤，以工程实例为主线，从构建项目开始，对基本构件的建模方法、工程数据的统计，到虚拟场景的构建进行了深入浅出的描述，以期为土木工程领域有志进行 BIM 技术学习研究的读者提供系统的指导和帮助。

本教材共分 11 章，前 2 章为 BIM 技术基础及 Revit 操作基础，第 3 章到第 5 章从创建项目开始，结合工程实例，深入浅出地讲解了创建 BIM 模型和深化设计的基本方法；在第 6 章详细讲解钢结构与钢筋建模基本方法的基础上，第 7 章到第 9 章对 BIM 模型数据的导入导出、统计汇总、虚拟场景构建等模型应用进行讲解；为提高学生复杂模型的建模水平和了解装配式建筑发展的需要，第 10 章系统讲解了建筑结构族的创建方法；第 11章进一步介绍了钢结构及装配式结构的创建与编辑。

本教材由王茹主编并统稿，梁琼、邢毓华担任副主编。具体编写分工为：西安建筑科技大学土木工程学院王茹编写第 1、9 章；国家电网陕西省电力公司西安供电公司科技质量部段译斐编写第 2、3 章，西安理工大学自动化与信息工程学院邢毓华编写第 4、5 章；西安建筑科技大学土木工程学院黄炜编写第 6 章；中天建设集团有限公司单晓曙编写第 7章；陕西金泰恒业房地产有限公司张娟编写第 8 章；陕西建工集团工程设计研究总院梁琼编写第 10、11 章。此外，中天建设集团有限公司的郭庆、杨森，国家电网陕西省电力公

4

司西安供电公司的王文轩、苏伍晨，陕西建工集团工程设计研究总院的马晓龙、罗霄，西安建筑科技大学土木工程学院的黄莺、田卫、吴家诚、张雨洁、毛洁、王垚等也参加了本教材的编写工作。

衷心感谢广州优比建筑咨询有限公司何关培对本教材进行了严谨、细致的审阅，并提出了宝贵的意见和建议。

感谢西安建筑科技大学土木工程学院在本教材编写过程中给予的巨大支持和鼓励，感谢中国建筑工业出版社聂伟编辑的大力支持，使本教材能够顺利出版。

在编写过程中，虽然作者反复斟酌，力求完善本书，但书中论述难免有不足之处，望读者批评指正、沟通交流（ruking@163.com）。

2023 年春于西安

目 录

CONTENTS

第 1 章
BIM技术基础

Chapter 01

BIM技术是一种应用于工程设计建造管理的数据化工具，通过参数模型整合各种项目的相关信息，在项目策划、运行和维护的全生命周期过程中进行共享和传递，使工程技术人员对各种建筑信息做出正确理解和高效应对，为规划、设计、施工及运营单位在内的项目相关方提供高质量协同工作的基础，在提高生产效率、节约成本和缩短工期方面发挥重要作用。

1.1　BIM的概念、特征及发展

1.1.1　BIM基本概念及维度

1. BIM的基本概念

1975年，被称为"BIM之父"——乔治亚理工学院的Chuck Eastman教授第一次提出"Building Description System"的概念，之后其思想体系逐步发展，直到2002年Autodesk公司首先提出BIM（Building Information Modeling）技术这种特定的称谓，世界建筑行业逐渐接受和认同它的理念。

目前相对完整的是美国国家BIM标准（National Building Information Modeling Standard，NBIMS）的定义："BIM是设施物理和功能特性的数字表达；BIM是共享的知识资源，是分享有关这个设施的信息，是为该设施从概念到拆除的全生命期中的所有决策提供可靠依据的过程；在项目不同阶段，不同利益相关方通过在BIM中插入、提取、更新和修改信息来支持和反映各自职责的协同工作"。定义由以下3部分组成。

（1）BIM是设施（建设项目）物理和功能特性的数字表达。

（2）BIM是共享的知识资源，是分享有关这个设施的信息，是为该设施从概念到拆除的全生命期中的所有决策提供可靠依据的过程。

（3）在项目的不同阶段，不同利益相关方通过在BIM中插入、提取、更新和修改信息来支持和反映其各自职责的协同作业。

BIM是以三维数字技术为基础，集成了建筑工程项目各种相关信息的工程数据模型，BIM是对工程项目设施实体与功能特性的数字化表达。一个完善的信息模型，能够连接建筑项目生命周期不同阶段的数据、过程和资源，是对工程对象的完整描述，可被建设项目各参与方普遍使用。

BIM具有单一工程数据源，可解决分布式、异构工程数据之间的一致性和全局共享问题，支持创建、管理和共享建设项目生命期中的动态工程信息。建筑信息模型同时是一种应用于设计、建造、管理的数字化方法，这种方法支持建筑工程的集成管理环境，可以显著提高建筑工程在其整个进程中的效率，大量减少风险。

3D模型不是BIM。3D模型只包含三维几何数据而没有（或有很少）对象属性数据的模型，只能用于图形可视化，并不包含智能化的构件，几乎不支持数据集成和设计性能分析。例如，3DMAX在建筑概念设计阶段应用较多，其3D模型因没有对象的属性信息，除了展示效果、可视化应用外，做不了任何数据分析工作。

2. BIM的维度

BIM模型承载了建设项目各阶段的信息数据，能够实现建设项目全生命期的信息交换和项目全过程的精细化管理。BIM 的信息载体是多维参数模型（ND Parametric Models）。

用如下简单的等式来体现 BIM 参数模型的维度。

2D＝长度＋宽度

3D＝2D＋高度

4D＝3D＋时间

5D＝4D＋成本

6D＝5D＋…

nD＝BIM

传统的 2D 图形是用点、线、多边形、圆等平面元素模拟几何构件，只有长和宽的二维尺度，故等于"长度＋宽度"，目前国内各类设计图和施工图的主流形式仍旧是 2D 图形；传统的 3D 图形是在 2D 图形的基础上加了一个维度高度，有利于建设项目的可视化，但并不具备信息整合与协调的功能。

随着 BIM 软件的发展，各种 3D 几何实体可以被整合在一起代表所需的设计构件，并将其属性信息与几何信息关联起来，编辑和修改整体的几何模型，与其相关的属性信息随之修改，从而形成可实现各阶段协同的 BIM-3D 模型。

项目在施工过程中，围绕施工的所有活动都是与时间相关的，BIM-4D 模型的构建以BIM-3D 信息模型为基础，添加时间维度。即 BIM-4D 模型＝3D 设计信息＋时间维度。实质是整合设计和施工信息，实现信息数据的整合。BIM-4D 模型可以模拟项目的动态进度计划，从而使施工工期得到有效规划和控制。尤其是在大型复杂建筑项目中引入 BIM-4D 信息模型可以大幅提升进度管理效果，有利于项目的规划和控制，实现项目的实时动态监测，使项目管理水平和施工效率提高。

建设项目的投入是根据项目建设的计划和进度逐步到位的，BIM-5D 是在 BIM-3D 技术的基础上，加入时间和成本两个维度，封装成的五维信息载体。BIM-5D 承载建筑工程3D 几何模型和建筑实体的建造时间、成本等，内容包括空间几何信息、WBS 节点信息、时间范围信息、合同预算信息、施工预算信息等。BIM-5D 造价控制手段使预算在整个项目生命周期内实现实时性与可操控性，最大程度发挥业主资金的效益。

如果在 BIM 模型中进一步封装与能耗、绿建筑评估（LEED）、永续追踪、运营维护管理应用等全生命期相关的参数，也可以进一步形成 BIM-nD 模型，形成建设项目的数字孪生，为业主提供传统 CAD、效果图或手工绘图无法实现的价值，将更大化地满足业主的需求。

1.1.2　BIM 基本特征

BIM 是一种以软件平台为基本支撑的新的管理技术流程，具有以下基本特征。

1. 可视化

可视化即"所见所得"的形式，对于建筑行业来说，可视化的真正运用在建筑业的作用是非常大的，例如现阶段经常拿到的施工图纸，只是通过线条和文本表达各构件或建筑物的信息，但是其真正的构造形式需要建筑业参与人员去自行想象。对于相对简单的构件或建筑造型来说，这种想象也未尝不可，但是现在建筑物的形式各异，复杂造型在不断推出，那么这种光靠人脑去想象的东西就未免有点不太现实。然而，BIM 提供的可视化思路，可以让人们将以往的线条式的构件形成一种三维的立体实物图形展示在人们的面前；现在建筑业也有设计方面出效果图的事情，但是这种效果图是分包给专业的效果图制作团队进行识读，设计制作出的线条式信息形成的，并不是通过构件的信息自动生成的，缺少了同构件之间的互动性和反馈性，然而 BIM 提到的可视化是一种能够同构件之间形成互动性和反馈性的可视化。在 BIM 建筑信息模型中，建设过程都是可视化的，因此可视化的结果不仅可以用来效果图的展示及报表的生成，更重要的是，项目设计、建造、运营过程中的沟通、讨论、决策都在可视化的状态下进行。

2. 协调性

协调性是建筑业中的重点内容，不管是施工单位还是业主及设计单位，无不在做着协调及相配合的工作。一旦项目的实施过程中遇到了问题，就要将各有关人士组织起来开协调会，找出施工问题发生的原因及解决办法，然后出变更，做相应补救措施等。那么这个问题的协调真的就只能在出现问题后再进行协调吗？在设计时，往往由于各专业设计师之间的沟通不到位，而出现各种专业之间的碰撞问题，例如暖通等专业中的管道在进行布置时，由于施工图纸是各自绘制在各自的施工图纸上的，真正施工过程中，可能在布置管线时正好在此处有结构设计的梁等构件在此妨碍着管线的布置，这种就是施工中常遇到的碰撞问题，像这样的碰撞问题的协调解决就只能在问题出现之后再进行解决吗？BIM 的协调性特征就可以帮助处理这种问题，也就是说 BIM 技术可在建筑物建造前期对各专业的碰撞问题进行检查与协调，生成碰撞检查和解决报告。当然 BIM 的协调作用也并不是只能解决各专业间的碰撞问题，它还可以解决例如：电梯井布置与其他设计布置及净空要求之协调，防火分区与其他设计布置之协调，地下排水布置与其他设计布置之协调等。

3. 模拟性

模拟性并不是只能模拟设计出的建筑物模型，还可以模拟不能在真实世界中进行操作的事物。在设计阶段，BIM 可以对设计上需要进行模拟的项目进行模拟实验，例如：节能模拟、紧急疏散模拟、日照模拟、热能传导模拟等；在招标投标和施工阶段可以进行4D 模拟（3D 模型加项目的发展时间），也就是根据施工的组织设计模拟实际施工，从而来确定合理的施工方案来指导施工；同时还可以进行 5D 模拟（基于 4D 模型的造价控制），从而来实现成本控制；后期运营阶段可以模拟日常紧急情况的处理方式，例如地震人员逃生模拟及消防人员疏散模拟等。

4. 优化性

事实上整个设计、施工、运营的过程就是一个不断优化的过程，当然优化和 BIM 也不存在实质性的必然联系，但在 BIM 的基础上可以做到更好的优化、更有效率地做优化。优化受信息、复杂程度和时间的制约。没有准确的信息做不出合理的优化结果，BIM 模型提供了建筑物的实际存在的信息，包括几何信息、物理信息、规则信息，还提供了建筑物变化以后的实际存在；复杂程度高到一定程度，参与人员本身无法掌握所有的信息，必须借助一定的科学技术和设备；现代建筑物的复杂程度大多超过参与人员本身的能力，BIM 及与其配套的各种优化工具使对复杂项目进行优化成为可能。

5. 可出图性

BIM不仅可以输出常见的建筑设计院所出的建筑设计图纸，及构件加工的图纸，通过对建筑物进行可视化展示、协调、模拟、优化以后，还可以输出如下图纸。

（1）综合管线图（经过碰撞检查和设计修改，消除相应错误以后）。

（2）综合结构留洞图（预埋套管图）。

（3）碰撞检查报告和建议改进方案。

BIM作为信息化发展的成果，除了具有可视化、协调性、模拟性、优化性、可出图性等优点外，它最核心的竞争力在于强大的信息整合能力。传统的信息交换方式是分散的信息传递模式，各参与方必须与其他参与方交换信息才能获取自己所需的信息以及将信息传递出去。而在BIM中，各参与方只需将信息数据提交至BIM信息数据库，就可以在BIM数据库中获取自己需要的其他参与方的信息，这种信息交换模式简化了信息的传递路径，提高了信息传递效率。

6. 一体化

基于BIM技术可进行从设计到施工再到运营贯穿工程项目的全生命周期的一体化管理。BIM技术的核心是一个由计算机三维模型所形成的数据库，不仅包含了建筑师的设计信息，而且可以容纳从设计到建成使用，甚至是使用周期终结的全过程信息。在设计阶段，BIM使建筑、结构、给水排水、空调、电气等各个专业基于同一个模型进行工作，从而使真正意义上的三维集成协同设计成为可能。在施工阶段，BIM可以同步提供有关建筑质量、进度以及成本的信息。在运营管理阶段，BIM还可提高收益和成本管理水平，为开发商销售、招商和业主购房提供了极大的透明和便利。

7. 参数化

参数化建模指的是通过参数而不是数字建立和分析模型，简单地改变模型中的参数值就能建立和分析新的模型。在参数化建模环境里，构件是由特征组成的。特征可以由正空间或负空间构成。正空间特征是指真实存在的块，负空间特征是指切除或扣去的部分（例如洞）。

BIM的参数化建模分为利用基本特征进行参数化建模和利用草图进行参数化建模两部分。利用基本特征进行参数化建模是指通过系统提供的特征建模功能模块和自由曲面建模功能模块中的相关特征进行创建操作。利用草图进行参数化建模，其中草图是指与实体模型相关联的二维图形，通过对草图上创建的截面曲线进行拉伸、旋转等操作生成参数化实体模型，从而可以提取模型中的截面曲线参数和拉伸参数来实现整个模型的尺寸驱动。因此，在参数化系统中，可根据工程关系和几何关系来指定设计要求，从而大大提高模型的生成和修改速度。

8. 信息完备性

信息完备性体现在BIM是工程对象的物理特征和功能特性信息的数字表达，包括工程对象三维几何信息和拓扑关系的描述以及完整的工程信息的描述。如对象名称、结构类型、建筑材料、工程性能等设计信息；施工工序、进度、成本、质量以及人力、机械、材料资源等施工信息；工程安全性能、材料耐久性能等维护信息；对象之间的逻辑关系等。BIM的信息完备性同时还体现在将BIM模型内的所有信息均以数字化形式保存在数据库中，以便更新和共享。

1.1.3 BIM 的发展及应用

BIM 最早从美国发展起来，随着 BIM 技术的不断成熟和发展，在欧洲各国、日本、韩国、新加坡等国家，BIM 技术的发展和应用都达到了一定水平。目前我国政府在大力推进建筑业信息化和工业化，BIM 技术成为推动创新转型的突破口，得到了快速发展和应用。

1. BIM 在国外的发展应用状况

BIM 技术的概念和解决方案最早在美国提出并应用，新加坡、芬兰、挪威等国家在 BIM 应用技术方面有深入发展。目前，BIM 在美国逐渐成为主流，并对其他国家的 BIM 应用产生影响。表 1-1 简要总结了 BIM 技术在国外研究应用现状。

BIM 技术在国外研究应用现状 表 1-1

地区	国家	研究内容及成果
北美洲	美国	1973 年，提约瑟夫·哈林顿博士出计算机集成制造(CIM)理念 1994 年，以 Autodesk 为首的 12 家美国公司创立 IAI 协会，之后推出著名的 IFC 标准 1995 年，Chuck Eastman 教授提出借助三维数字技术，集成各种工程项目信息，对工程基础数据模型详尽的数字化表达，简称为 BDS 1996 年，斯坦福大学 Martin Fischer 及研究中心开发 CIFE4D-CAD 系统 2001 年，提出基于 Internet 的项目管理概念 2002 年，Autodesk 收购了 Revit，提出 BIM 概念及解决方案 2003 年，美国联邦总务署 GSA 发布 3D-4D-BIM 计划，对 BIM 技术试点应用，要求至 2007 年其采购的建筑项目全部 BIM 化 2006 年，美国陆军工程师兵团(USACE，United States Army Corps of Engineers)发布 BIM 发展规划，重点对象是军工企业 2007 年，进一步推进 3D-4D-BIM 计划，发布 BIM 实施指南及全美 BIM 标准(NBIMS) 2008 年，Chuck Eastman 等人出版《BIM handbook》，一问世就成为行业经典著作 2009 年，Wisconsin 要求州内新建大型公共建筑项目使用 BIM 2010 年，俄亥俄州政府颁布 BIM 协议 2012 年，颁布 BIM 标准 NBIMS 第二版 2015 年，颁布 BIM 标准 NBIMS 第三版 2016 年，GSA 发布 BIM Guide 07-Building Elements
	加拿大	2010 年，发布 BIM 工具调查报告及标准环境审视报告
欧洲	英国	2004 年，开发了 ND 模型 2009 年，英国建筑业 BIM 标准委员会(AEC)发布了英国建筑业 BIM 标准(AEC BIM Standard,UK) 2010 年，政府主导，与政府建设局开展全英 BIM 调研，并于 2011 年 3 月共同发布推行了 BIM 战略报告书 2011 年，内阁办公室发布政府建设战略，对所有公共建筑项目强制性使用 BIM，得到英国建筑业 BIM 标准委员会支持 2011 年，AEC 发布了适合 Revit 的英国建筑业 BIM 标准 2011 年，AEC 发布了适合 Bentley 的英国建筑业 BIM 标准 2012 年，发布政府 BIM 战略规划，要求项目 BIM 交付 2013 年，发布 BIM 应用交付及信息管理规范 2014 年，发布 BIM 运维阶段信息管理规范 2015 年，发布 BIM 数字安全、数字建筑环境及智慧资产管理规范 2016 年，Digital Built Britain 正式开始运行

续表

地区	国家	研究内容及成果
欧洲	英国	2017 年,成立 CDBB(英国数字制造中心) 2018 年,英国 NBS 权威发布《NBS 国家 BIM 报告 2017》(NBS National BIM Report 2017) 2019 年,英国 BIM 联盟、英国数字建筑中心和英国标准协会共同启动了英国 BIM 框架 2021 年,英国数字建造中心(CDBB)启动了全球公共部门政策与采购网络,即全球 BIM 网络(globalbim)战略
	芬兰	2007 年,国有地产服务公司要求在自己的项目中使用 IFC/BIM,发布建筑业 BIM 设计要求,规范设计行业 BIM 应用 2012 年,发布 CommonBIM 指导手册,涵盖建筑设计、机电管线设计、结构设计、能源分析、模型可视化等十三个分册 2014 年,芬兰交通局启动基于 BIM 的数字化基础设施项目,将 BIM 应用扩展到基础设施领域 2015 年,buildingSMART 芬兰分部发布了基础设施通用 BIM 要求(infraBIM)系列指南文件 1-7 卷 2016 年,buildingSMART 芬兰分部发布了基础设施通用 BIM 要求(infraBIM)系列指南文件 8-12 卷 2017 年,KIRA-digi 项目启动,旨在将标准化适用于建筑施工、实现开放式 BIM 数据交换
	丹麦	2009 年,发布建筑招标投标 BIM 要求,规范 BIM 交付及阶段应用
	瑞典	2007 年,已有企业开始采用 BIM 技术 2013 年,由瑞典交通部发表声明使用 BIM,要求从 2015 年开始,对所有投资项目强制使用 BIM
亚洲	新加坡	1995 年,新加坡启动建筑和房地产网络(CORENET,Construction and Real Estate Network)以推广及要求建筑行业对 IT 与 BIM 的应用 2004 年,发展 CORENET 项目,建设局(BCA)等新加坡政府机构开始使用以 BIM 与 IFC 为基础的网络提交系统 2005 年,成立 IBS 系统,BIM 技术全面引入新加坡 2011 年,BCA 发布 BIM 发展策略,强制要求 2013 年起提交建筑 BIM 模型,2014 年起提交结构和机电 BIM 模型,最终在 2015 年建筑面积大于 5000m^2 的新建建筑项目都必须提交 BIM 模型 2012 年,发布 BIM 指南,推广鼓励 BIM 送审 2013 年,发布 BIM 指南(第二版) 2015 年,颁布 BIM 指引之合作式虚拟设计与施工 2017 年,新加坡推出建筑业转型地图(Industry Transformation Map,ITM),IDD(Integrated Digital Delivery)集成数字交付 2018 年,IDD 实施计划启动,鼓励更多建筑环境行业公司走向数字化
	日本	2009 年,日本 BIM 元年,国内设计、施工企业开始应用 BIM 2010 年,展开 BIM 调研,选取政府项目作为 BIM 试点 2012 年,日本建筑学会发布日本 BIM 指南,是 BIM 应用的参考性文件 2012 年,成立国内 BIM 方案解决软件联盟,研发国产 BIM 软件 2014 年,发布 BIM 指引,分为总则、设计业务篇、工事篇三册
	韩国	2010 年,延世大学进行国内 BIM 调研 2011 年,发布 BIM 路线图,对 BIM 发展的时间节点做出要求 2012 年,对《设施管理 BIM 应用指南》进行更新 2016 年,韩国政府实现了国内全部公共建筑工程 BIM 技术的应用

2. BIM 在我国的发展状况

2011 年 5 月，住房和城乡建设部发布《2011—2015 年建筑业信息化发展纲要》，提出在"十二五"期间，基本实现建筑企业信息系统的普及应用，加快建筑信息模型（BIM），推动信息化标准建设，形成一批信息技术应用达到国际先进水平的建筑企业。

2012 年，住房和城乡建设部发文，修订编写《建筑工程信息模型应用统一标准》《建筑工程设计信息模型分类和编码标准》《建筑工程信息模型存储标准》《建筑工程设计信息模型交付标准》等标准，要求相关项目采用 BIM 技术，培养相关技术人才。

2015 年 7 月，住房和城乡建设部《关于推进建筑信息模型应用的指导意见（建质函〔2015〕159 号）》提出：BIM 应用的目标包括：2020 年年末，建筑行业甲级勘察、设计单位以及特级、一级房屋建筑工程施工企业应掌握并实现 BIM 与企业管理系统和其他信息技术的一体化集成应用。到 2020 年年末，新立项项目勘察设计、施工、运营维护中，集成应用 BIM 的项目比率达到 90%。该指导意见的实施，掀起了国内 BIM 技术应用的高潮。

目前，《建筑信息模型应用统一标准》GB/T 51212—2016 已发布，自 2017 年 7 月 1 日起实施，《建筑信息模型施工应用标准》GB/T 51235—2017 自 2018 年 1 月 1 日起实施，《建筑信息模型分类和编码标准》GB/T 51269—2017 自 2018 年 1 月 1 日起实施，《建筑信息模型设计交付标准》GB/T 51301—2018 与《建筑工程设计信息模型制图标准》JGJ/T 448—2018 自 2019 年 6 月 1 日正式生效，《制造工业工程设计信息模型应用标准》GB/T 51362—2019 自 2019 年 10 月 1 日起实施，《建筑信息模型存储标准》GB/T 51447—2021 自 2022 年 2 月 1 日开始实施。相关 BIM 国家标准的颁布实施，为 BIM 技术的深入应用和发展提供坚实的基础。

1.1.4 BIM 相关的技术

BIM 技术是传统的二维设计建造方式向三维数字化设计建造方式转变的革命性技术，是促进绿色建筑发展、提高建筑产业信息化水平、推进智慧城市建设和实现建筑业转型升级的基础性技术。BIM 技术与其他相关技术相辅相成，将对传统的建筑行业带来巨大的促进作用。

1. 点云技术

三维激光扫描仪通过记录物体表面密集的点的三维坐标、颜色及反射率，生成由数百万彩色点组成的点云图像。3D 激光扫描技术可有效、完整地记录工程现场复杂的情况，通过与设计模型进行对比，直观地反映出现场真实的施工情况，为工程检验等工作带来巨大帮助。

BIM 与 3D 激光扫描技术的集成，越来越多地应用在建筑施工领域，在施工质量检测、辅助实际工程量统计、钢结构预拼装等方面具有较大价值。例如，将施工现场的 3D 激光扫描结果与 BIM 模型进行对比，可检查现场施工情况与模型、图纸的差别，协助发现现场施工中的问题。

2. 大数据与云计算

大数据（Big Data）是指无法在一定时间范围内用常规软件工具进行捕捉、管理和处理的数据集合，是需要新处理模式才能具有更强的决策力、洞察发现力和流程优化能力的海量、高增长率和多样化的信息资产，云计算是基于大数据处理技术提供的服务。

基于云计算强大的计算能力，可将 BIM 应用中计算量大且复杂的工作转移到云端，以提升计算效率；基于云计算的大规模数据存储能力，可将 BIM 模型及其相关的业务数据同步到云端，方便用户随时随地访问并与协作者共享；云计算使得 BIM 技术走出办公室，用户在施工现场可通过移动设备随时连接云服务，及时获取所需的 BIM 数据和服务等。

很多大型 BIM 软件都建立了相应的基于 BIM 的云平台管理系统，如 Autodesk A360 协同云平台、Bentley ProjectWise 协同云平台、广联云空间等。这些云平台，除了直接为用户提供工程项目数据管理、多方协作等基础功能外，还提供 BIM、施工、工程信息、电子商务等多个专业模块。项目部将 BIM 信息及工程文档同步保存至云端，并通过精细的权限控制及多种协作功能，满足了项目各专业、全过程海量数据的存储、多用户同时访问及协同的需求，确保了工程文档能够快速、安全、便捷、受控地在团队中流通和共享，大大提升建设项目的管理水平和工作效率。

3. GIS

GIS 是 Geographic Information System（地理信息系统）的英文缩写，它是在计算机硬件、软件系统支持下，对整个或部分地球表层（包括大气层）空间中的有关地理分布数据进行采集、储存、管理、运算、分析、显示和描述的技术系统。

BIM 和 GIS 整合已经成为人们的焦点，BIM 与 GIS 集成应用，是通过数据集成、系统集成或应用集成来实现的。GIS 着重于地理空间信息的应用，BIM 关注于建筑物内部的详细信息，BIM 和 GIS 整合以后的应用领域也很广阔，包含城市和景观规划、建筑设计、旅游和休闲活动、3D 地图、环境模拟、热能传导模拟、移动电信、灾害管理、国土安全、车辆和行人导航、训练模拟器、移动机器人、室内导航等。

4. 物联网技术

物联网就是通过各种信息传感设备，如传感器、射频识别（RFID）技术、全球定位系统、红外线感应器、激光扫描器、气体感应器等各种装置与技术，实时采集任何需要监控、连接、互动的物体或过程，采集其声、光、热、电、力学、化学、生物、位置等各种需要的信息，与互联网结合形成的一个巨大网络。其目的是实现物与物、物与人、所有的物品与网络的连接，方便识别、管理和控制。

在工程建设阶段，物联网与互联网的集成应用可提高施工现场的安全管理能力，确定合理的施工进度，支持有效的成本控制，提高质量管理水平。例如，临边洞口防护不到位、部分作业人员高处作业不系安全带等安全隐患在施工现场时有出现，基于 BIM 的物联网应用可实时发现这些隐患并报警提示。高空作业人员的安全帽、安全带、身份识别牌上安装的无线射频识别，可在 BIM 系统中实现精确定位，如果作业行为不符合相关规定，身份识别牌与 BIM 系统中的相关定位会同时报警，管理人员可精准定位隐患位置，并采取有效措施避免安全事故发生。

5. VR/AR

虚拟现实（Virtual Reality，VR）技术是仿真技术的一个重要方向，是仿真技术与计算机图形学、人机接口技术、多媒体技术、传感技术、网络技术等多种技术的集合，是一门富有挑战性的交叉技术前沿学科和研究领域。增强现实（Augmented Reality，AR），也被称为混合现实。它通过计算机技术，将虚拟的信息应用到真实世界中，真实的环境和虚拟的物体实时叠加到同一个画面或空间同时存在。

BIM与VR/AR技术集成应用的主要内容包括虚拟场景构建、施工进度模拟、复杂局部施工方案模拟、施工成本模拟、多维模型信息联合模拟以及交互式场景漫游，目的是应用BIM信息库，辅助虚拟现实技术能更好地应用于建筑工程项目全生命期中。

1.2 BIM 相关标准

BIM实施，标准是基础。目前国际上BIM标准主要分为两类：一类是由ISO等认证的相关行业数据技术标准；另一类是各个国家针对本国建筑业发展情况制定的国家、地方、行业、企业等BIM标准。

1.2.1 BIM 行业数据技术标准

国际上研发BIM技术标准的主要机构是Building Smart International（简称BSI），BIM技术标准主要包括三个方面的内容：工业基础类（Industry Foundation Classes，IFC），对应于国内的《建筑信息模型存储标准》GB/T 51447—2021；国际语义框架（International Framework for Dictionaries，IFD），对应于国内的《建筑信息模型分类和编码标准》GB/T 51269—2017；信息交付导则（Information Delivery Manual，IDM），对应于国内的《建筑信息模型设计交付标准》GB/T 51301—2018。

1. IFC

IFC是应用AEC/FM软件进行信息交换所发展的一种架构，它被设计成一个可扩展的框架模型，提供广泛与通用的对象和信息定义；当转换为IFC信息模型时，每个应用程序定义的对象会由其类型与相关的几何、关系及属性所组成。IFC是唯一公开、非专属、开发完备的信息模型，其标准版本在不断地更新中，全世界很多政府正逐渐采用它作为该国或地区的标准，例如美国、挪威、芬兰、丹麦、德国、日本、韩国等。

2. IFD

在全球化后，欧洲共同体发现了命名属性与对象类别这个问题。每一项建设工程参与方众多，成员可能来自不同的国家与区域，便会有语言、文化及风俗等背景的差异性，例如：对"门"对象就会有不一样的认知，甚至在同一个国家内也无法达成共识。因此，成立IFD是为了在不同语言之间发展词汇的对应关系，以作为建筑模型和接口广泛的使用；另外，IFD正在进行一项重要工作，即发展建筑产品的规格标准，特别是规范信息，以便在不同的应用程序中使用。目前美国施工规范公会（Construction Specifications Institute，CSI）、加拿大施工规范（Construction Specifications Canada）、挪威的Building SMART、荷兰的STABU Foundation均着手制定IFD。

3. IDM

IDM是用于验证IFC软件的信息交换框架的组成部分。IDM提供一个具有可操作性的、兼容性强的统一基准。它解决社会各方关注的时间上的方向性（即信息模型的成熟度）、信息的交互（即协同模式与信息交换）、信息表达形式（即交付物的形式与成熟度）。它用于指导在基于建筑信息模型的建筑工程设计过程中，各阶段数据的建立、传递和解读，特别是各专业之间的协同、工程设计参与各方的协作，以及质量管理体系中的管控等过程。另外，该标准也用于评估建筑信息模型数据的完整度，以用于建筑工程行业的多方交付。

1.2.2　国外 BIM 标准及指南

BIM 技术最先从美国起源，随着全球建筑信息化的发展，已经迅速发展到了欧洲、亚洲的各个国家。在北美洲，美国和加拿大是目前 BIM 技术发展最迅速、应用也最为广泛的国家；而欧洲的英国、芬兰、挪威等国家的 BIM 技术实用性则更胜一筹；与此同时，日本、韩国、新加坡则是目前亚洲范围内 BIM 技术发展较快的国家，其研究应用也达到了一定水平，本节以典型国家为例，讲述国外典型国家的 BIM 标准及指南的发展与应用状况，如表 1-2 所示。

国外 BIM 标准及指南的发展与应用状况　　　　　　　　　表 1-2

国家	时间	标准名称	标准特点
美国	2007	NBIMS	首部国家级别的 BIM 标准
	2012	NBIMS 第二版	具备指导专业人士进行实践操作的能力
	2015	NBIMS 第三版	全面指导建筑工程的整个生命周期 BIM 应用
英国	2009	AEC-UKBIM	行业自行编制的 BIM 标准，非强制执行
	2010	AEC-UK BIM Standard for Autodesk Revit	发布了基于 Revit 平台的 BIM 实施标准
	2011	AEC-UKBIM Standard for Bentley Building	发布了基于 Bentley 平台的 BIM 实施标准
	2016	BSI- PAS 1192-2certified	为配合 2016 BIM 强制令，出台 BIM 资质认证方案，以保证 BIM 市场的健康发展
	2022	BS EN ISO 19650-4：2022	侧重于信息交换的过程和标准
	2022	BS 8644-1：2022	这将为消防安全信息的管理、展示和交换提供建议
	2022	Flex 1965：2022	以指定方法的形式捕获使用 BIM 的信息管理的特征
德国	2006	UHDE BIM/IFC	BIM 应用范围主要在智能建筑领域
	2020	VDI 2552	提供了一种结构化方法，可在设计、建造和运维过程中有效实施 BIM
丹麦	2006	D-Construction	从 BIM 模板化的角度编制标准
挪威	2009	BIM Manual 1.1	由政府授权社会机构发布，实用性强
	2010	BIM Manual 1.2	进一步完善，可操作性强
芬兰	2007	BIM Requirements	由政府授权企业发布，通用性强
新加坡	2012	BIM Guide 1.0	将其他国家的 BIM 标准本土化
	2016	BCA-CoP	规定了 BIM 电子文件的提交格式及基于自定义 BIM 格式的建筑方案提交格式
日本	2012	JIABIM Guideline	研究重点施工技术和信息技术层面
	2014	BIM 方针	政府发布一部应用指导标准，然后各个软件生产商发布对应的执行层面的应用标准
韩国	2010	A-BIM Guide	应用对象主要为业主与建筑设计师
	2012	A-BIM Guide Ⅱ	更新《设施管理 BIM 应用指南》，规范设计应用

需要说明的是，由于各国 BIM 环境的差异，有些国家级的 BIM 标准严格意义上只是行业标准，比如英国、日本的 BIM 标准，只是国内建筑行业自发形成的行业标准。

1.2.3 中国 BIM 标准及指南

2012 年 1 月，住房和城乡建设部发布《关于印发 2012 年工程建设标准规范制定修订计划》的通知，给出了国家级别 BIM 标准的制定计划，计划编写 1 个统一标准《建筑信息模型应用统一标准》，2 个基础标准《建筑信息模型分类与编码标准》和《建筑信息模型存储标准》，3 个执行标准《建筑信息模型设计交付标准》《建筑信息模型制造工业设计应用标准》《建筑信息模型施工应用标准》国家级 BIM 应用标准。

1.《建筑信息模型应用统一标准》

2016 年 12 月，《建筑信息模型应用统一标准》作为国家标准正式颁布，编号为 GB/T 51212—2016，自 2017 年 7 月 1 日起实施。《建筑信息模型应用统一标准》从模型体系、数据互用、模型应用等方面对 BIM 模型应用做了相关的统一规定，其他所有标准都要以这本标准为基本原则。

2.《建筑信息模型设计交付标准》

《建筑信息模型设计交付标准》由住房和城乡建设部在 2018 年 12 月 26 日发布，并在 2019 年 6 月 1 日正式生效，编号为 GB/T 51301—2018。《建筑信息模型设计交付标准》主要对项目规划、设计阶段中 BIM 模型的命名规则、模型精细度、交付物等做了详细要求，针对设计的各个环节，以及每个环节对应的 LOD 等级，应该包含哪些信息，它也进行了细致规定，比如建筑基本信息、属性信息、地理信息、围护信息、水电暖设备信息等，对于项目的设计人员，还有广大的咨询顾问，这本规范将是未来的必备品。

3.《建筑工程设计信息模型制图标准》

《建筑工程设计信息模型制图标准》JGJ/T 448—2018 早于《建筑信息模型设计交付标准》发布，但与其同时实施，该标准是 BIM 领域重要标准之一，在《建筑信息模型设计交付标准》的基础之上，进一步深化和明晰了 BIM 交付体系、方法和要求，在 BIM 表达方面具有可操作意义的约束和引导作用，也为 BIM 模型成为合法交付物提供了标准依据。

4.《建筑信息模型施工应用标准》

2017 年 5 月，住房和城乡建设部正式发布《建筑信息模型施工应用标准》，作为国家标准（编号为 GB/T 51235—2017），自 2018 年 1 月 1 日起实施，该标准对建设工程施工阶段 BIM 应用将起到良好的规范和指导作用。

5.《关于推动智能建造与建筑工业化协同发展的指导意见》

2020 年 7 月 3 日，住房和城乡建设部联合国家发展和改革委员会、科学技术部、工业和信息化部、人力资源和社会保障部、交通运输部、水利部等十三个部门联合印发《关于推动智能建造与建筑工业化协同发展的指导意见》。该意见提出：要加快推动新一代信息技术与建筑工业化技术协同发展，在建造全过程加大建筑信息模型（BIM）、互联网、物联网、大数据、云计算、移动通信、人工智能、区块链等新技术的集成与创新应用。

6.《建筑信息模型存储标准》

2022 年 2 月 1 日，住房和城乡建设部发布的国家标准《建筑信息模型存储标准》

GB/T 51447—2021 开始实施，提出了对数据存储的规范化要求及数据存储的安全保障。

1.2.4　标准中的 BIM 建模精细度等级

BIM 模型的精度（Level of Development，LOD），依照美国建筑师协会（The American Institute of Architects，简称 AIA）E202-2008 中对 BIM 模型的细致程度定义，是管理使用建筑信息模型的工具。BIM 模型的精度分为 5 个等级，分别是 LOD100、LOD200、LOD300、LOD400 及 LOD500。

LOD 100——整体建筑体的面积、高度、体积、位置、坐向等信息可以 3D 模型或其他数据形式表达。模型组件可使用符号或通用表示在模型中以图像呈现，但不需满足 LOD200 的需求。模型要件相关信息（即单位面积的成本、钢筋、管线的吨数等）可产生自其他的模型组件。

LOD 200——模型组件（Model Element）为具有粗略数量、尺寸、形状、位置、方位等信息的通用系统、对象或组件（Generalized system，object，or assembly），以图像呈现于模型中。非图像信息也可附加于模型组件。

LOD 300——模型组件为具有精细数量、尺寸、形状、位置、方位等信息的特定系统、对象或组件（Specific system，object，or assembly），以图像呈现于模型中。非图像信息也可附加于模型组件。

LOD 400——模型组件为具有精细数量、尺寸、形状、位置、方位等信息及具备完整制造、组装、细部施作所需信息的特定系统或组件，以图像呈现于模型中。非图像信息也可附加于模型组件。

LOD 500——模型组件为具有实际完工尺寸、形状、位置、数量、方位等信息的系统或组件，以图像呈现于模型中。非图像信息也可附加于模型组件。

在 2019 年 6 月 1 日发布生效的《建筑信息模型设计交付标准》GB/T 51301—2018 中根据国内建筑业的实际情况和 BIM 应用现状也对 LOD 级别做出了规定。基本信息如表 1-3 所示，详细信息和相关内容可登录住房和城乡建设部官网下载查阅。

模型精细度等级划分 表 1-3

等级	英文名	代号	包含的最小模型单元
1.0 级模型精细度	Level of Model Definition 1.0	LOD1.0	项目级模型单元
2.0 级模型精细度	Level of Model Definition 2.0	LOD2.0	功能级模型单元
3.0 级模型精细度	Level of Model Definition 3.0	LOD3.0	构件级模型单元
4.0 级模型精细度	Level of Model Definition 4.0	LOD4.0	零件级模型单元

1.3　BIM 常用工具软件

BIM 技术体系下的建模软件应既适用于项目生命周期的全过程，也能在项目某阶段或某阶段的某单项任务进行应用。因此，需要根据项目具体情况选择合适的 BIM 工具。

选择 BIM 应用的软件，是 BIM 应用的首要环节。BIM 应用软件贯穿工程项目应用的勘察、设计、施工、运维多个阶段，各阶段适用的软件种类繁多，如何针对企业或项目特性选择适合的软件，就显得尤为重要。

1.3.1　BIM 全生命期应用常用软件

为了更好理解和应用 BIM 软件，本教材按照对应 BIM 全生命期所需各类功能对 BIM 常用软件做如下分类。

1. 方案设计类软件

BIM 方案设计类软件主要有 Onuma Planning System 和 Affinity 等，该类软件主要应用于设计初期，将业主对于项目中各个具体要求，从数字的形式，转化为基于三维结构形式的方案，使业主和设计者之间的沟通更加顺畅，可以实现对方案的深入研究。BIM 方案设计类软件可以帮助设计者将设计的项目方案与业主项目任务书中的项目要求相匹配，可实现将方案输入建模软件里开展深入设计，使方案更加符合业主的相关要求。

2. BIM 核心建模软件

核心建模软件是 BIM 技术人员最常用的一类 BIM 软件，包括 Autodesk 公司的 Revit 软件系列、Bentley 公司基于 Microstation 平台的软件系列、Nemetschek 公司的 ArchiCAD、Allplan、Vectorworks 系列软件以及 Dassault 公司的 CATIA、Trimble 公司收购的 Tekla 软件等国外软件，以及广联达数维、构力 BIMBase 等国产软件。不同的建模软件有各自的特点和擅长的领域，如 Revit 通常用于房建领域建筑、结构和机电建模，而 Bentley 相关软件主要应用于工业设计和道路、桥梁、隧道等市政基础设施设计，Tekla 软件通常用于钢结构工程的建模。

3. 分析类软件

分析类软件，主要包括绿色建筑分析类软件、结构分析类软件及机电分析类软件。

（1）绿色建筑分析类软件主要是对项目开展环保相关的分析，设计光照、风、热量、景观设计、噪声、废气、废液、废渣等环境相关内容，通过调用 BIM 模型的各种所需信息来完成，主要软件有 Echotect、IES、Green Building Studio 及国内的 PKPM 等。

（2）结构分析类软件通常是将 BIM 建模软件的信息转化为 IFC 数据，将 IFC 数据导入有限元或结构分析软件开展有限元分析，从而进行结构分析和计算。结构分析软件与 BIM 建模软件的信息交换非常流畅，集成度高，可双向信息交换，BIM 建模软件分析得到的数据，可以导入结构分析软件中进行专门的结构分析，经过优化的数据又可返回 BIM 建模软件中，对模型数据进行优化改进。由于两者数据的共同性，可以实现在结构分析软件中的修改，自动在 BIM 模型中更新。常用的如 STAAD、ETABS、Robot 等国外软件以及 PKPM、盈建科、广厦等国内软件。

（3）机电分析类软件的专业性较强，适用于特定的项目。例如机电设备（水暖电等）和电气设备分析软件可采用鸿业、博超等国产软件，也可以使用 IES Virtual、Environment、Design master、Rebro 等国外产品。

4. 模型综合碰撞检查类软件

此类软件的应用主要分为碰撞和协同两个部分：使用 BIM 技术建立三维模型，设计者不仅可以从传统的平面视图的角度开展设计，还可以实时查看三维模型，检查设计的各个参数，对设计不断改进。由于三维模型与最终实际产品几乎一致，可以利用软件对设计成果进行检查，检查是否满足设计要求，是否存在碰撞，包括自身碰撞和与周围事物的碰撞；同时可以进行数据库的设计，将设计中需要考虑的规范或者业主的特殊要求，输入软件指定检查规则，从而实现对设计成果的全面检查。BIM 技术另一个重要的部分就是项目中不同专业的设计协同，而不同专业之间的碰撞检查也可以在 BIM 软件中实现。一个大型项目，不可能由一个人、一个专业来完成，肯定是需要很多专业，很多设计者来共同完成，但由于专业的区别，使用的 BIM 建模软件有所区别，但 BIM 技术搭建了很好的协同设计的平台，各个专业都可以在平台开展设计，将各专业的模型集合在一起进行整体分析。模型综合碰撞检查类软件可实现三维模型的多专业集合，开展协同设计，常见的有 Autodesk 公司的 Navisworks 软件、Bentley 公司的 Projectwise Navigator 软件、Solibri-Model Checker 软件等。

5. 可视化渲染类软件

可视化渲染是在 BIM 模型的基础上，利用相关软件对建筑物的建成效果和周边环境进行设计和展示，项目相关方可以根据渲染出的效果图或者漫游视频对项目建成效果有更加真实、直观的感受。目前，一些软件开发商将 VR 技术与 BIM 结合，人们可以通过佩戴 VR 设备在 3D 模型中畅游，甚至设计人员也可以在 VR 环境中进行设计和检查工作，大大提高了设计效率和质量。常用的可视化软件有 3Dmax、Lumion、Fuzor 和光辉城市 Mars 等。

6. 造价管理类软件

BIM 模型可提取设计成果的各种具体参数，造价管理类软件基于 BIM 的数据统计项目工程量，并开展造价工作，当在 BIM 模型中的设计修改了部分参数，相应的造价信息也会随着变化。在项目施工过程中，造价管理软件可实现实时动态数据更新，开展造价分析，构成 BIM 技术"5D 应用"。国外的 BIM 造价管理软件有 Innovaya 和 Solibri，国内 BIM 造价管理软件主要有广联达、鲁班、斯维尔、品茗等。

7. 运营管理类软件

BIM 技术不仅应用于项目初期的设计，还可以在建设施工、后期运营管理过程中发挥重要作用，在项目的全生命周期应用广泛。BIM 技术在项目设计时可开展工作，施工过程中可以提供数据，当项目建成后将实时数据反馈到模型中，用于指导项目运营管理。常用的运营管理类软件为美国运营管理软件 ArchiBUS。

1.3.2　Revit 与 BIM

Revit 的原意 Revise Immediately 意为"所见即所得"。它是英国 Revit Technology 公司于 1997 年开发的三维参数化建筑设计软件。2002 年 2 月，美国 Autodesk 公司收购了 Revit Technology。

在收购 Revit Technology 公司之后，Autodesk 公司随即提出了 BIM "建筑信息模型 (Building Information Modeling)"这一术语，旨在区别 Revit 模型和较为传统的 3D 几何图形，让客户及合作伙伴积极参与交流对话，以探讨如何利用技术来支持乃至加速建筑行业采取更具效率和效能的流程。由此可见，Revit 是 BIM 概念的一个基础技术支撑和理论支撑。Revit 为 BIM 这种理念的实践和部署提供了工具和方法，成为 BIM 在全球工程建设行业内迅速传播并得以推广的重要因素之一。

目前，Revit 是 Autodesk 公司一套 BIM 系列软件的名称，适用于建筑、结构、给水排水、暖通空调、电气各专业，已经成为 BIM 领域内具有较高知名度和市场份额、普及

15

程度较高的三维参数化 BIM 设计平台。

因此，本教材将以 Revit 为基础讲解 BIM 建模及应用的相关技术。

🔍 思考与练习

1. BIM 通常是指（　　）的缩写。

A. Building Information Model　　　　　　B. Building Information Modeling

C. Building Information Mesh　　　　　　D. Building Information Management

2. LOD1.0～LOD5.0 是在（　　）中提出和定义的。

A.《建筑信息模型应用统一标准》　　　　B.《建筑信息模型分类与编码标准》

C.《建筑设计信息模型制图标准》　　　　D.《建筑信息模型交付标准》

3. BIM 的标准数据类型不包括（　　）。

A. IFC　　　　　　B. IFD　　　　　　C. MAX　　　　　　D. IDM

4. 以下关于 BIM 常用软件的说法错误的是（　　）。

A. 建模类软件 Revit、ArchiCAD

B. 碰撞检查类软件 3Dmax、Lumion

C. 分析类软件 STAAD、PKPM

D. 造价管理类软件 Solibri、BIM5D

5. BIM-5D 是指（　　）。

A. 建立 5 种不同形式的 BIM 模型

B. 勘察、设计、施工、运维、拆除 5 个阶段

C. 建筑、结构、暖通、控制、消防 5 个专业建的 BIM 模型

D. 在 BIM-3D 的基础上，加入时间和成本两个维度封装成的五维信息载体

6. 3D 模型（　　）BIM。3D 模型只包含三维几何数据而没有（或有很少）对象属性数据的模型，（　　）智能化的构件，几乎不支持数据集成和设计性能分析。

A. 不是，不包含　　B. 是，包含　　　C. 不是，包含　　D. 是，不包含

7. BIM 是一种以软件平台为基本支撑的新的管理技术流程，以下不属于其基本特征的是（　　）。

A. 可视化　　　　　　B. 理想化　　　　　C. 协调性　　　　　D. 模拟性

8. IFC 是指（　　）。

A. 国际语义框架　　　　　　　　　　　　B. 信息交付导则

C. 工业基础类　　　　　　　　　　　　　D. 国际信息交换标准

9. 以下关于 BIM 软件用途错误的是（　　）。

A. Tekla 软件通常用于钢结构工程的建模　　B. Rebro 是机电分析类软件

C. Lumion 是 BIM 建模软件　　　　　　　D. Echotect 是绿色建筑分析软件

10. 关于 BIM 建模，正确的是（　　）。

A. 只能用 Revit 软件建模　　　　　　　　B. 只能用 Bentley 软件建模

C. 可以用 Echotect、IES 等多款软件建模

D. 可以用 CATIA、Tekla 等多款软件建模

第 2 章
Revit操作基础

Chapter 02

　　BIM 应用的核心和基础是建立工程项目的 BIM 模型和深化应用，掌握 BIM 技能最基本的能力就是创建 BIM 模型，在软件建模的技能学习和应用过程中，不断深入理解 BIM 的理念。本教材将以 Revit 软件为基础讲解 BIM 建模及应用的相关技术。

2.1　Revit 的主界面

　　Revit 软件从诞生至今经过多年的发展，其功能日益完善，版本也在不断更新，本教材将以最新发布的 Revit2023 版本为基础，讲解软件的操作和应用。

　　👉　技巧与提示

　　➢ Revit 软件版本目前支持向前兼容，即最新的软件版本可以升级打开以前版本的模型文件，但是新的版本不能另存为更早前的版本。

　　➢ 为方便基本内容的引入，全书将以提供的"某综合楼样例"的 CAD 图纸及完成的 Revit 模型文件为讲解示例。

　　Revit 是标准的 Windows 应用程序，可以通过双击快捷图标 启动 Revit 主程序，Revit 启动过程提示如图 2-1（a）所示，启动后的主界面如图 2-1（b）所示。在主界面中，主要包含项目模型和族两大区域，分别用于打开或创建项目以及族。

　　在启动主界面中，可以打开最近使用过的项目或族，还可以单击相应的快捷图标打开、新建项目或族文件，也可以查看相关帮助和在线帮助，快速掌握 Revit 的使用。

(a)启动过程提示

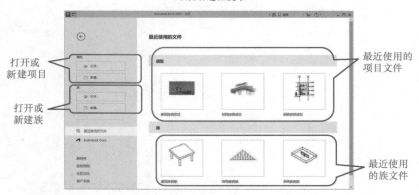

(b) Revit 启动主界面

图 2-1　Revit 启动

2.1.1　项目与项目样板

在 Revit 主界面中，首先看到的是项目的打开、新建及最近使用的项目文件模块。在 Revit 中，可以简单地将项目理解为 Revit 默认的存档格式文件。该文件中包含了工程中所有的模型信息和其他工程信息，如材质、造价、数量等，还可以包括设计中生成的各种图纸和视图。项目文件以"rvt"数据格式保存。

在 Revit 中新建项目并不是从零起步，而是使用项目规模样板。项目样板为新项目提供了起点，当在 Revit 中新建项目时，Revit 会自动以一个后缀名为"rte"的文件作为项目的初始条件，这个"rte"文件称为"样板文件"，它的功能与 AutoCAD 的"dwt"相同。样板文件中定义了新建的项目中默认的初始参数，包括视图样板、已载入的族、已定义的设置（如单位、填充样式、线样式、线宽、视图比例等）和几何图形。

安装 Revit 后，通常在默认安装目录⋯ \ Autodesk \ RVT 2023 \ Templates \ 中有不同国家的常用模板文件，如图 2-2（a）所示，在 Templates 文件夹中的 Chinese 中可以看到相应的采用符合中国国家规范标准和常用族样式的中文建筑、结构、机电等"rte"样板文件，如图 2-2（b）所示。如建筑样板 DefaultCHSCHS. rte 中采用公制单位，已设定中国标高样式族等。

(a) 不同国家的项目样板　　　　　　　　　　　　(b) 中国项目样板

图 2-2　项目样板

基于样板的任意新项目均继承来自样板的所有族、设置以及几何图形。样板文件是一个系统性文件，其中的很多内容来源于设计中的日积月累。使用合适的样板，有助于快速开展项目。样板文件只提供了基本模板，里面没有任何图元，项目是样板文件的实例化。

☞　技巧与提示

➤ 如果有多个人参与同一个项目，就需要项目负责人在 Chinese 项目样板的基础上，进一步定义本项目的项目样板进行分工协作，其他人在这个项目样板中建立属于自己的那部分模型，提高建模效率，同时将来在模型组装时，就不会发生定位错误，实现模型的协同。

2.1.2　图元——项目构成的基础

图元是构成项目的基础。在项目中，主要包括模型图元、基准图元、视图专有图元三种类型。如图 2-3 所示为 Revit 中各不同性质和作用的图元的组成架构，供读者参考。

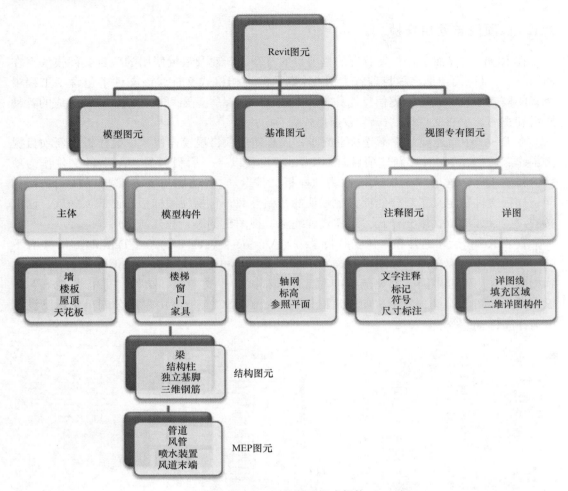

图 2-3　Revit 的图元组成架构

2.1.3　族及族文件格式

在图 2-1 中 Revit 主界面另一区域——族是 Revit 的重要基础，Revit 的任何单一图元都由某一个特定族产生。例如，一面墙、一个楼梯、一个尺寸标注。由一个族产生的各图元均具有相似的属性或参数。例如，对于一个平开门族，由该族产生的图元都具有高度、宽度等参数，但具体每个门的高度、宽度的值可以不同，这由该族的类型或实例参数定义决定。

Revit 的族分为可载入族、系统族、内建族三类，创建不同类别的族要选择不同的族样板文件，文件格式为"rft"，用户也可以根据项目需要创建常用族文件，文件格式为"rfa"。这部分内容将在本教材第 6 章中详细讲解。

👉　技巧与提示

➤ Revit 常用的文件格式有以下四种：①rvt 格式，是 Revit 生成的项目文件格式；②rte 格式，是 Revit 的项目样板文件格式；③rft 格式，是创建 Revit 可载入族的样板文件格式；④rfa 格式，是 Revit 可载入族的文件格式。除此之外，为了实现多软件环境的协同工作，Revit 提供了"导入""链接""导出"工具，可以支持 CAD、FBX、DWF、IFC、gbXML 等多种文件格式。读者可以根据需要进行有选择地导入和导出，后续章节将通过实例讲解其操作和应用。

2.1.4　新建项目文件

在图 2-1 所示启动主界面中，通过如下三种方式打开或新建项目。

1. 方法一：在启动界面新建项目：单击（即单击鼠标左键，下文同此）图 2-1 主界面左侧模型栏中"新建…"按钮，如图 2-4（a）所示，在打开的"新建项目"对话框（图 2-4b）的样板文件中选择"建筑样板"，在新建单选框中选择"项目（P）"，如图 2-4（c）所示，单击确定按钮。

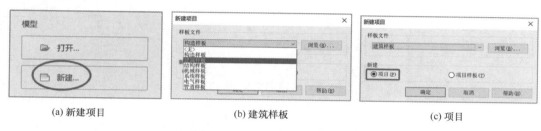

(a) 新建项目　　　　　　　　　(b) 建筑样板　　　　　　　　　(c) 项目

图 2-4　通过样板文件新建项目

2. 方法二：通过主视图系统菜单新建项目：单击图 2-1 主界面左上角的主视图按钮 ，在打开的主视图界面（图 2-5a）中单击左上角 文件 按钮，在打开的文件系统菜单（图 2-5b）中选择"新建…"，单击右侧小三角，在打开的新建菜单选项中选择"项目"，在打开的"新建项目"对话框中选择"建筑样板"，单击确定按钮。

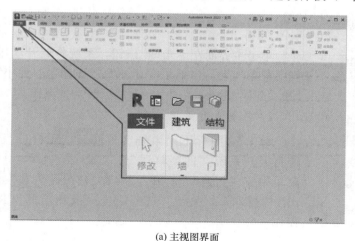

(a) 主视图界面　　　　　　　　　　　　(b) 系统文件菜单

图 2-5　通过主视图"文件"程序菜单新建项目

3. 方法三：使用快捷键新建项目：使用快捷键"Ctrl＋N"，直接打开新建项目对话框。在对话框中选择"建筑样板"，单击确定按钮。

2.2 Revit 工作界面及基本操作

通过 2.1 节的三种新建项目文件方式之一就可以进入基于系统自带的建筑样板的 Revit 操作界面，如图 2-6 所示，在此界面上便可以进行新项目的操作。

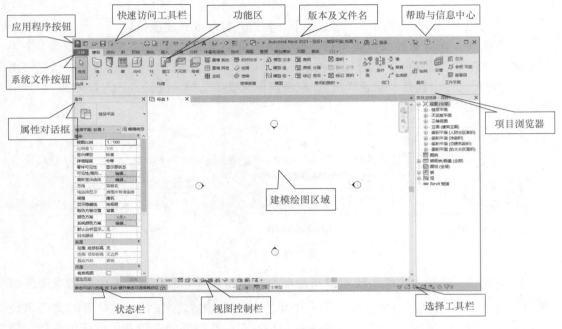

图 2-6　Revit 操作界面

2.2.1　系统文件菜单及工作环境设置

图 2-7　系统文件菜单

单击主界面左上角 ⓡ 按钮，系统将展开应用程序菜单列表，包括了"还原""移动""大小""最大化""最小化""关闭"等系统文件菜单。

1. 系统文件菜单

单击 ⓡ 图标下面系统文件 文件 按钮，系统将展开系统文件菜单列表，如图 2-7 所示。该菜单中有"新建""打开""保存""另存为""导出""打印""关闭"选项，可完成相应的文件操作。

☞　技巧与提示

➤ 文件保存备份数设置：在系统文件菜单选择"另存为"—"项目"，在打开的"另存为"对话框中可设置保存路径、文件名等，如图 2-8（a）

22

所示。如果单击对话框右下角"选项（P）…"按钮，在打开的"文件保存选项"对话框中，系统默认保存最大备份数为 20，读者在学习阶段可根据需要将其改为较少备份数，如可设为 1，以节省内存，如图 2-8（b）所示。

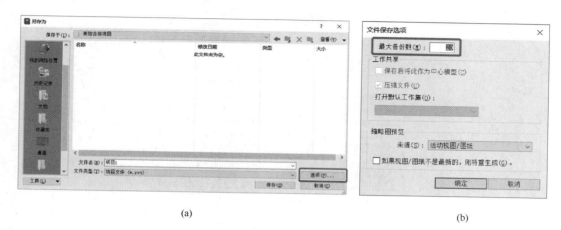

(a)　　　　　　　　　　　　　　　　(b)

图 2-8　文件保存备份数设置

2. "选项"对话框—设置系统参数

单击图 2-7 应用程序菜单右下角"选项"按钮，系统将打开"选项"对话框，如图 2-9 所示，用户可以进行相应的参数设置。

(a) 常规选项　　　　　　(b) 用户界面选项　　　　　　(c) 图形选项

图 2-9　"选项"对话框

（1）如图 2-9（a）所示"选项"对话框"常规"选项：可设置保存提醒间隔、用户名、日志文件数量等。

（2）如图 2-9（b）所示用户界面选项：可配置工具和分析选项卡，快捷键设置等。单击图 2-9（b）中的快捷键"自定义（C）…"按钮，打开如图 2-10 所示"快捷键"对话框，可查看、自定义 Revit 命令快捷键。

图 2-10 "快捷键"对话框

☞ 技巧与提示

➢ 如果读者记住一些常用快捷键，可以大大提高绘图效率。如 VV（图元可见性设置）、RP（绘制参照平面）、HH/HI（临时隐藏/隔离图元）、EU/VU（显示隐藏的图元）、R3（定义新的旋转中心）等。

➢ 自定义快捷键：例如为"默认三维视图"显示命令设定快捷键"3D"，首先搜索该命令，在搜索结果中单击选择该命令，在"按新键"编辑框中输入"3D"，鼠标单击"指定（A）"按钮，如图 2-11（a）所示，则在该命令快捷方式位置显示 3D，如图 2-11（b）所示。从此可在当前系统中使用"3D"快捷键切换到默认三维视图显示，提高了操作效率。

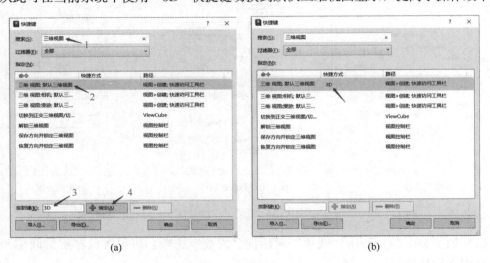

(a)　　　　　　　　(b)

图 2-11 自定义快捷键

➢ 快捷键导入导出：单击"导入"按钮，在相应路径下可导入设置好的" *.xml"快捷键文件。快捷键设置好后，如图 2-11（b）所示可以单击快捷键对话框左下角"导出"按钮导出，导出后的快捷键也可以在另外一台电脑上导入和使用。

（3）如图2-9（c）所示图形选项：可设置背景颜色、临时尺寸标注的外观。

同样，也可以在其他选项中进行相应的设置。如在文件位置选项中设置项目样板文件路径、族样板文件路径、族库路径等。

2.2.2　快速访问工具栏

快速访问工具栏包含一组默认工具。用户可以对该工具栏进行自定义，使其显示最常用的工具。若单击"快速访问工具栏"最后的倒三角箭头，系统将展开工具列表，如图2-12所示。从列表中勾选或取消勾选命令即可显示或隐藏命令在快速访问工具栏里。

图2-12　"快速访问工具栏"列表

☞　技巧与提示

➤ 添加经常使用的工具按钮到快速访问工具栏：如果需要将功能区面板中的工具放置在快速访问栏，只需在该工具按钮上单击右键，从弹出菜单中选择"添加到快速访问工具栏"命令即可。例如，如果希望将"窗"工具按钮添加到快速访问栏中，用鼠标单击"建筑"选项卡，右键单击"窗"工具图标 ，在弹出菜单中单击"添加到快速访问工具栏"命令，如图2-13（a）所示，即可在快速访问栏中添加"窗"工具按钮，如图2-13（b）所示。

（a）"添加到快速访问工具栏"命令

添加前

添加后

（b）添加的"窗"工具按钮

图2-13　向快速访问工具栏中添加指定的工具

➤ 从快速访问工具栏删除工具按钮：如图2-14所示，可将鼠标指针移动至该工具按钮处，单击鼠标右键，在弹出的菜单中选择"从快速访问工具栏中删除"命令。

图2-14　"从快速访问工具栏中删除"工具按钮

2.2.3　功能区及上下文选项卡

功能区位于快速访问工具栏下方，是创建项目所有工具的集合。

1. 功能区选项卡

在 Revit 软件中将命令工具按类别分别放在不同的选项卡面板中，包括建筑、结构、钢、预制、系统、插入、注释、视图等选项卡，用鼠标单击选项卡的名称，可以在选项卡之间切换，如图 2-15 所示。

图 2-15　功能区

功能区包含多种功能选项卡。每个选项卡都将其命令工具细分为几个面板进行集中管理。

注意：功能区选项卡中的"面板"工具位置可调整：按住鼠标左键左右拖拽面板到合适位置松开鼠标即可。一般面板位置应保持初始状态方便查找使用，为方便讲解，本教材部分工具截图会调整面板在选项卡中的位置。

☞　技巧与提示

➤ 系统界面中折叠、隐藏的多种工具。

① 四种不同的功能区面板显示状态：单击选项卡右侧的功能区状态切换按钮，可以将功能区视图在显示完整的功能区、最小化为选项卡、最小化为面板标题、最小化为面板按钮、循环浏览所有项中切换。图 2-15 为系统默认完整功能区界面，图 2-16（a）为最小化为面板状态的功能区界面。

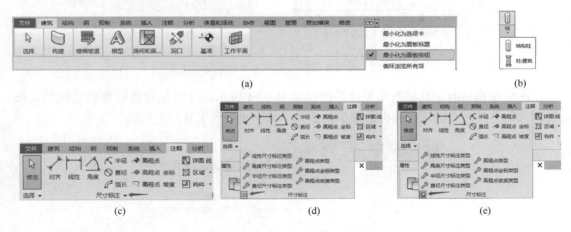

图 2-16　折叠、隐藏工具

② 当命令按钮带有黑色三角时，点击该命令，将展开该命令的多种形式。如单击柱命令的黑色三角，则显示绘制"结构柱"或"柱：建筑"两种形式，如图 2-16（b）所示。

③ 当面板标题中带有黑色三角时，表示可以展开访问该面板的隐藏工具。如图 2-16

（c）所示尺寸标注面板后带折叠黑色三角，点击展开后如图2-16（d）所示。如果需要在面板中永久显示这些工具，可以单击工具面板左下角的锁定符号 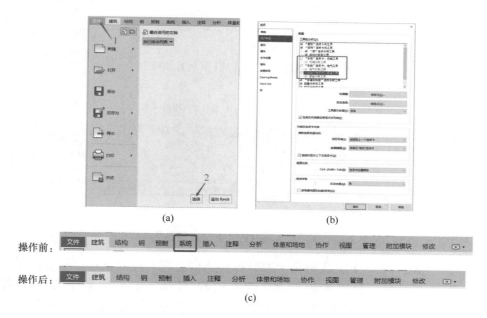，使之变为锁定状态 ，则系统不会自动隐藏这些工具，如图2-16（e）所示。

➢ 用户界面功能选项卡的隐藏：当读者仅专注于某个专业的设计时，也可以暂时关闭不需要的模块。如在建筑设计阶段，可以关闭 MEP（设备模块—水暖电模块）系统选项卡，操作方法如下：单击如图2-17（a）所示文件系统菜单按钮 **文件** ，在打开的系统菜单中单击右下角"选项"按钮，在打开的选项对话框"用户界面"选项卡"工具与分析"复选框中不勾选"系统选项卡"，如图2-17（b）所示，单击确定，回到主界面，"系统"功能选项卡已不可见，如图2-17（c）所示。

（a）　　　　　　　　　　　　　　　（b）

操作前：

操作后：

（c）

图2-17　关闭不常用功能选项卡

➢ 功能选项面板中工具的在线帮助：移动鼠标指针至面板的任一工具图标上并稍作停留，系统会弹出当前工具按钮的名称及使用方法的文字说明，如图2-18（a）所示。若鼠标指针继续停留在该工具按钮上，将显示该工具的具体图示说明，对于功能复杂的工具按钮，还将以动画的形式说明，如图2-18（b）所示。

2. 功能区上下文选项卡

当用户在选择不同图元或某选项卡中的命令操作时，功能区会出现与该操作相关的"上下文选项卡"，上下文选项卡中列出了和该图元或该命令相关的所有命令工具面板，用户不必在下拉菜单中逐级查找子命令。

如在"建筑"选项卡选择"墙：建筑"命令时，上下文选项卡的名称为"修改 | 放置　墙"，如图2-19所示。在许多情况下，上下文选项卡与修改选项卡合并在一起，包括了系统中通用修改工具，如移动、复制等工具，及所选墙绘制命令特有的工具，如测量工具、墙绘制工具、墙绘制对应的参数输入等。

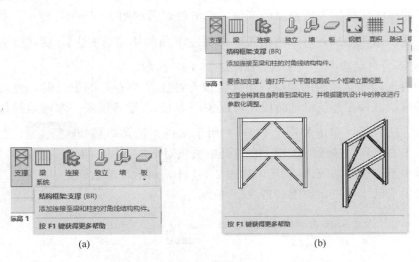

(a)　　　　　　　　　　　　　　　(b)

图 2-18　功能选项面板中工具的在线帮助

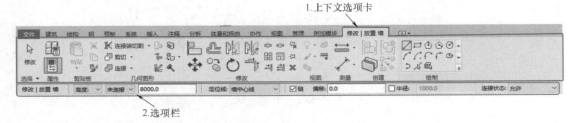

1.上下文选项卡

2.选项栏

图 2-19　使用墙工具时的上下文选项卡及选项栏

当选择不同的对象，上下文选项卡和属性对话框会有对应的显示，如选择模型中的墙，则上下文选项卡会显示编辑轮廓、附着顶部/底部、分离顶部/底部工具等，如图 2-20（a）所示。当选择模型中的上人屋面时，上下文选项卡显示相应的属性编辑工具等，如图 2-20（b）所示。

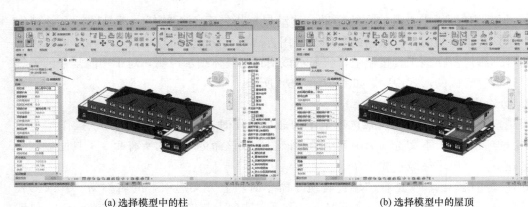

(a) 选择模型中的柱　　　　　　　　　(b) 选择模型中的屋顶

图 2-20　选择不同模型对象上下文选项卡显示的不同工具和属性参数

2.2.4　属性对话框及类型、实例属性

属性对话框用来显示项目中图元各类参数，如图 2-21（a）所示。选中不同图元其属性参数也不同，图元的属性可分为类型属性和实例属性。

1. 类型属性：一类图元的公共属性，是对同类型下个体之间共同的所有信息进行定义，简单说明就是如果有同一个族的多个相同的类型被载入到项目中，类型参数的值一旦被修改，所有的类型个体都会相应改变。

2. 实例属性：各个实例的特有（私有）属性，是对实例与实例的不同进行定义；简单说明就是如果有同一个族的多个相同的类型被载入到项目中，其中一个类型的实例参数的值一旦被修改，只有当前被修改的这个类型的实体会相应的改变，该族的其他类型的这个实例参数的值仍保持不变。在创建实例参数后，所创建的参数名后系统将自动加上"默认"两字。

选中墙，显示如图 2-21（a）所示属性对话框，位置 1 为类型选择器，单击 1 所在黑色三角，可选择不同类型的墙；单击位置 3 的属性过滤器，可选择相关属性；单击位置 2 的编辑类型属性，打开如图 2-21（b）所示类型属性对话框，可编辑该类图元的类型属性；位置 4 区域为图元的实例属性，仅改变选中图元的实例属性。

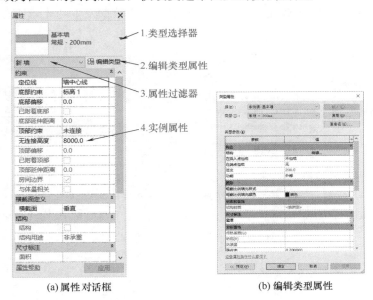

(a) 属性对话框　　　　　　　(b) 编辑类型属性

图 2-21　类型参数与实例参数

通过实例观察类型属性和实例属性的区别。

（1）修改实例参数：在图 2-22 中，在立面图中单击选中一层①—②轴间的一个窗，在左侧属性对话框中，将"底高度"从 1000 改为 600，则看到仅选中的窗底高度发生了改变。

特点：实例参数存在于族文件的属性栏中，当数据发生变化时只影响当前图元，其他具有相同族文件的参数并不会受到影响。

（2）修改类型参数：在图 2-23（a）中，在立面图中单击选中一层①—②轴间的一个

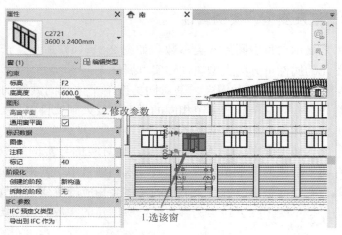

图 2-22 修改实例参数

窗，在左侧属性对话框中，单击"编辑类型"按钮，在打开的类型属性对话框中，将 C2719 窗的宽度从 2700（图 2-23a）改为 1200，则所有 C2719 窗的宽度都变为 1200（图 2-23b）。

特点：类型参数存在于族文件的编辑类型中，一个数据发生变化，所有相同的族全部发生变化。

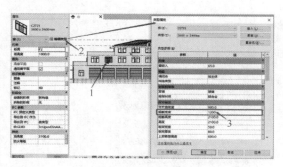

(a) 修改窗宽类型参数　　　　　　　　　　　　　　(b) 所有该类型窗宽度发生变化

图 2-23 修改类型参数

☞ 技巧与提示

➤ 打开属性对话框的几种方式

（1）快捷键：Ctrl＋1。

（2）在建模绘图区空白处单击鼠标右键，在弹出菜单中选"属性"，如图 2-24（a）所示。

（3）视图选项卡—用户界面工具—单击黑色三角形折叠按钮，在展开的菜单中勾选属性，如图 2-24（b）所示。

（4）选择任意图元，单击上下文关联选项卡中属性按钮（默认位于选项卡左下角），如图 2-24（c）所示。

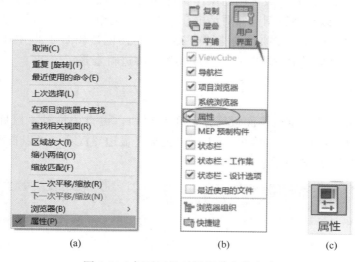

(a)　　　　　　　　　　　(b)　　　　　　　　(c)

图 2-24　打开属性对话框的几种方式

2.2.5　项目浏览器

项目浏览器是一种目录树结构，用于组织和管理当前项目中的所有信息，包括项目中的所有视图、明细表、图纸、族、组、链接等的 Revit 模型和相关属性，Revit 按逻辑层次关系组织这些项目资源，方便用户管理。

项目浏览器中，项目类别前显示"➕"表示该类别中还包括其他子类别项目，单击➕展开子类别将显示下一层级的内容，图标变为➖。项目浏览器中加粗高亮显示的视图是绘图区当前激活状态的视图，"楼层平面-标高 1"为当前视图，如图 2-25（a）所示。

(a) 项目浏览器

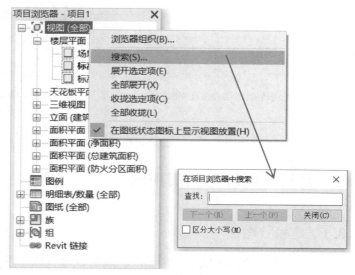

(b) 在浏览器中查找定位

图 2-25　项目浏览器

31

在 Revit 中进行项目设计时，最常用的操作就是利用项目浏览器在各视图间中切换。

在 Revit 中，可以在项目浏览器对话框任意栏名称上单击鼠标右键，在弹出的菜单中选择"搜索"选项，打开"在项目浏览器中搜索"对话框，如图 2-25（b）所示。可以使用该对话框在项目浏览器中对视图、族及族类型名称进行查找定位。

技巧与提示

➤ 属性对话框和项目浏览器面板为浮动工具窗口，可自由拖动：鼠标拖动浏览器或属性标题栏，当靠近绘图区域边缘时，出现蓝色高亮显边界提示，可以自动吸附，也可拖拽到任意位置，如图 2-26 所示。

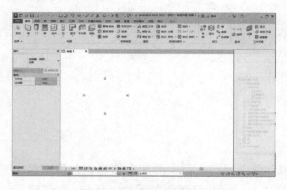

(a) 鼠标拖动项目浏览器靠近绘图区右边

(b) 松开鼠标项目浏览器停靠绘图区右边

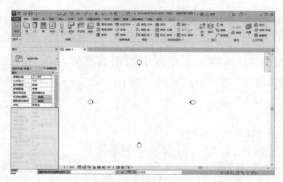

(c) 鼠标拖动项目浏览器靠近绘图区左下边

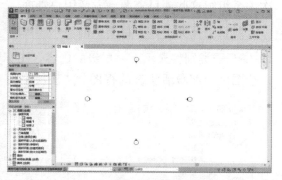

(d) 松开鼠标项目浏览器与属性对话框停靠绘图区左边

图 2-26　拖动浮动窗口

2.3　建模绘图区与控制视图

2.3.1　建模绘图区

Revit 的建模绘图区域是一个无限扩展的区域（以下简称"绘图区"），当用户使用默认样板创建项目时，在平面视图（视图 1）中有四个默认视点，分别表示东、南、西、北 4 个方向的立面观察点，如图 2-27 所示。

用户界面中间的绘图区域可显示当前项目的平面视图、立面视图、三维模型及图纸和明细表等视图。在 Revit 中每当切换至新视图时，都在绘图区域创建新的视图窗口，且保留所有已打开的其他视图。

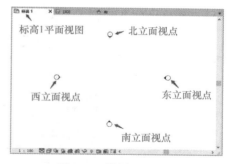

☞　技巧与提示

➤ 批量关闭非活动视图窗口节省内存资源：保留所有已打开的其他视图，为用户带来了方便，同时，每个视图不会自动关闭，当打开同一项目

图 2-27　绘图区及视点

文件的多个视图时，也会占用较多内存资源，此时可以根据实际情况及时关闭不需要的视图，或者利用系统提供的"关闭非活动"工具一次性关闭除当前窗口以外的其他不活动的视图窗口。方法一：可在快速工具栏单击"关闭非活动"按钮，如图 2-28（a）所示；方法二：可切换至"视图"选项卡，在"窗口"面板中单击"关闭非活动"按钮，即可关闭除当前窗口以外的其他所有视图窗口，如图 2-28（b）所示。

(a) 方法一

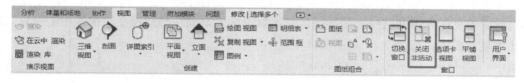

(b) 方法二

图 2-28　批量关闭打开的多个视图窗口

2.3.2　鼠标控制模型视图及右键工具栏快速操作

在创建 BIM 模型过程中，鼠标是最方便的人机交互设备，除了利用鼠标左键单击、双击选择对象、工具之外，还可以用鼠标操作绘图区的模型视图显示。

1. 缩放模型对象

在绘图区向上/向下滚动鼠标中键滚轮，可快速放大/缩小模型对象。

2. 平移模型对象

在绘图区按下鼠标中键滚轮，拖动鼠标可快速平移模型对象。

3. 旋转三维模型

在三维视图下，同时按住 Shift 键＋鼠标中键滚轮，在绘图区沿某一路径拖拽，可转动三维模型，查看模型各方向的 3D 效果。

4. 鼠标右键工具栏

在绘图区域空白处单击鼠标右键，会显示"鼠标右键工具栏"，如图 2-29（a）所示。若在绘图区选择图元后，单击鼠标右键显示的工具列表选项会增多，如图 2-29（b）

(a) 空白区鼠标右键工具栏　　　　　　　　　(b) 选择图元后鼠标右键工具栏

图 2-29　鼠标右键工具栏

所示。用户在模型设计中根据自己的需求定义工具列表，提高模型绘制效率。

☞　技巧与提示

➤　当绘图区域原有的模型被极限缩小或放大，如图 2-30（a）所示，在三维绘图区找不到或看不见时，可在三维视图绘图区双击鼠标滚轮，则在当前视图绘图区中心位置以适当比例显示模型，如图 2-30（b）所示。

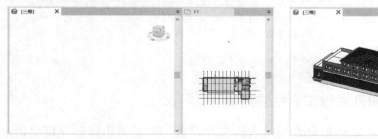

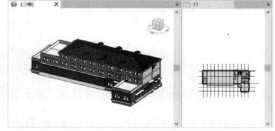

(a) 当前视图中找不到模型　　　　　　　　　(b) 双击鼠标滚轮后显示模型

图 2-30　当前视图中心显示极限缩放后的模型

2.3.3　导航控制盘与 ViewCube 导航工具

在 Revit 建模时，一般都使用键盘或者鼠标配合控制视图，Revit 在绘图区也配置了专门的导航控制盘和 ViewCube 导航工具，协助用户控制视图。

1. 使用导航控制盘

导航工具栏位于绘图区右上角，如图 2-31（a）所示，其在二维和三维视图下功能是不同的。

在二维视图中，单击导航工具栏的导航控制盘图标，会出现二维视图导航控制盘，如

图 2-31（b）所示。有 3 个选项，第 1 个是"缩放"，当用户向上移动鼠标即放大，向下拖动即缩小，和鼠标滚轮功能类似；第 2 个功能"平移"，用户用鼠标左键长按平移位置，然后移动鼠标，视角会自动进行平移；第 3 个功能是"回放"，是对缩放或者平移的自动捕捉，用户可以点击回放，选择前面的关键操作。

在三维视图中，单击导航工具栏的导航控制盘图标，会出现三维视图导航控制盘，如图 2-31（c）所示。三维视图下，导航工具栏功能会比较多，在基本型（常用）控制盘中，中心和动态观察一般是结合使用的，用鼠标左键按住中心，移动到图元，松开鼠标可以将某个点选择为中心。也可单击控制盘右下角黑三角，弹出三维视图控制更多操作菜单，如图 2-31（d）所示。

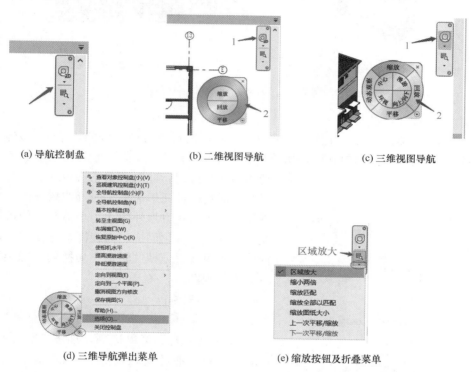

(a) 导航控制盘　　　　(b) 二维视图导航　　　　(c) 三维视图导航

(d) 三维导航弹出菜单　　　　(e) 缩放按钮及折叠菜单

图 2-31　导航控制盘主要操作

单击如图 2-31（e）所示的"区域放大"按钮 ，需要用鼠标在绘图区对角拖拽一个矩形，将该区域自动放大到整个绘图区。也可以单击区域放大按钮下的小三角，选择弹出缩放菜单的相关项完成缩放。

2. ViewCube 导航工具

ViewCube 导航工具用于在三维视图中快速定向模型的方向。默认情况下，该工具位于三维视图窗口的右上角，按其功能可分为 4 个部分，如图 2-32 所示。图 2-32 中，1 为返回"主视图"按钮，2、3 为控制视点方向的"立方体"和"转盘"，4 为视图"关联菜单"，下面介绍各部分的操作方法。

图 2-32　ViewCube
导航工具

（1）主视图

单击主视图按钮🏠，视图自动旋转为系统默认的东南轴侧视图。通常用于前期多次缩放、旋转三维视图后，单击该按钮，恢复到系统默认视图，如图2-33（a）所示。

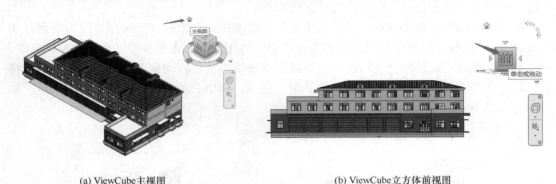

(a) ViewCube主视图　　　　　　　　　　　　　　(b) ViewCube立方体前视图

图2-33　ViewCube导航工具操作

（2）立方体和转盘

立方体中各顶点、边、面代表三维视图中不同的视点方向。例如，单击立方体"前"面，视图会切换到模型的前立面，如图2-33（b）所示，立方体图标周围也增加了相应旋转和面切换按钮，此时若单击ViewCube右上角的逆时针或顺时针弧形箭头，即可按指定的方向旋转视图；若单击正方形外的4个小箭头，即可快速切换到其他立面、顶面或底面视图，方便进一步视图操作。也可通过拖拽"转盘"切换到不同旋转视点方向上的视图。

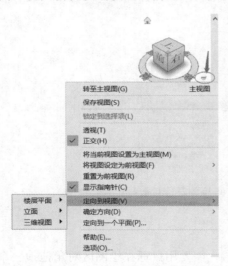

图2-34　ViewCube关联菜单

（3）关联菜单

单击ViewCube右下角的"关联菜单"按钮，系统将打开相关的菜单选项，如图2-34所示。此时，用户可以通过该菜单进行主视图和前视图的相关设置，也可以定向到相关视图。

若需要对ViewCube的样式进行设置，可以选择关联菜单中的"选项"选项，然后在打开的"选项"对话框中设置参数选项。

2.3.4　视图控制栏

在视图窗口中，位于绘图区左下角的视图控制栏用于控制视图的显示状态，如图2-35所示。本节将介绍其中视觉样式、阴影控制、详细程度、细线模式和临时隐藏/隔离等最常用的视图显示工具。

图2-35　视图控制栏

1. 视觉样式

Revit2023 提供了 6 种模型视觉样式：线框、隐藏线、着色、一致的颜色、真实和光线追踪，如图 2-36 所示。

6 种视觉样式显示效果逐渐增强，但消耗的计算资源逐渐增多，且显示的刷新速度逐渐减慢。用户可以根据计算机的性能和所需的视图表现形式来选择相应的视图样式类型，效果如图 2-37 所示。

图 2-36　模型视觉样式

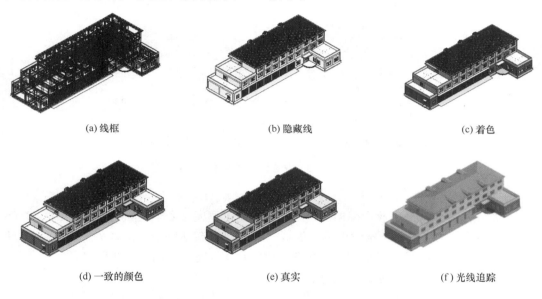

(a) 线框　　　　　　　　　　(b) 隐藏线　　　　　　　　　　(c) 着色

(d) 一致的颜色　　　　　　　(e) 真实　　　　　　　　　(f) 光线追踪

图 2-37　视图视觉样式

此外，选择"视图样式"工具栏中的"图形显示选项（G）…"选项，系统将打开"图形显示选项"对话框，此时，可对相关的视图显示参数选项进行设置。

2. 阴影控制

当指定的视图视觉样式为隐藏线、着色、一致的颜色和真实等类型时，用户可以打开视图控制栏中的阴影开关，此时视图将根据项目设置的阳光位置投射阴影，效果如图 2-38 所示。

图 2-38　打开视图阴影

3. 详细程度

可根据视图比例设置新建视图的详细程度。在功能区单击"管理"选项卡"设置"面板中的"其他设置"工具，打开"视图比例与详细程度的对应关系"对话框，如图 2-39（a）所示，可设置视图的详细程度。

视图比例被归类于详细程度标题"粗

略""中等"或"精细"下。当在项目中创建新视图并设置其视图比例后,视图的详细程度将会自动根据表格中的排列进行设置。

通过预定义详细程度,可以影响不同视图比例下同一几何图形的显示,如图2-39(b)所示。

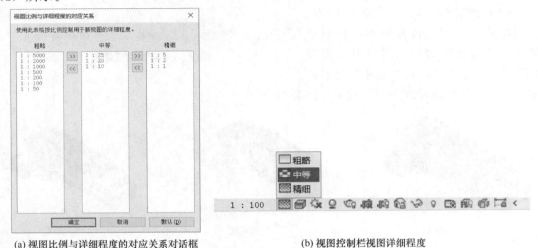

(a) 视图比例与详细程度的对应关系对话框　　　　(b) 视图控制栏视图详细程度

图 2-39　设置详细程度控制

4. 细线模式

通常在小比例视图中放大模型时,图元线的显示宽度会大于实际宽度,如图2-40(a)所示。可单击"视图"选项卡"图形"面板"细线"可激活细线工具,如图2-40(b)所示。使用"细线"工具来保持相对于视图缩放的真实线宽。激活"细线"工具后,会影响所有视图,但不影响打印或打印预览。

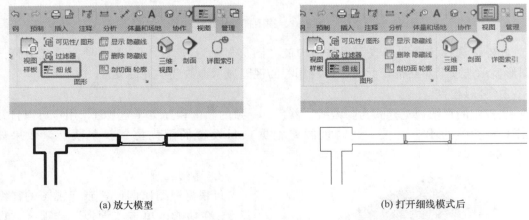

(a) 放大模型　　　　　　　　　　　　　　　　(b) 打开细线模式后

图 2-40　打开细线模式

5. 临时隐藏/隔离

当创建的建筑模型较复杂时,为防止意外选择相应的构件导致误操作,还可以利用Revit提供的"临时隐藏/隔离"工具进行图元的显示控制操作。

在模型中选择某一构件如某窗;在视图控制栏中单击"临时隐藏/隔离"按钮,在展开的关联菜单中选择"隔离类别"，如图 2-41（a）所示；则操作结果如图 2-41（b）所示，视图中显示所有窗类的图元。若选择"隐藏类别"选项，系统将在当前视图中隐藏所有的窗类图元。

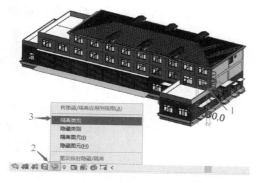

（a）"隔离类别"操作

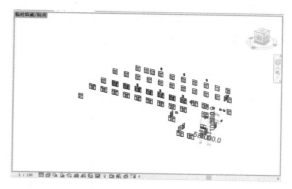
（b）完成"隔离类别"后

图 2-41　隔离类别

选择"重设隐藏/隔离"选项，则取消隔离类别，视图显示恢复原状。

若选择"隔离图元"选项，如图 2-42（a）所示；系统将单独显示所选图元，如图 2-42（b）所示。若选择"隐藏图元"选项，系统将在当前视图中隐藏选中的窗图元。

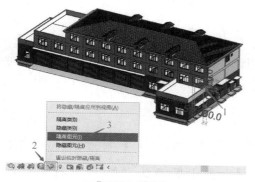
（a）"隔离图元"操作

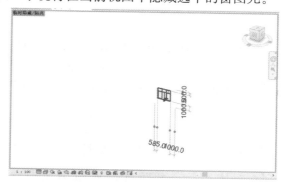
（b）完成"隔离图元"后

图 2-42　隔离图元

☞　技巧与提示

➢ 记住快捷键，提高建模效率：隐藏/隔离图元工具是建模中常用的工具，建议读者记住"隔离图元"的快捷键为 HI，"隔离类别"的快捷键为 IC，"取消隔离图元/类别"的快捷键为 HR，"隐藏图元"的快捷键为 EI，"隐藏类别"的快捷键为 VH，"取消隐藏图元/类别"的快捷键为 RH。

2.3.5　可见性和图形显示

1. 可见性/图形对话框

当创建的建筑模型较复杂时，为防止意外选择相应的构件导致误操作，还可以利用

Revit 提供的"可见性/图形"工具进行构件等的显示控制操作。可输入快捷键 VV，在打开的"可见性/图形"对话框中有"注释类别""分析模型类别""导入类别""过滤器"等5 个标签，分别控制各类图元和视图的可见性，如在"模型类别"标签中勾选想要显示的构件，该类图元在绘图区才能可见，如图 2-43（a）所示。该对话框将是读者在建模过程中控制视图和显示的主要工具。

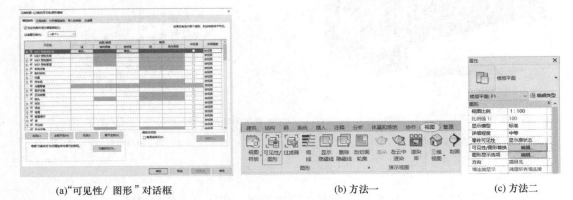

(a)"可见性/图形"对话框　　　　　　　　　(b) 方法一　　　　　　　(c) 方法二

图 2-43　"可见性/图形"对话框操作

☞ 技巧与提示

➢ 多种打开"可见性/图形"对话框的方式：①单击"视图"选项卡下的"可见性/图形"（图 2-43b）即可打开如图 2-43（a）所示对话框；②在视图模式下，在"属性"对话框中单击"可见性/图形替换"的"编辑"按钮（图 2-43c）打开如图 2-43（a）所示对话框。

2. 剖面框控制图形可见性

在三维视图中，可勾选属性对话框的"剖面框"选项（图 2-44a），则三维模型周边出现立面体边框，可通过在视图中拖拽立面体每个面上的箭头 ◀▶ 调整视图显示（图 2-44b）。

 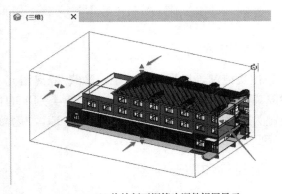

(a) 属性对话框中剖面框选项　　　　　　(b) 拖拽剖面框箭头调整视图显示

图 2-44　剖面框控制图形可见性

取消勾选属性对话框的"剖面框"选项，则视图恢复。

2.3.6 视图调整

1. 视图规程

不同专业的设计师在建造本专业的模型时都会在 Revit 中选择自己的专业部分，比如结构设计师会使用 Revit Structure，这样不同的图元类别就会有不同的显示情况，"规程"属性确定规程专有图元在视图中的显示方式。使用"规程"属性来控制以下行为：根据相关规程在视图中显示哪些图元类别；在视图中显示哪些视图标记；视图范围及其剖切面是否控制平面视图中图元的显示；自动隐藏线是否应用于视图。

视图规程包括：建筑、结构、机械、电气、卫浴、协调等规程。其中建筑和协调规程可以显示全部类别的图元，所有图元类别都会显示在视图中，而与其相关规程无关。但是，非结构墙将被隐藏。例如，视图显示建筑柱和结构柱，以及机械、电气和管道图元。机械、电气和管道类别图元在视图中的显示取决于"对象样式"中的设置。修改视图规程可选中任意一个视图，在属性浏览器中修改，如图 2-45 所示。

无论使用包含多个规程的单一模型，还是使用链接到其他特定规程模型的模型，"规程"属性都会影响视图。

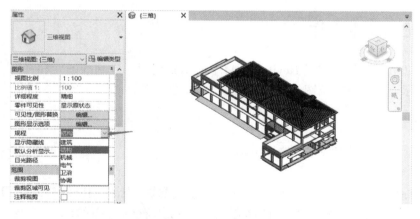

图 2-45 规程属性及按结构规程显示的三维模型

2. 视图范围

视图范围是控制对象在视图中的可见性和外观的水平平面集。每个平面图都具有视图范围属性，该属性也称为可见范围。定义视图范围的水平平面为"俯视图""剖切面"和"仰视图"。顶剪裁平面和底剪裁平面表示视图范围的最顶部和最底部的部分。剖切面是一个平面，用于确定特定图元在视图中显示为剖面时的高度。这三个平面可以定义视图范围的主要范围。视图深度是主要范围之外的附加平面。更改视图深度，以显示底剪裁平面下的图元。默认情况下，视图深度与底剪裁平面重合。

建立或更改水平平面，用来控制对象在平面视图中的可见性。

（1）打开平面视图。

（2）在"属性"选项板中，找到"视图范围"参数，并单击"编辑"。

（3）在"视图范围"对话框中，根据需要修改视图范围属性。

提示：单击"显示"以查看样例视图范围，了解关于对话框中使用的术语的更多信息。

注意：在"视图范围"对话框中，用于定义可见范围的标高与视图当前标高无关。例如，如果在多层建筑的标高 2 平面视图中，选择标高 4 作为顶部平面，则即使在标高 2 和标高 4 之间添加了标高，Revit 仍会将标高 4 作为顶部平面。如果要删除标高 4，则剪裁平面将恢复为与视图相关联的默认标高。

（4）单击"应用"可查看修改。

3. 立面视图

在 Revit 中，立面视图是默认样板的一部分。当用户使用默认样板创建项目时，项目将包含东、西、南、北 4 个立面视图。在立面视图中绘制标高线，将针对用户绘制的每条标高线创建一个对应的平面视图，可以创建其他外部立面视图或内部立面视图。内部立面视图描述内墙的详图视图并说明如何创建该墙的特征。可在内部立面视图中显示的房间示例有厨房和浴室。

当项目占地面积过大时，应及时调整立面图标的位置和视图范围，以保证整个模型都位于视图范围之内。移动立面图标时应框选，保证图标所有组成部分移动。

2.4　图元的基本操作

在 2.1.2 节，我们了解了 Revit 在项目中使用模型图元、基准图元和视图专有图元 3 种图元来表示，本节将介绍图元的基本操作。

2.4.1　选择图元

在 Revit 中可以用多种方式选择图元。

1. 鼠标单选图元

使用鼠标单击可选择一个图元，称为点选图元模式。在图元比较密的情况下，用户可以按 Tab 键进行变换选择，在属性浏览器中也可以看到选择的图元类型。按快捷键 Shift＋Tab 可以按相反的顺序循环切换图元。

2. 同类图元的快速选择

首先在视图中单击其中一个图元，如选择最右边窗，然后点击鼠标右键，弹出的快捷菜单中的"选择全部实例（A）"选项如图 2-46（a）所示。根据需要选择视图中或者项目中所有的同类型图元，这时属性浏览器中也会显示相同类型图元窗的个数，如图 2-46（b）所示。

3. "框选＋过滤器"快速选择图元

鼠标对角拖拽光标形成矩形边界，从而绘制一个选择框，称为框选图元模式。完成框选后，单击功能区上下文选项卡中"过滤器"按钮，在打开的过滤器对话框中选择需要的一种类型或多种类型图元，如图 2-47 所示。这是建模过程中最常用、便捷的选择方式。

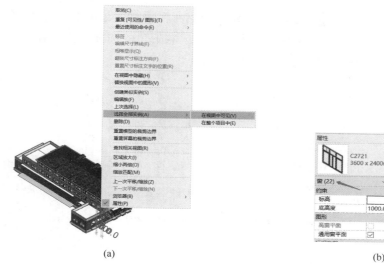

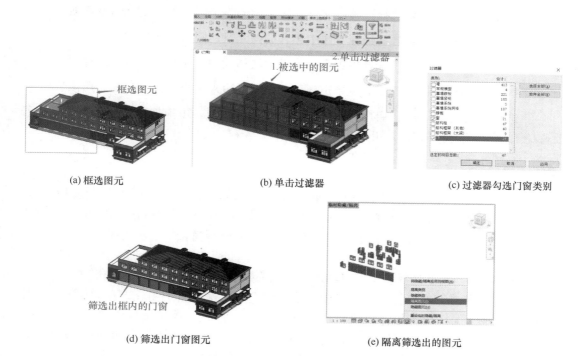

图 2-46　同类图元的快速选择

(a) 框选图元　　　　　　(b) 单击过滤器　　　　　　(c) 过滤器勾选门窗类别

(d) 筛选出门窗图元　　　　　　(e) 隔离筛选出的图元

图 2-47　"框选＋过滤器" 快速选择图元

☞ 技巧与提示

➤ 框选图元时，如果矩形框是从左上角到右下角形成，则仅选择窗口内的图元；如果矩形框是从右下角到左上角形成，则窗口内及与矩形框交叉的图元均被选中。

4. 利用修改工具选择图元

默认状态下软件退出执行所有命令的情况下，就会自动切换到 "修改" 工具。有两种形式使用修改工具，方法一是在功能区最左边"修改"工具下，单击"选择▼"展开下拉菜单，如图2-48（a）所示。方法二是点击绘图区右下角的选择按钮，其与"选择"下拉菜单中的命令是对应的，如图2-48（b）所示。

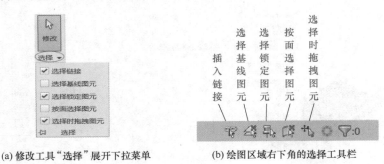

(a) 修改工具"选择"展开下拉菜单	(b) 绘图区域右下角的选择工具栏

图2-48　修改工具

（1）选择工具

① 选择链接 ：若要选择链接的文件和链接中的各个图元时，则启动该选项。

② 选择基线图元 ：若要选择基线中包含的图元时，则启用该选项。

③ 选择锁定图元 ：若选择被锁定到位且无法移动的图元时，则启用该选项。

④ 按面选择图元 ：若要通过单击内部面而不是边来选择图元时，则启用该选项。

⑤ 选择时拖拽图元 ：启用"选择时拖拽图元"选项，可拖拽无需选择的图元。若要避免选择图元时意外移动，可禁用该选项。

☞ 技巧与提示

➢ 在不同的情况下，要使用不同的选择工具。例如，若要在平面视图中选择楼板，可以将"按面选择图元"选项打开，以方便选择。如果当前视图中链接了外部CAD图纸或Revit模型，为了避免在操作过程中误选，可以将"选择链接"选项关闭。

（2）选择集

当需要保存当前的选择状态，以供之后快速选择时，可以使用"选择集"工具。

① 保存选择集：在已打开的项目中，采用以上方式选择多个图元，在"修改"选项卡中，会出现"选择集"相应的按钮，如图2-49（a）所示。单击选择集"保存"按钮，打开"保存选择"对话框，如图2-49（b）所示，输入选择集名称之后单击"确定"按钮。这时，当前选择的状态已经被保存在项目中，可随时调用。

(a) 选择集按钮	(b)"保存选择"对话框

图2-49　保存选择集

② 载入选择集：在框选模式选择图元后，"载入"按钮可使用。单击"载入"按钮，

选择已保存的选择集，则在已选图元基础上增加载入的选择集。例如首先在图 2-50（a）中采用"框选＋过滤器"选择所有一层门图元；再单击"载入"按钮，在打开的"载入过滤器"中选择"三层窗"并确定，如图 2-50（b）所示；则在绘图区已选的一层门基础上，增加了三层窗图元的选择，如图 2-50（c）所示。

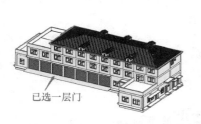

(a)"框选＋过滤器"选择图元　　　　(b) 载入已有选择集　　　　(c) 完成全部选择

图 2-50　载入选择集

单击绘图区域空白处或单击 Esc 键，可退出当前选择。

③ 编辑选择集：如果对已保存选择集的图元进行增删，可单击"载入"选择集按钮，在对话框中选择任一保存的选择集并确定，软件会自动选择当前选择集内包含的图元；再单击"编辑"选择集按钮，打开如图 2-51 所示"编辑过滤器"对话框，可对选中的选择集进行"编辑（E）…""重命名（R）…""删除（D）"等操作，也可以"新建（N）…"选择集。

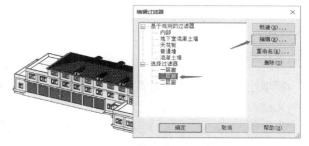

图 2-51　"编辑过滤器"对话框

单击选择集"编辑（E）…"按钮，打开如图 2-52（a）所示选择集编辑界面，可向选择集添加图元或删除图元。例如单击左上角"从选定项目中删除"按钮，依次单击三层左边三个窗，则这些图元从已有选择集中去除，单击完成选择按钮，如图 2-52（b）所示。

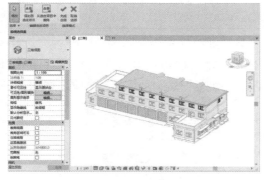
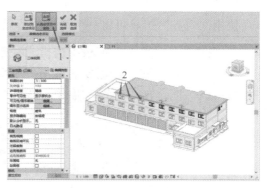

(a) 选择集按钮　　　　　　　　　　(b) 保存选择对话框

图 2-52　保存选择集

☞ 技巧与提示

➤ 如需恢复之前所保存的选择集，可单击"管理"选项卡，在"选择"面板中选择"载入"按钮，打开"载入过滤器"对话框，如图2-53（a）所示。在载入对话框中选择某一已保存的选择集，单击确定，则该选择集图元被选中呈高亮显示，选择集"载入""编辑"按钮也呈现可用的高亮显示状态，如图2-53（b）所示。

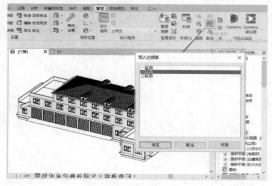

(a) 打开载入过滤器   (b) 选择集图元被选中

图 2-53　恢复保存的选择集

2.4.2　编辑图元

模型绘制过程中，经常需要对图元进行修改。在"修改"面板中，Revit提供了大量的图元修改工具，其中包括"移动""旋转""缩放"等，如图2-54所示。

图 2-54　"修改"面板

1. "对齐"工具

使用"对齐"工具可将一个或多个图元与选定图元对齐。

① 在功能区"修改"面板中选择"对齐"工具，此时光标会显示为" "；

② 在选项栏上设置所需要的选项："多重对齐"复选框：将多个图元与所选图元对齐；"首选："框含有"墙面""墙中心线""核心层表面""核心层中心"选项，如图2-55所示；

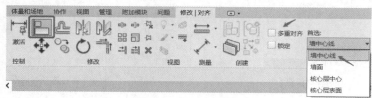

图 2-55　"对齐"工具

46

③ 选择参照图元：如图 2-56（a）所示，选择左侧外墙 1；

④ 选择与参照图元对齐的一个或多个图元：如图 2-56（a）所示，选择右侧外墙 2；

⑤ 若要启动新“对齐”，按 Esc 键一次；若要退出“对齐”工具，按 Esc 键两次。完成对齐编辑，如图 2-56（b）所示。

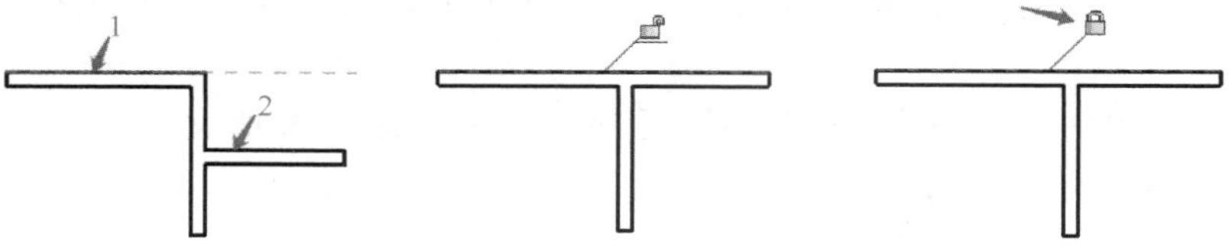

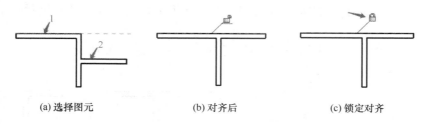

(a) 选择图元　　(b) 对齐后　　(c) 锁定对齐

图 2-56 “对齐”工具操作

技巧与提示

➢ 若要使选定图元与参照图元（稍后将移动它）保持对齐状态，则单击挂锁符号来锁定对齐，如图 2-56（c）所示。如果由于执行了其他操作而使挂锁符号消失，则单击“修改”选项卡并选择“参照图元”命令，使该符号重新显示。

➢ 用对齐工具绘制偏心柱：使用对齐工具时，如果按 Ctrl 键，会临时选择“多重对齐”命令。如图 2-57（a）所示，选择对齐工具，单击Ⓑ轴做参照图元，按下 Ctrl 键，同时逐次用鼠标单击Ⓑ轴上柱的上表面，完成多重对齐操作，按 Esc 键两次退出操作，如图 2-57（b）所示。

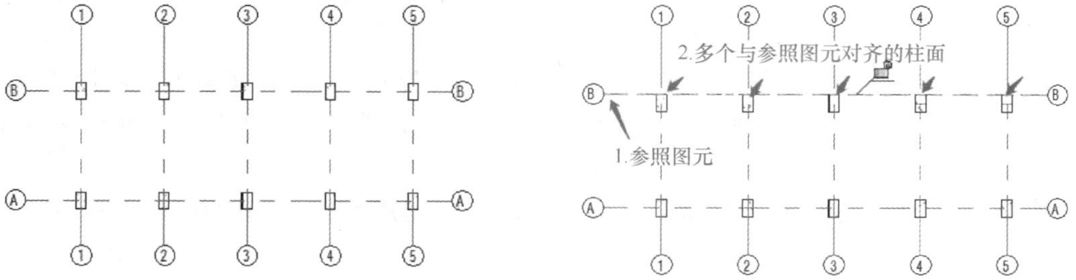

(a) 初始柱网　　(b) 与Ⓑ轴对齐后

图 2-57　多重对齐

2. “偏移”工具

使用“偏移”工具，可对选定模型线、详图线、墙和梁进行复制、移动。可对单个图元或属于相同族的图元链应用该工具，通过拖拽选定图元或输入值来指定偏移距离。

① 选中图元后，在功能区“修改”面板中选择“偏移”工具，此时光标会显示为“ ”；

② 在选项栏上设置所需要的选项，如图 2-58（a）所示：

若选择“图形方式”则选定图元拖拽所需距离即可；

若选择"数值方式"需输入偏移"数值"后单击图元即可；

若要创建并偏移所选图元的副本，请选择"图形方式"或"数值方式"时，同时启用"复制"复选框选项；

③ 选择要偏移的图元或链，若在放置光标的一侧使用"数值方式"选项指定了偏移距离，将会在高亮显示图元的左侧或右侧（上侧或下侧、内部或外部）显示一条预览线，如图 2-58（b）所示；

④ 在绘图区单击进行确认，偏移后图元副本如图 2-58（c）所示；

⑤ 按 Esc 键两次退出工具。

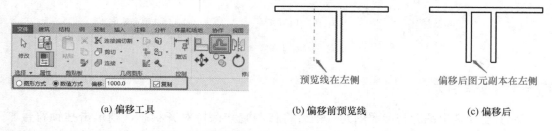

| (a) 偏移工具 | (b) 偏移前预览线 | (c) 偏移后 |

图 2-58 "偏移"工具操作

3. "镜像"工具

"镜像"工具使用一条线作为镜像轴，对所选模型图元执行镜像（反转其位置）。可以拾取镜像轴，也可以绘制临时轴。使用"镜像"工具可翻转选定图元，或者生成图元的一个副本并翻转其位置。

① 选中图元后，在功能区"修改"面板中选择"镜像-拾取轴"或"镜像-绘制轴"工具；

② 在选项栏上设置所需要的选项：若要移动选定图元且生成其副本，启用"复制"复选框选项；若不生成图元副本只是移动，不勾选"复制"复选框选项，如图 2-59（a）所示；

③ 选择要镜像的对象，选择拾取镜像轴线或绘制用作镜像轴的线，如图 2-59（b）所示；

④ 完成镜像后，还可进行镜像图元位置和方向的调整，如图 2-59（c）所示；

⑤ 按 Esc 键两次退出工具。

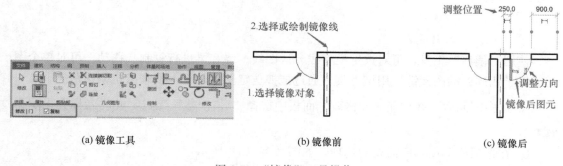

| (a) 镜像工具 | (b) 镜像前 | (c) 镜像后 |

图 2-59 "镜像"工具操作

☞　技巧与提示

➢ 若要选择代表镜像轴的线，则选择"镜像-拾取轴"工具 ；若要绘制一条临时镜像轴线，则选择"镜像-绘制轴"工具 。

4. "移动"工具

"移动"工具的工作方式类似于拖拽，但它在选项栏上提供了其他功能，允许进行更精确的放置。

① 选中图元后，在功能区"修改"面板中选择"移动"工具；

② 在选项栏上设置所需要的选项，如图 2-60（a）所示；

"约束"选项：限制图元只能在水平和垂直方向移动；

"分开"选项：图元与其相关的构件不同时移动；

③ 在绘图区捕捉移动起点，将会显示该图元的预览图像及临时尺寸标注参考；捕捉移动终点或者用键盘输入移动参数值，如图 2-60（b）所示；

④ 按 Enter 键确认完成 [图 2-60（c）]。

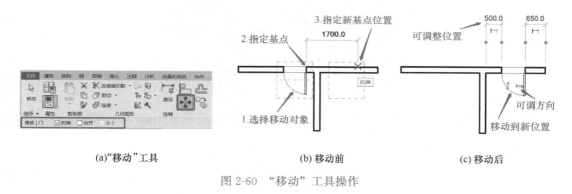

(a)"移动"工具　　　　　　　　(b) 移动前　　　　　　　　(c) 移动后

图 2-60　"移动"工具操作

5. "复制"工具

"复制"工具可复制一个或多个选定图元，并可随即在图纸中放置这些副本。"复制"工具与"复制到剪贴板"工具不同，要复制某个选定图元并立即放置该图元时（例如，在同一个视图中），可使用"复制"工具；当需要在放置副本之前切换视图时，可使用"复制到剪贴板"工具。

① 选中图元后，在功能区"修改"面板中选择"复制"工具；

② 在选项栏上设置所需要的选项；若启用"约束"，则保证复制对象在水平或垂直方向对齐，启用"多个"复选框，可一次完成复制多个图元到新的位置，如图 2-61（a）所示；

③ 选择要复制的图元，如图 2-61（b）所示；

④ 指定复制的起始基点；

⑤ 指定复制的终点（可在临时尺寸中指定复制距离）。若选择启用"多个"复选框，只需多次指定复制重点，直到完成复制所有图元；

⑥ 按 Esc 键两次退出工具，完成复制，如图 2-61（c）所示。

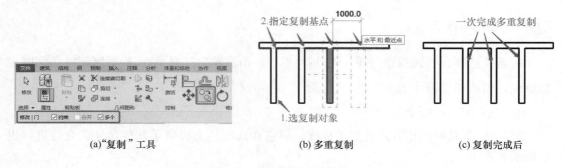

(a)"复制"工具　　　　　　　(b) 多重复制　　　　　　　(c) 复制完成后

图 2-61　"复制"工具操作

6. "旋转"工具

使用如图 2-62 所示"旋转"工具可使图元围绕轴旋转。在楼层平面视图、天花板投影平面视图、立面视图和剖面视图中，图元会围绕垂直于视图的轴进行旋转。在三维视图中，该轴垂直于视图的工作平面。并非所有图元均可以围绕任何轴旋转，例如，墙不能在立面视图中旋转，门和窗不能在没有墙的情况下旋转。

图 2-62　"旋转"工具

① 指定旋转图元，在功能区"修改"面板中选择"旋转"工具，如图 2-63（a）所示；

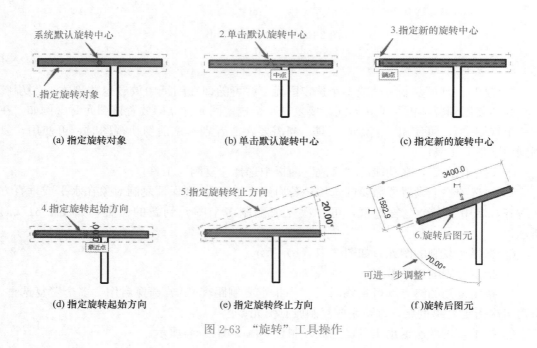

(a) 指定旋转对象　　　　　　(b) 单击默认旋转中心　　　　　(c) 指定新的旋转中心

(d) 指定旋转起始方向　　　　(e) 指定旋转终止方向　　　　　(f) 旋转后图元

图 2-63　"旋转"工具操作

② 在选项栏上设置相应的选项：如果未勾选"复制"复选框，仅旋转指定图元；若勾选"复制"复选框，则复制一个指定旋转图元完成旋转，原图元保持不变，如图 2-62 所示；

③ 调整旋转中心：单击系统默认旋转中心，将鼠标移动到新位置，指定新的旋转中心，如图 2-63（b）（c）所示；

④ 指定旋转起始方向：在要旋转的水平图元上任意位置单击，与新旋转中心形成水平方向线旋转起始线，捕捉终点位置形成旋转夹角（或在选项栏"角度："文本框输入旋转角度），如图 2-63（d）（e）所示；

⑤ 按 Enter 键，完成图元旋转，如图 2-63（f）所示。还可根据旋转后图元的临时尺寸，进一步调整相关参数。

☞　技巧与提示

➤ 使用关联尺寸标注旋转图元：单击指定旋转的开始放射线之后，角度标注将以粗体形式显示。使用键盘输入数值，按下 Enter 键确定可实现精确自动旋转。

7. "修剪/延伸为角　""修剪/延伸图元　"工具

使用"修剪"或"延伸"工具可以修剪或延伸一个或多个图元至由相同的图元类型定义的边界，也可以延伸不平行的图元以形成角。选择要修剪的图元时，光标位置提示要保留的图元部分，可以将这些工具用于墙、线、梁或支撑。

（1）修剪/延伸为角

该工具将两个所选图元修剪或延伸成一个角，相同图元，点选位置不同，修剪、延伸结果不同。通常点选位置为图元保留部分。

① 选择"修改"选项卡面板中的"修剪/延伸为角"工具；

② 选择所要修剪的图元（选择时单击要保留的图元部分），图 2-64（a）～（d）为操作前，图 2-64（e）～（h）为操作后。

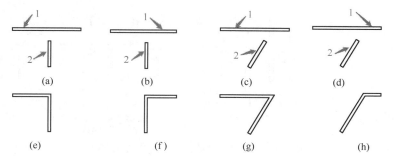

图 2-64　"修剪/延伸为角"工具操作

（2）修剪/延伸单个图元

该工具可以修剪一个图元（如墙、线、梁等）到其他图元定义的边界。

① 选择"修改"选项卡面板中的"修剪/延伸单个图元"工具；

② 选择用作边界的参照图元 1；

③ 然后选择要修剪或延伸的图元 2，如果此图元与边界或投影交叉，则保留所选择的

部分，而修剪边界另一侧的部分，图 2-65 （a）～（d）为操作前，图 2-65 （e）～（h）为操作后。

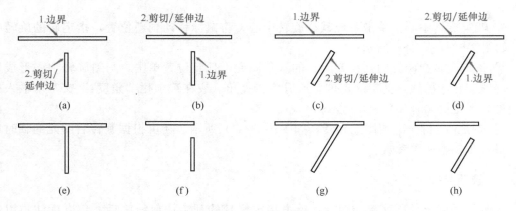

图 2-65　"修剪/延伸单个图元"工具操作

☞　技巧与提示

➤ 注意观察图 2-64 和图 2-65 中，同样的初始图元，当命令不同、选择顺序不同、选取位置不同，"修剪/延伸"获得的结果也不同。模型设计时，应根据需要选择相应的操作。

（3）修剪/延伸多个图元

该工具可以修剪多个图元（如墙、线、梁等）到其他图元定义的边界。

① 选择"修改"选项卡面板中的"修剪/延伸多个图元"工具；

② 选择用作边界的参照图元；

③ 使用逐个单击或框选来选择要修剪/延伸的图元，单击部分或被框选部分图元完成延伸到边界，图元其余部分被修剪，与边界无交叉图元未变化，如图 2-66 所示。

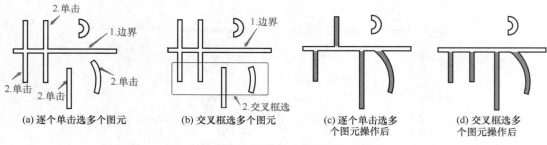

图 2-66　"修剪/延伸多个图元"工具操作

☞　技巧与提示

➤ 可以在工具处于活动状态时，选择不同的"修剪"或"延伸"选项，这也会清除使用上一个选项所做的任何最初选择。

8. "拆分"工具

"拆分"工具有两种使用方法，分别是"拆分图元"和"用间隙拆分"。

（1）拆分图元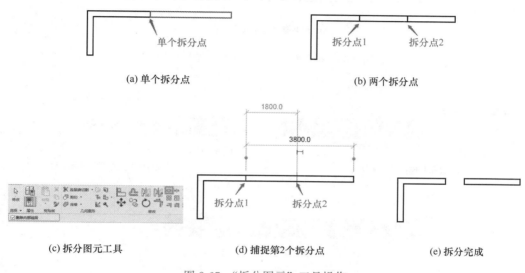

通过"拆分图元"工具，可将一个图元分割为两个及多个单独的部分（没有间隙），也可删除两个点之间的线段，或者在两面墙之间创建定义的间隙。该工具可以拆分墙、线、梁和支撑。

① 选择"修改"选项卡面板中的"拆分图元"工具；

② 捕捉图元上要删除的点，形成两个新图元（图 2-67a）。根据需要可连续设置 N 个拆分点，形成 $N+1$ 个图元，如图 2-67（b）所示；

③ 按 Esc 键两次退出工具。

（a）单个拆分点　　　　　　　　　　　　（b）两个拆分点

（c）拆分图元工具　　　　（d）捕捉第2个拆分点　　　　（e）拆分完成

图 2-67　"拆分图元"工具操作

☞　技巧与提示

➤ 若启用选项栏上的"删除内部线段"复选框，如图 2-67（c）所示，则系统在操作时会自动删除线上所选点之间的线段，如图 2-67（d）（e）所示。

（2）用间隙拆分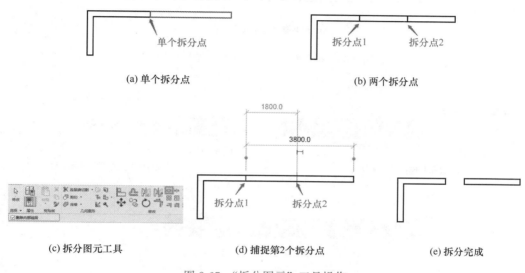

该工具可以将图元分割为两个独立的部分，可以删除两点之间的线段，还可以在两面墙之间定义间隙。"用间隙拆分"和"拆分图元"操作方法类似，但是操作结果稍有不同，"用间隙拆分"工具拆分结果图元之间有一定间隙（系统默认的间隙参数为 1.6～304.8mm），图 2-68 为同一墙图元同一位置上"拆分图元"和"用间隙拆分"操作结果比较（打开了细线模式）。

☞　技巧与提示

➤ 连接使用间隙拆分的墙，首先单击一侧墙图元，按照如图 2-69（a）所示步骤操作，完成后，单击另一侧图元，按照如图 2-69（b）所示步骤操作，则完成拆分墙的连接，如图 2-69（c）所示。

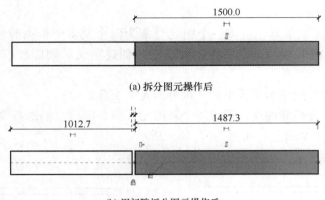

(a) 拆分图元操作后

(b) 用间隙拆分图元操作后

图 2-68 拆分图元和用间隙拆分结果比较

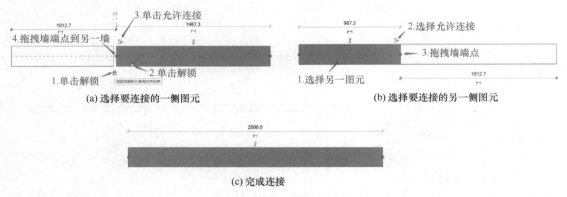

(a) 选择要连接的一侧图元 (b) 选择要连接的另一侧图元

(c) 完成连接

图 2-69 用间隙拆分墙的连接操作

9."阵列"工具

可以按照线性或半径的方式，以定义的距离或角度复制出原图元的多副本。该工具可以大量减少重复性图元的绘制步骤，提高绘图效率和准确性。

（1）线性阵列

① 选择要阵列的图元（绘制基本墙，切换到南立面，绘制一个固定窗）；

② 选择"修改"选项卡面板中的"阵列"工具；

③ 在选项栏上设置所需要的选项，如图 2-70（a）所示；

• "线性"与"半径"选项：选择所要阵列复制的方式，选择线性阵列；

• 选择"成组并关联"选项，阵列后图元会关联成组，修改其中一个图元将会导致其他图元发生变化；

• "项目数"：是指需要复制的图元数量，但其包含了原图元本身；

• 移动到"第二个"：是指复制图元时，输入的限制参数值等于相邻两个图元之间的参数值；

• 移动到"最后一个"：是指复制图元时，输入的限制参数值等于复制的第一个图元至最后一个图元间的参数值；

• "约束"：复制的图元只能沿其水平或垂直方向复制，否则任意角度方向都可以复制；

④ 捕捉移动新建图元的起点（阵列基点）；

⑤ 拖拽阵列间距单击确认或在拖拽临时尺寸中输入阵列间距，按 Enter 键确认；

⑥ 阵列图元已显示，可根据需要编辑阵列数，如图 2-70（b）所示；

⑦ 按 Enter 键确认，完成阵列。

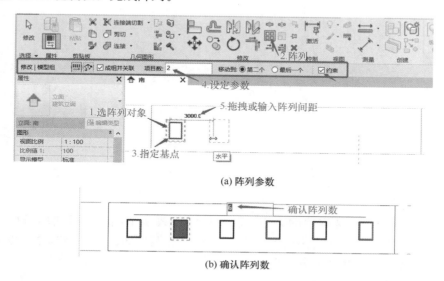

(a) 阵列参数

(b) 确认阵列数

图 2-70　线性阵列操作

☞　技巧与提示

➤ 勾选"成组并关联"选项可以将阵列的每个成员包括在一个组中。如果未选择此选项，Revit 将会创建指定数量的副本，而不会使它们成组。在放置后，每个副本都独立于其他副本，无法再次修改阵列图元的数量。成组并关联完成的图元单独编辑时，需要在上下文选项卡"选解组"工具进行解组。

（2）半径阵列

① 选择要阵列的图元（在楼层平面绘制弧形轴线，并绘制一个矩形柱）；

② 选择"修改"选项卡面板中的"阵列"工具；

③ 在选项栏上设置所需要的选项：如图 2-71（a）所示；选择半径阵列；勾选"成组并关联"，输入角度 60°，也可直接在绘图区修改，如图 2-71（b）所示；项目数 5，也可直接在绘图区修改，如图 2-71（c）所示；

④ 在默认旋转中心控制点［图 2-71（b）中 1］位置按下鼠标左键拖拽，将其重新定位到弧形中心点的位置［图 2-71（b）中 2］；也可以单击选项栏上的"旋转中心：地点"按钮或按 Space 键＋拖拽鼠标到弧形中心点；

⑤ 拖拽鼠标单击确定起始位置［图 2-71（b）中 1、2 连线］，拖拽鼠标指定角度为 60.00°［图 2-71（b）中 3］，单击鼠标确认；

⑥ 在图 2-71（c）中编辑阵列数为 5；

⑦ 按 Enter 键确认，完成半径阵列，如图 2-71（d）所示。

重复以上操作，将角度改为 30°，项目数依然是 5，半径阵列结果如图 2-71（e）所示。

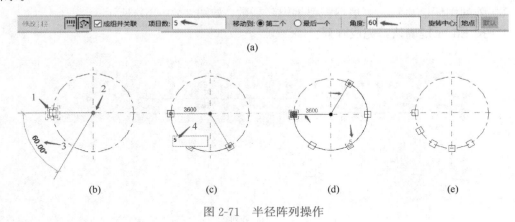

图 2-71　半径阵列操作

10.　"缩放"工具

"缩放"工具可调整选定项的大小。若要同时修改多个图元，可使用造型操纵柄或"比例"工具。"比例"工具适用于线、墙、图像、参照平面、DWG 和 DXF 以及尺寸标注的位置，以图形方式或数值方式来按比例缩放图元。

（1）数值方式

① 选择要进行缩放的图元；

② 单击"修改"面板中的"缩放"工具按钮；

③ 在选项栏上选择"数值方式"选项，在"比例"框内缩放参数，如图 2-72（a）所示；

④ 在绘图区域中单击以设置缩放基点，如图 2-72（b）（c）所示，图元将会以基点为中心缩放。

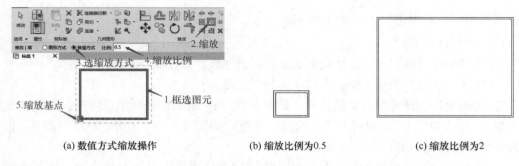

(a) 数值方式缩放操作　　　　　(b) 缩放比例为0.5　　　　　(c) 缩放比例为2

图 2-72　不同比例数值缩放

☞　技巧与提示

➢ 数值缩放模式下，缩放比例值大于 1 则为放大，比例值大于 0 小于 1 为缩小。

（2）图形方式

在缩放操作中，如果是以其他图元大小位置做参照进行缩放，可选择图形方式。

① 选择要进行缩放的图元；

② 单击"修改"面板中的"缩放"工具按钮；

③ 在选项栏上选择"图形方式"选项；

④ 在绘图区中，首先在要缩放图元上单击缩放基点，接着在要缩放的图元上单击参照点，然后在参考图元上单击缩放参照点，图元将会以基点为中心缩放，系统用虚线显示缩放结果预览，如图 2-73（a）所示。

⑤ 完成缩放，系统显示缩放后的图元，如图 2-73（b）所示。

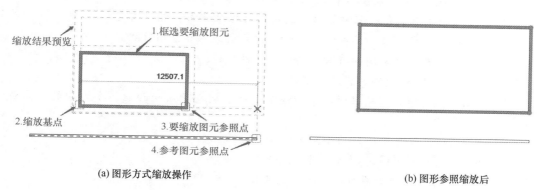

（a）图形方式缩放操作　　　　　　　　　　　（b）图形参照缩放后

图 2-73　不同比例数值缩放

☞ 技巧与提示

➤ 若要取消选择某个选定的图元（但不取消选择其他图元），则将光标移动到所选图元上，然后在按 Shift 键的同时单击该图元。

11."锁定🔲/解锁🔲""删除❌"工具

锁定"🔲"工具，可以将图元锁定在适当的位置，锁定后，该图元将无法移动。如果试图删除锁定的图元，Revit 会警告该图元已被锁定。

解锁"🔲"工具：用于对锁定在适当位置的图元或由其主体系统控制的图元进行解锁。解锁后，便可以移动或修改该图元，而不会显示任何提示信息。

删除"❌"工具：可以将选定图元从图形中删除，但不会将删除的图元粘贴到剪贴板。

☞ 技巧与提示

➤ 在 Revit 中使用"删除"工具或 Delete 键删除图元时，图元必须处于解锁状态。如果当前图元被锁定，软件将无法完成删除命令，并会打开对话框进行提示。如标高、轴网等较为重要的图元，建议用户将其锁定，这样可以防止误操作导致删除。

🔍 **思考与练习**

1. Revit 项目图元不包括（　　　）。

A. 模型图元   B. 基准图元

C. 视图专有图元   D. 参数图元

2. 以下 Revit 常用的四种文件格式描述正确的是（   ）。

A. rvt 格式是 Revit 生成的项目文件格式

B. rte 格式是 Revit 可载入族的文件格式

C. rfa 格式是创建 Revit 可载入族的样板文件格式

D. rft 格式是 Revit 的项目样板文件格式

3. 下列关于图元属性的说法错误的是（   ）。

A. 图元的属性可分为类型属性和实例属性

B. 类型属性参数的值一旦被修改，所有的类型个体都会相应改变

C. 实例属性参数的值一旦被修改，所有的类型个体都会相应改变

D. 实例属性是各个实例的特有（私有）属性

4. 下列关于 Revit 视图的说法正确的是（   ）。

A. 使用默认样板创建项目时，平面视图中有分别表示东南西北四个方向的立面观察点

B. 绘图区域只能显示项目的平面视图

C. 每当切换至新视图时，旧视图会被关闭

D. Revit 只能同时打开单独一个项目的视图

5. Revit 视图控制内容不包括（   ）。

A. 图形可见性   B. 视觉样式

C. 阴影控制   D. 详细程度

6. 关于 Revit 项目与项目样板说法错误的是（   ）。

A. 项目文件中包含了工程中所有的模型信息和其他工程信息

B. 项目文件以 "rvt" 数据格式保存

C. 基于样板的新项目不能继承来自样板的所有族、设置以及几何图形

D. 在 Revit 中新建项目并不是从零起步，而是使用项目规模样板

7. Revit2023 工作环境设置练习。

（1）在 Revit2023 中新建项目文件；

（2）另存为 "练习1.rvt"；

（3）在 "练习1.rvt" 中设置每隔15min保存提醒；设置临时标注文字大小为12。

8. 自定义快捷键练习。

（1）在第7题保存的 "练习1.rvt" 视图1中任意绘制建筑、结构图元，如墙、柱；

（2）切换到三维视图、南立面视图等不同视图观察；

（3）打开 "选项" 对话框 "用户界面" 标签自定义快捷键中寻找复制、移动、偏移等命令的默认快捷键，用快捷键复制绘制的图元；

（4）自定义 "3W" 为 "三维视图" 命令的快捷键。

9. 视图控制练习

（1）在 Revit 安装目录 C：\ Program Files \ Autodesk \ Revit 2023 \ Samples 下打

开系统提供的 rvt 模型文件，如打开"rac_basic_sample_project.rvt"模型文件，在项目浏览器中切换为三维视图〔3D〕；

（2）使用鼠标滚轮，上下滚动放大、缩小视图；使用 shift＋鼠标中键拖拽观察视图；

（3）设置模型显示精细度为中等；

（4）用线框和真实模式查看图形；

（5）显示模型文件中的所有窗；隐藏模型文件中的屋顶。

第 3 章
创建项目信息及基准图元

Chapter 03

Revit 项目中是基于图元表达各组成元素，2.1.2 节介绍了图元包括模型图元、基准图元和视图专有图元 3 种类型。其中基准图元是 Revit 项目的基础，包括标高、轴网、参照平面等，这些基准图元是创建其他模型图元的依据，在创建项目模型之前应首先创建并设置这些基准图元。

为了便于读者理解 Revit 强大、复杂的命令体系及工程上应用方法，从本章开始，先用便于读者理解的最简单、基本的案例讲解命令体系，然后依据实际工程项目，结合行业设计规范和原则深化软件运用，实现建模技能与土木工程行业背景的融合。

3.1 创建项目及项目信息

采用 2.1.4 节创建新项目的三种方式之一，在图 2-6 所示 Revit 操作界面中，单击"管理"选项卡下的"项目信息"按钮，如图 3-1（a）所示，在打开的"项目信息"对话框中可填入建立模型所属项目的基本信息，如建筑名称、项目地址等，如图 3-1（b）所示。

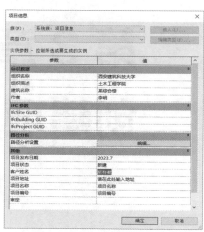

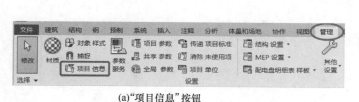

(a)"项目信息"按钮   (b)"项目信息"对话框

图 3-1　设置项目信息

3.2 标高

标高是设计建筑效果的第一步。标高的创建与编辑，须在立面或剖面视图中进行操作。

3.2.1 创建标高

在 Revit 中，创建标高的方法有 3 种：绘制、复制和阵列。用户可以通过不同需求选择创建标高的方法。

（1）绘制标高

绘制标高是基本的创建方法之一，对于低层或尺寸变化差异过大的建筑构件，使用该方法可直接绘制标高。

①打开要添加标高的剖面视图或立面视图，如单击项目浏览器—立面—"南"立面；

②在功能区"建筑"选项卡（或"结构"选项卡），单击"基准"面板中的"标高"工具，如图3-2（a）所示，此时功能区会显示"修改｜放置标高"上下文选项卡，如图3-2（b）所示。

(a) 标高工具　　　　　　　　　　　　　(b)"修改|放置标高"上下文选项卡

图 3-2　标高工具及其上下文选项卡

在如图3-2（b）所示选项栏上，默认情况下"创建平面视图"处于选择状态，因此，所创建的每个标高都是一个楼层，并且拥有关联楼层平面视图和天花板投影平面视图。

如果在选项栏上单击"平面视图类型"按钮，在打开的"平面视图类型"对话框中指定视图类型，如图3-3所示。如果取消了"创建平面视图"选项，则认为标高是非楼层的标高或参照标高，并且不创建关联的平面视图。墙及其他以标高为主体的图元，可以将参照标高用作自己的墙顶定位标高或墙底定位标高。

图 3-3　平面视图类型

在绘图区参照系统自带的预设标高捕捉绘制标高的起点及终点即可完成标高的绘制，如图3-4所示。

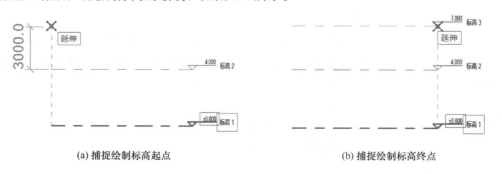

(a) 捕捉绘制标高起点　　　　　　　　　(b) 捕捉绘制标高终点

图 3-4　绘制创建标高

☞ 技巧与提示

➤ 标高只能在立面或剖面视图中创建。当放置光标以创建标高时，如果光标与现有标高线对齐，则光标和该标高线之间会显示一个临时的垂直尺寸标注。

➤ 使用复制和阵列工具可以快速创建标高，但不会联动生成平面视图，可在视图选项卡下的平面视图中添加。

➤ 如果第一个标高名称为F1，添加的标高的名称会以最后一个标高为基准递增，标高名称为：F1、F2、F3等。

（2）复制、阵列标高

当要绘制高层或超高层标高时，使用复制或阵列工具，会极大提高绘制效率。

① 复制标高主要操作步骤

选择将要复制的标高，此时功能区会显示"修改｜标高"上下文选项卡，选择"复制"工具，勾选选项栏"约束、多个"参数，在绘图区拟复制标高上捕捉移动的起点，向上拖拽鼠标，此时可从键盘输入拟复制的标高值，如输入3300，回车确认；继续向上拖拽鼠标，在键盘输入拟复制标高值，如输入3000并回车确认……可一次完成多个相同标高值或不同标高值的复制输入，主要操作过程如图3-5所示。

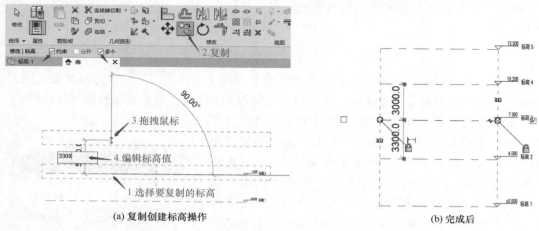

(a) 复制创建标高操作　　　　　　(b) 完成后

图 3-5　复制创建标高

如果要创建的多重标高是等距的，则采用阵列命令更为方便。

② 阵列标高主要操作步骤

选择将要阵列的标高，此时功能区会显示"修改｜标高"上下文选项卡，选择"阵列"工具，选项栏选择"线性阵列、输入项目数"等参数，在绘图区拟阵列标高上捕捉阵列的起点，向上拖拽鼠标，此时可从键盘输入拟阵列的标高值，回车确认，如图3-6（a）

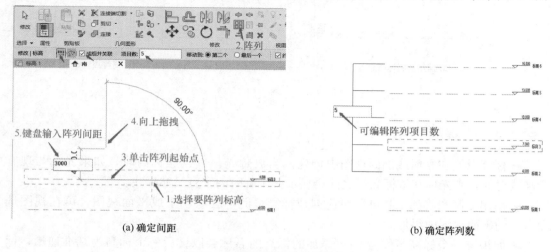

(a) 确定间距　　　　　　(b) 确定阵列数

图 3-6　阵列创建标高主要操作步骤

所示，此时绘图区出现阵列预览，并提示可编制阵列数，如图 3-6（b）所示，回车确认后完成阵列。

👉 **技巧与提示**

➤ 使用"复制"及"阵列"工具创建的标高是参照标高，在"项目浏览器"面板中没有生成相应的平面视图，如图 3-7（a）所示。需要在功能区"视图"选项卡"平面视图"下拉列表选项"平面视图"中设置，选择"楼层平面"选项，如图 3-7（b）所示，在打开的"新建楼层平面"对话框中选择新建的楼层平面，如图 3-7（c）所示，单击确定。此时"项目浏览器"面板会显示相应的楼层平面，如图 3-7（d）所示。

（a）项目浏览器未添加前　　（b）添加新建楼层工具　　（c）"新建楼层平面"对话框　　（d）项目浏览器添加后

图 3-7　在"项目浏览器"中添加新建楼层平面操作

3.2.2　修改标高

当标高创建完成后，需要进行一些适当的修改，才能符合项目与出图要求。切换到立面图或剖面图，单击某一标高图元，如图 3-8 所示，可对标高图元进行多方面的修改，如标头样式、标高线型等。

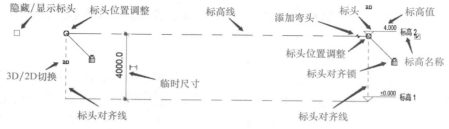

图 3-8　标高控制符号名称

1. 标头样式及标高线修改

要编辑图 3-8 中标头样式和标高线，可在绘图区域中选择标高图元，则"标高属性"对话框显示该标高属性参数，如图 3-9（a）所示。

（1）改变标头样式：在图 3-9（a）中单击标高上标头最右侧黑色三角"▼"，在展开的标头样式菜单中可选择上标头、下标头、正负零标高等，如图 3-9（b）所示。

（2）修改标高线参数：在图 3-9（a）中单击"编辑类型"按钮，在打开的"类型属性"对话框中，可以对标高线的"线宽""颜色"和"符号"等参数进行修改，如图 3-9（c）所示。

(a)"标高属性"对话框

(b) 修改标头

(c) 修改标高线参数

图 3-9　修改标高标头及标高线

2. 升高或降低标高值

选择标高线，在标头标高值位置单击，可以"米"为单位修改标高值；同样，也可以在临时尺寸位置单击，以"毫米"为单位修改标高值，如图 3-10 所示。

图 3-10　修改标高值

3. 修改标高名称

可选择标高线，在标高名称位置单击，在编辑框中输入新的标高名称。

☞　技巧与提示

➢ Revit 中标高名称可根据前一个标高名称自动给出，如初始标高名为"标高 1、标高 2"，后续自动给出"标高 3、标高 4……"，通常行业习惯用 F1、F2、F3……定义标高名，可在复制或阵列新标高前，先修改初始标高名为 F1、F2，则后续标高名自动按 F3、F4、F5……命名，可提高绘图效率。

4. 添加弯头

当标高线过度拥挤不便于标注时，通常可以在标高线添加弯头。选择一条标高线，单击"添加弯头"图标，将控制柄拖拽到正确的位置，从而将编号从标高线上移开，如图 3-11 所示。

图 3-11　添加弯头

➤ 将编号移动偏离标高时，其效果仅在本视图中显示，而不影响其他视图。通过拖拽控制柄所创建的线段为实线，拖拽控制柄时，光标在类似相邻标高线的点处捕捉。当线段形成直线时，光标也会进行捕捉。

5. 标头位置调整

选择标高线，拖拽蓝色标头位置调整操纵柄，如图 3-8 所示，向左或向右拖拽光标，可调整标高线的宽度。

6. 隐藏|显示标头

选择一个标高，可单击左侧显示标头方框□，则显示左侧标头，如图 3-12 所示。也可再次单击带方框☑隐藏标头。可以重复此步骤，以显示或隐藏该轴线端点上的标头。

图 3-12　显示或隐藏单个标高编号

➤ 也可在如图 3-9（c）所示的"类型属性"对话框中，选择"端点 1 处的默认符号""端点 2 处的默认符号"选项显示或隐藏标头。

7. 切换标高 3D/2D 属性

标高绘制完成后会在相关立面及剖面视图中显示。在任何一个视图中修改，都会影响到其他视图。但某些情况，例如出施工图纸的时候，可能立面与剖面视图中所要求的标高线长度不一，如果修改立面视图中的标高线长度，也会直接显示在剖面视图当中。为了避免这种情况的发生，软件提供了 2D 方式调整。选择标高后单击"3D"字样，如图 3-13（a）所示，标高将切换到 2D 属性，如图 3-13（b）所示，这时拖拽标头延长或缩短标高线的长度后，仅改变当前视图的显示，其他视图不会受到任何影响。

除了以上方法之外，软件还提供批量转换 2D 属性。打开当前视图范围框，选择标高拖拽至视图范围框内松开鼠标，此时所有的标高都变为了 2D 属性。再次将标高拖拽至初始位置，标高批量转换 2D 属性完成。

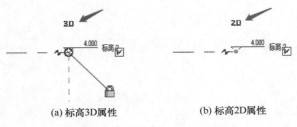

(a) 标高3D属性　　　　　　(b) 标高2D属性

图 3-13　切换标高 3D/2D 属性

☞　技巧与提示

➤ 通过第一种方法转换为 2D 属性的标高，可以通过单击 2D 图标重新转换为 3D 属性。但使用第二种方法，2D 图标是灰显的，无法单击。这种情况下，需要将标高拖拽至范围框内，然后拖拽 3D 控制柄与 2D 控制柄重合，可恢复 3D 属性状态。此过程无法批量处理，需逐个更改。

3.2.3　编辑标头

在 3.2.1 节绘制标高时，如果最后一个标高名称为 F1，添加的标高的名称会以最后一个标高为基准递增标高名称为：F1、F2、F3 等。但是添加的标高名称依次是 1F、2F，添加的标高名称会依次变为：1F、2F、2G、2H 等，如图 3-14（a）所示，用户需要手动依次修改标高名称为 1F、2F、3F、4F 等。

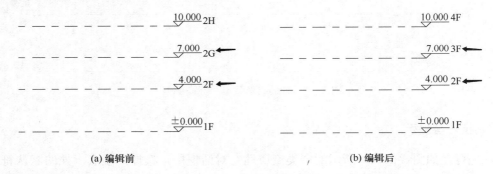

(a) 编辑前　　　　　　　　　　　　　　　　(b) 编辑后

图 3-14　编辑标高名称

如果用户希望标高名自动按 1F、2F、3F、4F……递增，如图 3-14（b）所示，可采用如下操作步骤：

① 在浏览器面板—"族"目录上单击右键，在弹出菜单中选"搜索"。

② 在打开的"在项目浏览器中搜索"对话框中，输入"标头"，则展开族目录中的"上标高标头"，关闭搜索。

③ 在"上标高标头"上单击右键，在弹出菜单中选"编辑"。

④ 则在绘图区显示上标高标头族，单击族"名称"。

⑤ 在上下文选项卡中单击"编辑标签"。

⑥ 在打开的"编辑标签"对话框"名称"字段"标签参数"中，输入后缀"F"，单

击确定后回到绘图区，在绘图区可以看到上标高标头族名称中增加了后缀 F，显示为"名称 F"。

⑦ 在上下文选项卡中单击"载入到项目并关闭"按钮，如图 3-15 所示。

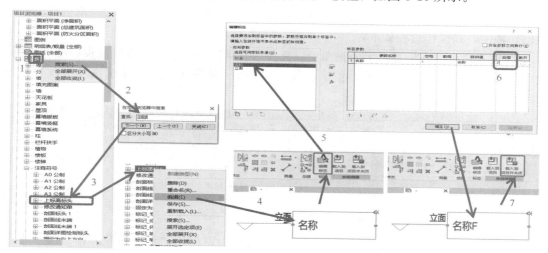

图 3-15 为上标高标头名称添加后缀

⑧ 系统提示"是否要将修改保存到上标高标头"，选择"是（Y）"按钮；在进一步提示中选择"覆盖现有版本及其参数值"，则单击"完成"按钮完成上标高标头族名称添加后缀 F 的设置，如图 3-16 所示。

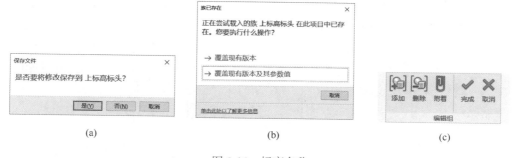

(a)   (b)   (c)

图 3-16 标高名称

⑨ 重新回到绘图区，单击阵列命令，选择"2F"标高线，输入阵列基点，在临时尺寸处输入阵列间距为 3000，阵列数为 5，则完成阵列，且标高名称自动按 1F、2F、3F、4F······递增。

3.3 轴网

标高创建完之后，切换至任意平面视图创建编辑轴网。轴网分为横向轴网及纵向轴网，横向轴网端点符号用字母（A、B、······）命名，纵向轴网端点符号用数字（1、2、······）命名。但需要注意的是，Revit 中的轴网具有三维属性，它与标高共同构成了模型中的三维网格定位体系。多数构件与轴网也有紧密联系，譬如结构柱与梁。

3.3.1　创建轴网

在 Revit 中，创建轴网的方法有绘制轴网、复制轴网和阵列轴网等。

本小节以在楼层平面标高 1 绘制开间为 6000mm，进深为 4500mm 的基本轴网为例介绍创建轴网，其操作过程如下：

① 输入命令：在标高 1 平面视图中，选择"建筑"选项卡"基准"面板中的"轴网"选项，如图 3-17（a）所示；在功能区会显示"修改 | 放置 轴网"上下文选项卡，如图 3-17（b）所示。

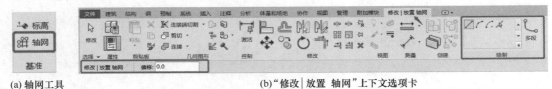

(a) 轴网工具　　　　　　　　　　　　　　(b)"修改 | 放置 轴网"上下文选项卡

图 3-17　轴网工具及上下文选项卡

② 绘制纵轴 1：在上下文选项卡"绘制"面板中可使用"线、弧线、拾取线、多段线"等工具创建轴网，在此单击"线"按钮，在绘图区视点内单击第一点，向上拖拽鼠标单击第二点完成 1 轴网线的绘制，如图 3-18（a）所示。

③ 绘制纵轴 2：在绘图区继续拖拽鼠标，拖拽到临时尺寸 6000 位置，或在临时尺寸中输入 6000，单击鼠标，向上拖拽到系统提示对齐位置单击鼠标，完成第 2 个纵轴绘制，系统自动标注轴号为 2，如图 3-18（b）～（d）所示。

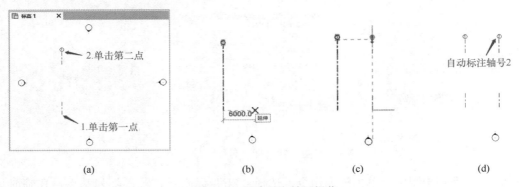

(a)　　　　　　　　　(b)　　　　　　　　　(c)　　　　　　　　　(d)

图 3-18　创建纵向轴网操作

④ 绘制横轴 A：在绘图区单击第一点，拖拽鼠标单击第二点，绘制横轴，此时系统自动标注轴号为 3，单击轴号位置，修改轴号为 A，如图 3-19（a）（b）所示。

⑤ 绘制横轴 B：在绘图区继续拖拽鼠标，拖拽到临时尺寸 4500 位置，或在临时尺寸中输入 4500，单击鼠标，向上拖拽到系统提示对齐位置单击鼠标，完成第 2 个横轴绘制，系统自动标注轴号为 B，如图 3-19（c）（d）所示。

☞　技巧与提示

➢ 当绘制轴线时，可以让各轴线的头部和尾部对齐。如果轴线是对齐的，则选择线

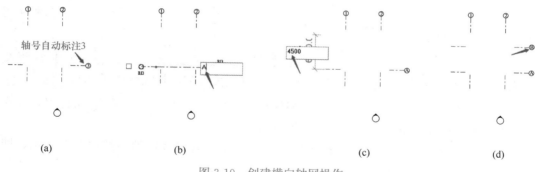

图 3-19 创建横向轴网操作

时会出现一个锁，以指明对齐；如果移动轴网，则所有对齐的轴线都会随之移动。

➤ 一般可以创建三种形状的轴网，即直线轴网、弧线轴网、折断线轴网，如图 3-20（a）～（c）所示。

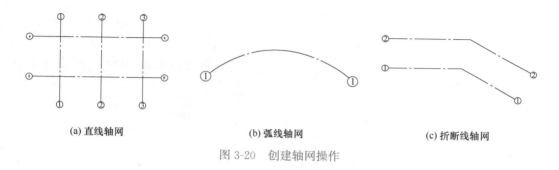

图 3-20 创建轴网操作

3.3.2 修改轴网

建筑设计图中的轴网与标高相同，均是可以改变显示效果的。同样，既可以在轴网的"类型属性"对话框中统一设置轴网的显示效果，还可以手动设置单个轴线的显示方式。

1. 编辑轴网类型属性

（1）修改轴网编号样式：在图 3-21（a）中单击轴网编号间隙最右侧黑色三角"▼"，在展开的轴网编号间隙样式菜单中可选择 6.5mm 编号、6.5mm 编号自定义间隙、6.5mm 编号间隙，如图 3-21（b）所示。

（2）修改轴网参数：选择任意轴线后，单击"属性"面板中的"编辑类型"按钮，打开"类型属性"对话框，设置轴网的轴线末段颜色、轴线中段显示与否和长度以及轴号端点显示与否等选项，用户可以根据需求设置相应的选项，如图 3-21（c）所示。

（3）图 3-21（c）中"类型属性"对话框参数值设置说明如下：

① 符号 符号单圈轴号：宽度系数 0.65 ▼ ：从下拉列表中可选择不同的轴网标头族。

② 轴线中段 连续 ▼ ：若选择"连续"，轴线按常规样式显示；若选择"无"，则仅显示两段的标头和一段轴线，轴线中间不显示；若选择"自定义"则将显示更多的参数，在模型创建阶段，通常选择"连续"。

③ **轴线末段宽度** 　　　　　1　　　　　　　　　　　☑：可设置轴线宽度为 1~16 号线宽；

④ **轴线末段颜色** 　　　　■ 黑色 　　　　　　　：单击右侧按钮，打开"颜色"对话框，可设置轴线颜色，根据相关标准，轴线颜色通常选红色。

⑤ **轴线末段填充图案** 　　　　轴网线 　　　　　　☑：可设置轴线线型，通常可选择"轴网线"或"三分段划线"等。

⑥ 平面视图轴号端点 1 (默认) 　　☑、平面视图轴号端点 2 (默认) ☑：勾选或取消勾选这两个选项，即可显示或隐藏轴线起点和终点标头。

⑦ 非平面视图符号(默认) 　　底 　　　　　　　　☑：该参数可控制在立面、剖面视图上轴线标头的上下位置。可选择"顶""底""两者"（上下都显示标头）或"无"（不显示标头）。

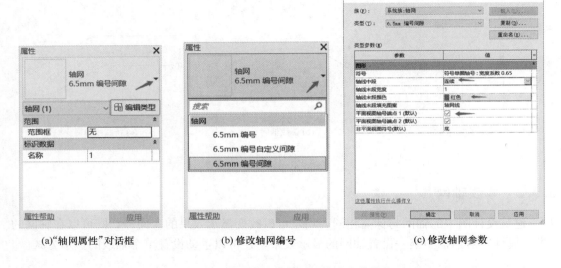

(a)"轴网属性"对话框　　　　(b) 修改轴网编号　　　　(c) 修改轴网参数

图 3-21　"轴网属性"对话框修改参数操作

对于图 3-19（d）建立的轴网，如果轴网线是连续的，两边标注轴号，且轴网线是红色显示，可以在图 3-21（c）"类型属性"的"轴线中段"选择"连续"，单击"轴线末端颜色"选择 ■ 红色，在"颜色"对话框中选红色，并勾选"平面视图轴号端点 2"，完成效果如图 3-22 所示，另存为"3-22 基本轴网.rvt"文件。

2. 手动编辑轴网

轴网的手动编辑方式与标高类似，选择任意标轴线，会显示临时尺寸、一些控制符号和复选框，可以编辑其尺寸值，单击并拖拽控制符号可整体或单独调整轴网标头位置、控制标头隐藏或显示、标头偏移等，如图 3-23 所示。

轴号编辑，既可以在绘图区修改轴编号，也可以在"属性"对话框中修改选中轴的轴号，如图 3-24 所示。

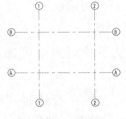

图 3-22　基本轴网

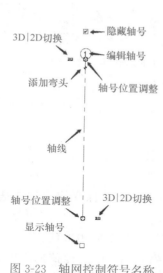

图 3-23　轴网控制符号名称

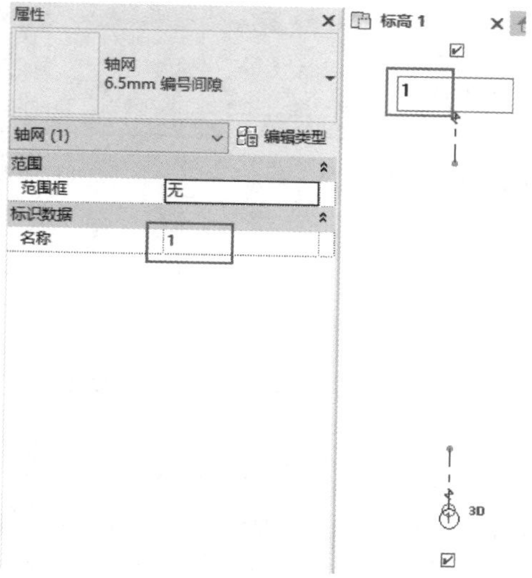

图 3-24　更改轴号

☞　技巧与提示

➤ 与标高名称类似，Revit 会根据前一个轴号，自动生成后续轴号。如前一轴号名为 1，后续轴号名自动为 2、3、4 等，前一轴号名为 A，后续轴号名自动为 B、C、D 等。因此在绘制第一个纵向轴时，确认轴号为 1，后续纵向轴网自动按顺序递增，同样绘制第一个横向轴时，先将轴号改为 A，后续轴号依次按字母顺序递增，极大提高建模效率。

➤ 由于字母 I、O、Z 容易和数字 1、0、2 混淆，因此制图规范中要求不得使用 I、O、Z 字母表示轴号。使用 Revit 时，按顺序递增的轴号需要手动删除。

3.4　参照平面与工作平面

3.4.1　参照平面

参照平面是用于精确定位、绘制轮廓线条等的重要辅助工具。参照平面对于模型及族创建非常重要，有二维参照平面和三维参照平面，其中三维参照平面显示在概念设计环境（公制体量）中。

1. 参照平面工具

单击功能区选项板"建筑"（或"结构""系统"）选项卡"工作平面"面板，单击"参照平面"工具按钮，如图 3-25（a）所示，在打开的"修改 | 放置 参照平面"上下文选项卡"绘制"面板中可用"划线"或"拾取线"按钮绘制参照平面，也可以在选项栏设置相应的"偏移"量，如图 3-25（b）所示。

参照平面在二维视图中是以虚线的形式显示。

(a) 参照平面工具　　　　　　　　　　(b) "修改|放置　参照平面"上下文选项卡

图 3-25　参照平面工具操作

👉 技巧与提示

➢ 可直接输入 RP 命令绘制参照平面，加快建模效率。

2. 绘制参照平面

本节通过实例介绍利用参照平面绘制偏心柱：打开 3.3.2 节保存的"3-22 基本轴网"项目文件，要求在①轴和Ⓐ轴交叉处的柱向内侧各偏移 150。

① 打开基本轴网项目文件，在①轴Ⓐ轴交叉处放置 450×700 矩形柱。

② 键入 RP 快捷命令，在①轴外侧任意位置输入第一点、向上拖拽输入第二点，单击绘制的参照平面，在临时尺寸处修改为 150，完成第一个参照平面，如图 3-26（a）所示。

③ 再次键入 RP 快捷命令，在选项板偏移编辑框中输入 150，在Ⓐ轴上单击输入第一点，拖拽鼠标，则在Ⓐ轴一侧 150 处出现参照平面蓝色虚线（如果需要调整到Ⓐ轴另一侧，可单击 Space 键），在Ⓐ轴上单击第二点，完成第二条参照平面的绘制，如图 3-26（b）所示。

④ 输入"对齐"命令，使柱外侧与参照平面对齐，实现偏心柱的绘制，如图 3-26（c）所示。

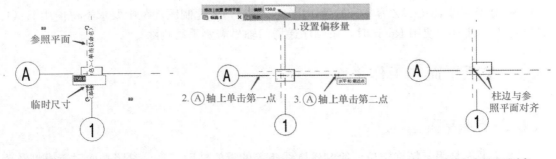

(a) 利用临时尺寸定位参照平面　　(b) 设定偏移量定位参照平面　　(c) 柱边与参照平面对齐

图 3-26　参照平面工具操作

3. 命名参照平面

当有多个参照平面，为方便查找和交流，可以命名每个参照平面，以便可以将其指定为当前的工作平面。

（1）在绘图区域中，选择参照平面。

（2）方法一：可直接在参照平面提示"单击以命名"处单击，在编辑框中输入参照平面名称，如"A1-1"，如图 3-27（a）所示；方法二：也可以在"属性"选项板中，输入参照平面的名称，如"A1-2"，如图 3-27（b）所示。

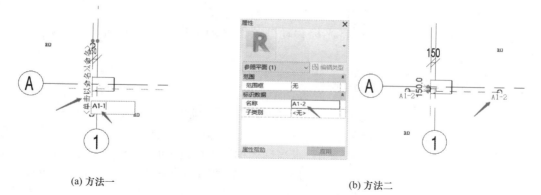

(a) 方法一   (b) 方法二

图 3-27 命名参照平面

3.4.2 工作平面

工作平面是一个用作视图或绘制图元起始位置的虚拟二维表面，如图 3-28 所示。

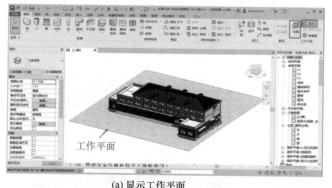
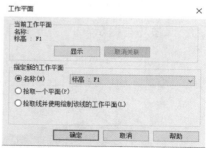

(a) 显示工作平面   (b) 设置工作平面

图 3-28 工作平面

1. 显示视图的工作平面

单击功能区选项板"建筑"（或"结构""系统"）选项卡"工作平面"面板，单击"显示"工具按钮，如图 3-28（a）右上角所示，则工作平面可见。

2. 指定新的工作平面

单击功能区右上角"设置"按钮，如图 3-28（a）所示，在弹出的"工作平面"对话框中的"指定新的工作平面"下，选择"名称（N）""拾取一个平面（P）"或"拾取线并使用绘制该线的工作平面（L）"三个选项之一，如图 3-28（b）所示。

◉ 名称(N)：从列表中选择一个可用的工作平面，然后单击"确定"，列表中包括标高、网格和已命名的参照平面。

○ 拾取一个平面(P)：Revit 会创建与所选平面重合的平面。选择此选项并单击"确定"。然后将光标移动到绘图区域上以高亮显示可用的工作平面，再单击选择所需的平面。选择任何可以进行尺寸标注的平面，包括墙面、链接模型中的面、拉伸面、标高、网格和参照平面。

○拾取线并使用绘制该线的工作平面(L)：Revit 可创建与选定线工作平面共面的工作平面。选择此选项并单击"确定"。然后将光标移动到绘图区域上以高亮显示可用的线，再单击选择。

3.4.3　使用临时尺寸和快速测量

当创建或选择几何图形时，Revit 会在构件周围显示临时尺寸标注。这有利于在适当的位置放置构件。临时尺寸标注是以相对最近的垂直构件进行创建的，并按照设置值进行递增。例如，如果将捕捉设置为 6cm，则当移动构件进行放置时，尺寸标注按 6cm 递增。

放置构件后，Revit 会显示临时尺寸标注。当放置另一个构件时，前一个构件的临时尺寸标注将不再显示。要查看某个构件的临时尺寸标注，单击"修改"即可，然后选择该构件。需要注意的是临时尺寸标注只是最近的一个构件的尺寸标注，因此看到的尺寸标注可能与原始临时尺寸标注不同。如果需要始终显示尺寸标注，可以创建永久性尺寸标注。

可以通过移动尺寸界线来修改临时尺寸标注，以参照所需构件，也可以指定临时尺寸标注的显示和位置。

选中某一构件，可显示该构件的临时尺寸，拖拽编辑柄可实现快速编辑，也可以在上下文选项卡中选择测量工具 ⟷ ，获得构件之间的距离（图 3-29）。

☞　技巧与提示

➤ Revit 2023 增加了三维视图下使用快速测量工具，可快速测量点到点、线到面、面到面的距离，还可以进行连续标注，为获取构件尺寸、距离等参数提供极大方便。

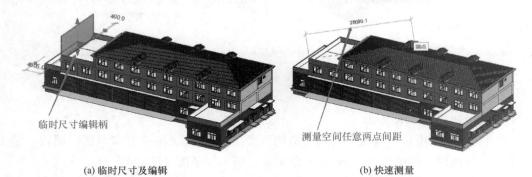

(a) 临时尺寸及编辑　　　　　　　　　　　　(b) 快速测量

图 3-29　临时尺寸和快速测量

3.5　工程实例——创建项目信息及标高轴网

本教材将结合某综合楼实例，逐步为读者讲解建立实际工程项目 BIM 模型的主要方法和步骤。某综合楼项目为 3 层框架结构，通过研读图纸（教材配套资源），从项目建筑立面图、各层平面图获取项目的基准信息。其中某综合楼南立面图（局部）如图 3-30 所示，某综合楼一层平面图如图 3-31 所示。

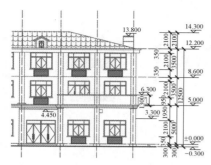

图 3-30　某综合楼南立面图（局部）

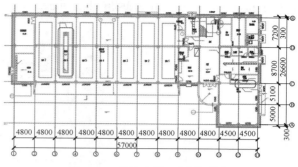

图 3-31　某综合楼一层平面图

3.5.1　根据图纸创建项目及标高

根据如图 3-30 所示工程图纸立面图要求，绘制某综合楼标高，主要操作步骤如下：

① 在 Revit 主界面左侧模型栏中单击"新建…"按钮，在打开的"新建项目"对话框图中选择"建筑样板"，在新建单选框中选择"项目（P）"，单击"确定"完成新建项目文件；单击"管理"选项卡—"项目信息"工具按钮，在打开的对话框中修改项目信息：建筑名称为"某综合楼"。

② 在项目浏览器中单击"立面"—"南立面"视图，修改标高 1、标高 2 名称分别为 F1、F2，根据图纸，修改 F2 标高值为 5.0m。

③ 复制标高：选择 F2 标高，在"修改｜标高"上下文选项卡单击复制工具按钮，在选项板勾选约束、多个；在绘图区 F2 标高上单击确定复制起始位置，向上拖拽鼠标依次输入 3600、3600、2100，按 Enter 键确认，完成标高复制；单击 F4 标高名，修改为"屋顶"，单击 F5 标高名，修改为"屋脊"。

④ 复制室外地坪标高：单击 F1 标高，在"修改｜标高"上下文选项卡单击"复制"工具按钮，向下拖拽，输入 300，单击确认；单击标头名，修改为"室外地坪"；单击室外地坪标高，在属性对话框修改为"下标头"。完成某综合楼标高创建，如图 3-32 所示。

3.5.2　载入 CAD 工程图纸创建轴网

工程项目轴网创建，可直接绘制轴网，也可将工程项目建筑平面 CAD 图（图 3-31）作为底图快速创建轴网。在上节创建的工程项目标高的基础上，快速创建一层轴网，主要操作步骤如下：

① 在项目浏览器中单击"楼层平面"—"F1"，换到 F1 平面视图，在功能选项卡单击"插入"—"链接"面板—"链接 CAD"工具按钮，如图 3-33（a）所示，在打开的"链接 CAD 格式"对话框中选"一层平面图"文件，则在绘图区

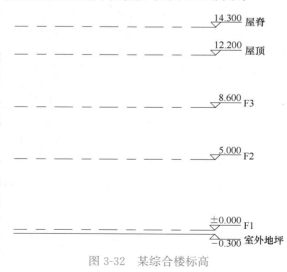

图 3-32　某综合楼标高

77

可见链接的 CAD 图，如图 3-33（b）所示。

（a）链接CAD   （b）"链接CAD格式"对话框

图 3-33　链接 CAD 操作

☞　技巧与提示

➤ 链接 CAD 与导入 CAD：在"插入"功能选项卡中还有一个"导入 CAD"工具按钮，是将 CAD 图纸放置到模型中成为模型的一部分，不受 CAD 文件修改或删除的影响，但是当导入多个复杂 CAD 图纸时会增大模型文件的存储空间。而链接 CAD 仅将 CAD 文件的路径保存到当前文件，类似增加一个外部参照，当原始链接文件修改后，重新载入当前项目时，这些修改会反映在文件中。用户可根据需要选择加载 CAD 图纸形式。

② 单击功能区"建筑"选项卡—"轴网"工具按钮，选择"拾取线"工具，在 CAD 底图上拾取①轴，在"属性"面板中参照图 3-21（c）设置轴线中段为"连续"、轴线末端颜色为"红色"、勾选平面视图轴号端点 2 等参数，然后依次拾取其他纵轴。

③ 在 CAD 图纸上拾取Ⓐ轴，并修改轴号为 A，然后依次拾取其他横轴；完成轴网绘制（注意：此时新绘轴网与 CAD 轴网重叠）；单击 Esc 键退出轴网拾取模式。

④ 选择 CAD 底图，如图 3-34 所示，单击鼠标左键，选择"在视图中隐藏"—"类别"，则可看到绘制完成的轴网，如图 3-35 所示。

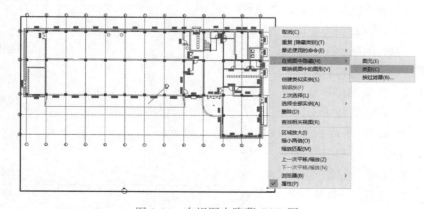

图 3-34　在视图中隐藏 CAD 图

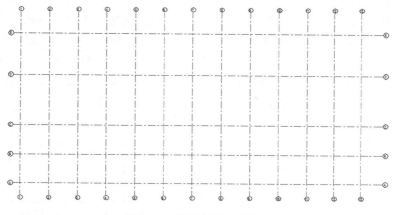

图 3-35　某综合楼一层轴网

3.5.3　保存及备份项目文件

及时保存完成绘制的模型将为后续建模带来极大方便。

（1）保存文件

绘制如图 3-22 所示开间为 6000mm，进深为 4500mm 的基本轴网并保存，为后续课程做准备。其主要操作步骤为：

① 单击"文件"系统菜单—选择"另存为"—"项目"，如图 3-36（a）所示（第一次保存也可单击快捷菜单栏"保存"按钮 ）；

② 在打开的"另存为"对话框中，选择要保存的文件路径，输入文件名"3-22 创建标高轴网 . rvt"，单击"保存"按钮，完成文件保存。

(a)"另存为"菜单

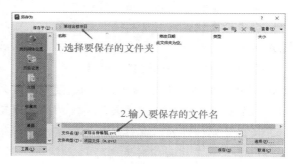

(b)"另存为"对话框

图 3-36　保存项目文件操作

同样也可以把上节绘制的工程文件保存为"3-35 某综合楼标高轴网 . rvt"项目文件。

（2）备份文件

在 BIM 建模设计过程中，由于方案修改可能会多次保存，系统为每次更改保存前的模型提供了备份文件。

① 单击图 3-36（b）中"另存为"对话框右下角"选项（P）…"按钮。

②在打开的"文件保存选项"对话框中，如图 3-37（a）所示，系统默认保存 20 个备份文件，即每保存一次，系统同时保存同名带编号备份文件，如＊.0001、＊.0002、＊.0003……以挽救因为保存，无法撤回到之前的设计方案，如图 3-37（b）所示。当然对于初学者，建议将备份文件数改为 1～3 个，以节省内存资源。

(a)

(b)

图 3-37 备份文件数量设置

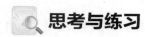 思考与练习

1. 可以添加标高的视图为 （　　）。

A. 三维视图　　　　　　B. 立面视图

C. 平面视图　　　　　　D. 场地视图

2. 下列关于修改标高说法错误的是 （　　）。

A. 标头样式可修改为上标头、下标头、正负零标高等

B. 在"类型属性"对话框中可修改标高线的"线宽""颜色"和"符号"

C. 选择标高线，在标头标高值位置单击，可以"毫米"为单位修改标高值

D. 可选择标高线，在标高名称位置单击，在编辑框中输入新的标高名称

3. 关于标高的创建说法错误的是 （　　）。

A. 创建标高的方法有 3 种：绘制、复制和阵列

B. 低层或尺寸变化差异过大的建筑构件，可直接绘制标高

C. 使用复制和阵列工具可以快速创建标高，并且会联动生成平面视图

D. 标高只能在立面或剖面视图中创建

4. 下列关于轴网创建的说法正确的是 （　　）。

A. 在 BIM 软件中不可以绘制弧形轴网

B. 轴线编号不必连续，可以重复

C. 轴线的编号可以用 H、I、J

D. 定位轴线圆的圆心应在定位轴线的延长线或延长线的折线上

5. 下列关于参照平面说法错误的是（　　）。

A. 绘制参照平面默认快捷键为 WT

B. 参照平面是用于精确定位、绘制轮廓线条等的重要辅助工具

C. Revit 软件有二维参照平面和三维参照平面

D. 参照平面可以被命名

6. 关于 Revit 中修改轴网说法错误的一项是（　　）。

A. 通过轴网的"类型属性"，可以设置轴网显示效果

B. 既可以在绘图区修改轴编号，也可以在"属性"对话框中修改选中轴的轴号

C. Revit 软件可自动避免使用 I、O、Z 轴号

D. Revit 软件会根据前一个轴号，自动生成后续轴号

7. 某建筑共 50 层，其中首层地面标高为正负零，首层层高 6m，第 2～5 层层高 4.8m，第 5 层以上层高 3m，请按要求建立项目标高，并将文件保存命名为"创建标高.rvt"。

8. 打开"创建标高.rvt"文件，建立 1～50 层标高楼层的楼层平面视图，并将文件保存为"楼层平面.rvt"。

9. 打开"楼层平面.rvt"文件，建立每个标高楼层的楼层平面图，并且按照图 3-38 中的轴网要求，绘制项目 1～5 层轴网，并将文件另存命名为"1～5 层轴网.rvt"。

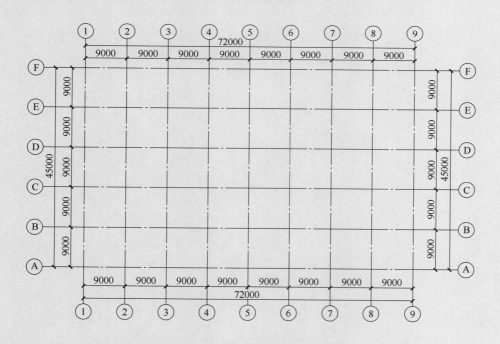

图 3-38　1～5 层平面图

10. 打开"1～5 层轴网.rvt"文件，建立每个标高楼层的楼层平面图，按照图 3-39 中的轴网要求，绘制项目 6 层以上轴网，并将文件另存命名为"6 层以上轴网.rvt"。

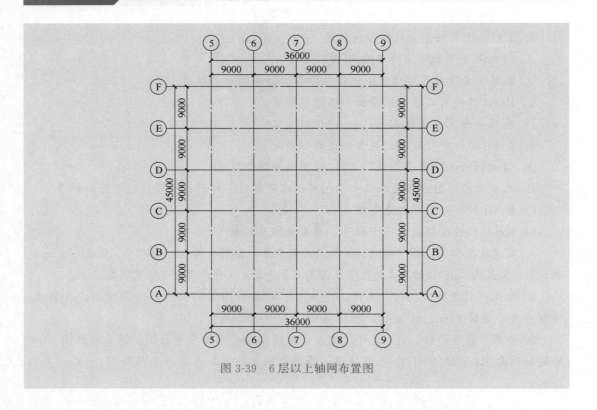

图 3-39 6层以上轴网布置图

第 4 章
创建基本模型图元

Chapter 04

在 Revit 中，通常根据图元在建筑中的上下文来确定其行为。上下文是由构件的绘制方式，以及该构件与其他构件之间建立的约束关系确定的。通常，要建立这些关系，无需执行任何操作；用户执行的设计操作和绘制方式已隐含了这些关系。在其他情况下，可以显式控制这些关系，例如通过锁定尺寸标注或对齐两面墙。

本章将详细介绍模型图元主体梁板柱的创建和编辑方法、墙体与门窗等围护结构具体绘制步骤，使读者对于模型图元的创建与修改有进一步认识与理解，强化在操作软件方面的思维，加深学习深度。

4.1 柱与基础的创建与编辑

柱是建筑物中用以支承梁、桁架的长条形构件。柱在工程结构中主要承受压力，有时还承受弯矩，用以支承梁、桁架、楼板等。

通常情况下，柱按截面形式分为方柱、圆柱、管柱、矩形柱、工字形柱、H 形柱、T 形柱、L 形柱、十字形柱、双肢柱、格构柱；按所用材料分为石柱、砖柱、砌块柱、木柱、钢柱、钢筋混凝土柱、劲性钢筋混凝土柱、钢管混凝土柱和各种组合柱；按柱的破坏特征或长细比分为短柱、长柱及中长柱。

与传统 CAD 二维制图不同的是，柱子的平面表达是用线框代替，在 Revit 软件中创建柱子的前提是要确定柱子的基本信息，例如柱子的类型、位置、尺寸、材质等，最终达到真实的三维柱子效果而不能只用线框来表示。

Revit 中矩形建筑柱和圆形建筑柱是系统族，不需要建族，只需要先将系统族导入项目中，然后进行复制并进行参数修改。对于异形柱通常通过创建族来绘制，本章不做介绍。

4.1.1 结构柱与建筑柱

Revit 提供了两种柱，即建筑柱和结构柱，如图 4-1 所示。

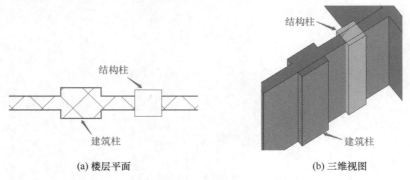

(a) 楼层平面　　　　　　　　　　　　(b) 三维视图

图 4-1　墙上放置的建筑柱和结构柱

建筑柱只是形体表现，会提取墙体材料，主要用于砖混结构中的墙垛、墙上突出结构、装饰柱等。

结构柱不受墙体材料影响，用来支撑上部结构并将荷载传至基础的竖向构件，参与力学计算。

4.1.2　载入柱族

Revit 是以族为基础进行图元参数化设计，Chinese 系统模板仅提供了矩形建筑柱和 UC 普通工字钢柱这两种系统柱，如果要绘制圆形建筑柱或矩形混凝土结构柱等，需要首先载入相关的柱族（也可以在放置柱期间载入需要的族）。

载入结构混凝土矩形柱族的主要操作步骤如下：

① 在功能选项板"插入"选项卡的"从库中载入"面板中单击"载入族"工具按钮，如图 4-2 所示；

② 在打开的"载入族"对话框"结构"（或建筑）族文件夹中选择"柱"文件夹；

③ 在打开的"柱"文件夹"混凝土"族文件夹中选择"混凝土-矩形-柱"，单击打开按钮，如图 4-3 所示，则该族已载入系统。

图 4-2　载入族工具

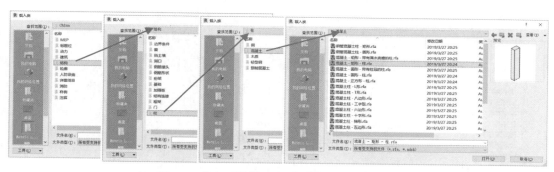

图 4-3　载入"混凝土-矩形-柱"结构柱族操作

4.1.3　放置垂直柱

打开 3.3.2 节保存的"3-22 基本轴网.rvt"项目文件。放置垂直结构柱的主要操作步骤如下：

① 在平面视图标高 1 准备基本轴网，输入结构柱命令：在功能选项板单击"结构"选项卡→"结构"面板→"柱"工具按钮［或单击"建筑"选项卡→"构建"面板→"柱"下拉列表→"建筑柱"/"结构柱"按钮，如图 4-4（a）所示］。

(a) 柱工具

(b)"修改|放置 结构柱"上下文选项卡

图 4-4　柱工具操作

② 输入结构柱命令后，在图 4-4（b）上下文选项卡"放置"面板默认选择"垂直柱"工具，如图 4-5（a）所示。

③ 在选项栏，使用默认的"深度"模式，深度为 2500mm；也可选择"高度"模式，设置柱顶部标高在"标高 2"，如图 4-5（b）所示。

④ 在"柱属性"对话框（图 4-5c）选择如图 4-3 所示载入的混凝土矩形结构柱，选择柱规格 600mm×750mm，也可在此设置柱的底部标高、顶部标高等。

⑤ 放置柱：在①-Ⓐ轴交叉处放置默认"深度模式"的柱 1；在②-Ⓐ轴交叉处放置"高度模式"的柱 2，则放置效果如图 4-5（d）（e）所示。

注意：柱 1 位于标高 1 下面，因此在图 4-5（d）中柱 1 不可见，在图 4-5（e）的立面图才可见。

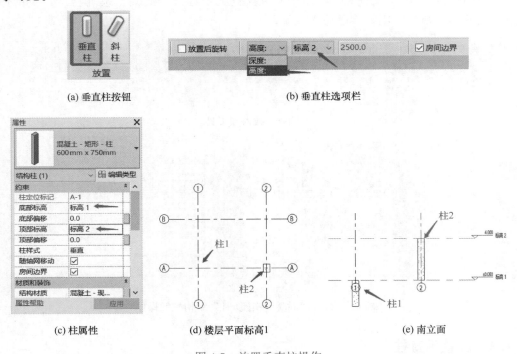

(a) 垂直柱按钮　　　　　　　　　　　(b) 垂直柱选项栏

(c) 柱属性　　　　(d) 楼层平面标高1　　　　(e) 南立面

图 4-5　放置垂直柱操作

👉 技巧与提示

➢ 在楼层平面标高 1 视图，放置柱 1 时，当前视图不可见该柱，并弹出警告框，如图 4-6 所示。在 Revit 中警告框通常起提示作用，一般情况下不影响模型创建和工具的使用。

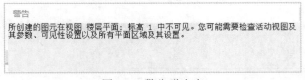

警告
所创建的图元在视图 楼层平面：标高 1 中不可见。您可能需要检查活动视图及其参数、可见性设置以及所有平面区域及其设置。

图 4-6　警告弹出窗

➢ 偏心柱的绘制：在轴网放置垂直柱后，可参照 3.4.1 节利用参照平面，绘制偏心柱。

➤ 若在选项栏勾选"放置后旋转"，如图 4-7（a）所示，则在绘图区放置柱后，用鼠标拖拽至需要旋转的角度，同时可预览拖拽状态柱旋转角度，如图 4-7（b）所示；勾选"放置后旋转"后也可进一步在选项栏"角度"编辑框内输入角度，绘图区直接显示指定角度旋转后放置的柱。

(a) 选项栏勾选"放置后旋转"

(b) 绘图区指定旋转角度

图 4-7　旋转放置垂直柱操作

➤ 若未在选项栏勾选"放置后旋转"，可在放置柱时，单击 Space 空格键依次旋转 45°、90°供用户选择，确认旋转角度后单击鼠标左键放置旋转后的柱。

4.1.4　在轴网中批量放置结构柱

为提高建模效率，Revit 提供了在轴网上批量放置柱的工具，打开 3.3.2 节保存的"3-22 基本轴网"项目文件。在轴网中批量放置结构柱的基本操作步骤如下：

① 在平面视图标高 1，输入结构柱命令后，在默认"垂直柱"模式下，在选项栏选择"高度"模式，设置柱顶部标高在"标高 2"。

② 进一步在上下文选项卡"多个"面板中，单击"在轴网处"工具，如图 4-8（a）所示。

③ 在柱属性工具面板选择如图 4-3 所示载入的混凝土矩形结构柱，选择柱规格 600mm×750mm，也可在此设置柱的底部标高、顶部标高等。

④ 在绘图区框选轴网，则在各轴网交叉处完成柱放置，放置效果如图 4-8（b）所示；

⑤ 在"修改｜放置 结构柱＞在轴网交点处"上下文选项卡中单击"完成"，如图 4-8（c）所示，确认批量放置柱。可在三维视图中查看放置效果，如图 4-8（d）所示。

⑥ 将项目文件另存为"4-8 创建垂直柱网.rvt"。

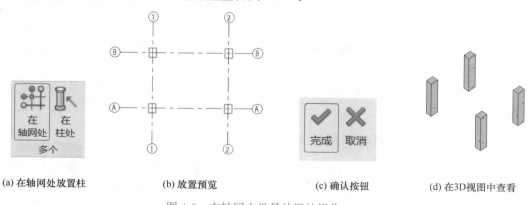

(a) 在轴网处放置柱　　(b) 放置预览　　(c) 确认按钮　　(d) 在3D视图中查看

图 4-8　在轴网中批量放置柱操作

4.1.5　放置斜柱

在建筑设计中，经常有斜支撑柱，通过斜柱工具进行建模，打开3.3.2节保存的"3-22基本轴网.rvt"项目文件。放置斜柱的具体操作步骤如下：

① 在平面视图标高1，输入结构柱命令后，在上下文选项卡"放置"面板选择"斜柱"按钮，如图4-9（a）所示。

② 在选项栏，可设置斜柱第一点位置在标高1，偏移量为0，第二点位置在标高2，偏移量为0，如图4-9（b）所示。

③ 在绘图区单击输入第一点、第二点，输入"WT"平铺窗口，则可以在平面视图和三维视图下同时观察斜柱效果，如图4-9（c）所示。

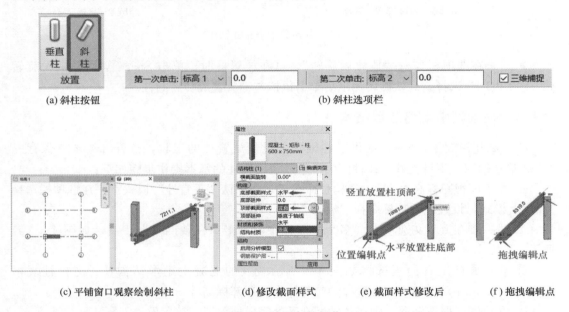

(a) 斜柱按钮　　　　　　　　(b) 斜柱选项栏

(c) 平铺窗口观察绘制斜柱　　(d) 修改截面样式　　(e) 截面样式修改后　　(f) 拖拽编辑点

图4-9　放置斜柱操作

☞　**技巧与提示**

➢ 平铺视图：可输入 WT 快捷键快速在绘图区平铺视图，也可在"视图"功能选项卡"窗口"面板中单击"平铺视图"按钮█。输入 TW，可从快捷键绘图区快速回到选项卡视图█。

④ 修改斜柱截面样式：单击斜柱，在如图4-9（d）所示属性对话框中可修改其顶部及底部截面方向，修改效果如图4-9（e）所示。

⑤ 调整斜柱端点位置及角度：单击斜柱，可在平面视图或3D视图中拖拽编辑点，调整斜柱端点位置及角度，如图4-9（f）所示。

4.1.6　柱属性及编辑类型属性

选择建筑柱，则会打开如图4-10（a）所示"建筑柱属性"对话框，在其中可以修改选中建筑柱的实例属性，如底部标高、顶部标高等。单击属性对话框"编辑类型"按钮，打开如图4-10（b）所示"类型属性"对话框，可在对话框中单击"复制按钮"，打开

"名称"对话框重新命名,单击确定后可返回"类型属性"对话框,在其中修改深度、宽度等相应属性,单击确定,完成新的建筑柱类型属性设定。

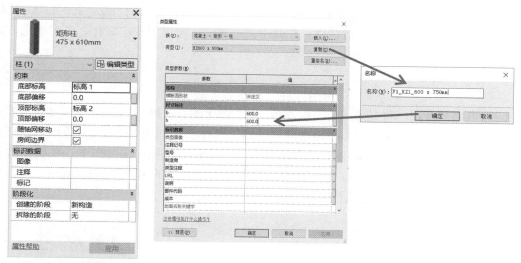

(a) 建筑柱属性　　　　　　　　　　　　　　　　(b) 编辑建筑柱类型属性

图 4-10　建筑柱属性及类型属性编辑

☞ 技巧与提示

➤ 结构柱的命名:为了方便 BIM 模型图元管理与协同,结构柱通常采用"楼层(F＊)_柱编号_截面尺寸"形式来命名。

同样,如果选择结构柱,则会打开如图 4-11(a)所示"结构柱属性"对话框,在其

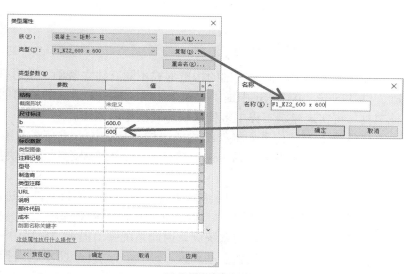

(a) 结构柱属性　　　　　　　　　　　　　　　　(b) 编辑结构柱类型属性

图 4-11　结构柱属性及类型属性编辑

中可以修改结构柱的实例属性，如底部标高、顶部标高、柱样式、钢筋保护层等。单击"属性"对话框"编辑类型"按钮，打开如图 4-11（b）所示"类型属性"对话框，可在对话框中单击"复制按钮"，打开"名称"对话框重新命名，如"F1_KZ2_600×600"，单击确定后可返回"类型属性"对话框，在其中修改深度、宽度等相应属性，单击确定，完成新的结构柱类型属性设定。

☞ 技巧与提示

➤ 过滤器的使用：打开 4.1.4 节保存的"4-8 创建垂直柱网.rvt"的项目文件，框选所有图元，单击在上下文选项卡中出现的过滤器工具按钮，如图 4-12（a）所示，在打开的过滤器对话框中勾选"结构柱"，如图 4-12（b）所示，则所有柱被选中；在属性对话框选择定义的"F1_KZ2_600×600"柱，则所有柱改变为新的 KZ600×600mm，另存为"4-12 编辑垂直柱网.rvt"的项目文件。

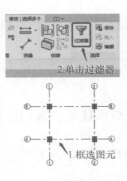

| (a) 过滤器工具按钮 | (b) 过滤器对话框 | (c) 属性框选择新类型 |

图 4-12　过滤器的使用

4.1.7　创建独立基础

在建筑工程中，按照基础的构造形式不同有独立基础、条形基础、筏板基础、箱形基础、桩基础等。在 Revit 中提供了独立、墙、板三种形式的基础创建工具，单独或组合其他工具，可实现建筑工程中多种基础形式模型的创建。

建筑物上部结构采用框架结构或单层排架结构承重荷载又不太大时，常采用柱下独立基础，也称单独基础。完成柱绘制后，独立基础绘制相对快捷简单，主要操作步骤如下：

① 打开上节保存的"4-12 编辑垂直柱网.rvt"项目文件，进入标高 1 平面视图。

② 单击"结构"选项卡"基础"面板中的"独立基础"工具按钮，如图 4-13（a）所示，样板文件未提供基础的系统族，因此系统弹出提示"项目中未载入结构基础族。是否要现在载入？"，需要载入独立基础族，如图 4-13（b）所示，选择"是"，弹出"载入族"对话框，可参照图 4-3，依次打开"结构"族文件夹—"基础"文件夹—"桩基承台-1 根桩"族，如图 4-13（c）所示，加载桩基承台独立基础。

(a) 工具按钮　　　　　　(b) 系统提示　　　　　　　　　(c) 载入需要的独立基础

图 4-13　载入独立基础族操作

③ 在"属性"对话框中选择默认添加的"独立基础 $1000 \times 1000 \times 900\mathrm{mm}$"类型，单击"编辑类型"按钮，可根据计算要求修改桩径、承台长宽高等类型参数，如图 4-14 所示，也可在属性对话框中修改标高、结构材质、钢筋保护层等实例参数。

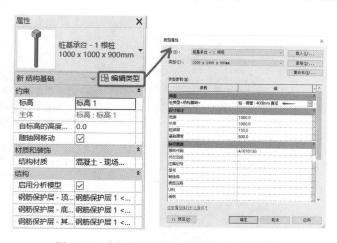

图 4-14　编辑独立基础类型属性和实例属性

④ 在上下文选项卡"修改 | 放置 独立基础"中选择"在柱处"工具按钮，如图 4-15（a）所示，用过滤器选择所有柱，则完成独立基础布置，如图 4-15（b）所示。

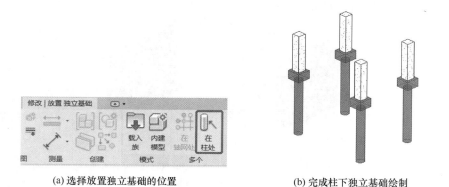

(a) 选择放置独立基础的位置　　　　　　　　(b) 完成柱下独立基础绘制

图 4-15　放置独立基础操作

4.1.8 创建条形基础

与独立基础布置不同的是，Revit 中的条形基础属于附属图元，特指"墙下条形基础"，只有墙体存在的情况下才能布置，删除墙体条形基础时也同步被删除。

布置墙下条型基础的主要步骤为：

① 绘制墙："建筑"选项板—"构建"面板—单击"墙：结构"，在绘图区绘制基本墙。

② 条基工具："结构"选项板—"基础"面板—单击"结构基础：墙"，如图 4-16（a）所示。

③ 在"属性"面板显示系统族"条形基础 连续基脚"，可修改钢筋保护层、创建的阶段等类型属性，如图 4-16（b）所示；单击"编辑类型"按钮，在打开的类型属性对话框中可设置结构材质，也可修改坡脚长度、跟部长度、基础厚度等参数，如图 4-16（c）所示。

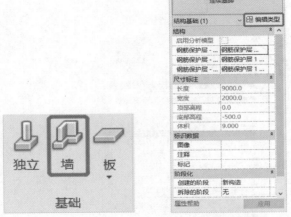

| (a) 工具按钮 | (b) 属性对话框 | (c) 编辑类型属性参数 |

图 4-16 条形基础参数设置

④ 布置条形基础：单击绘图区已有的墙体自动在墙下布置，最终完成条形基础模型，如图 4-17（a）所示，选择条形基础，可见调整条形基础的编辑点，可根据需要调整条形基础长度，如图 4-17（b）所示。

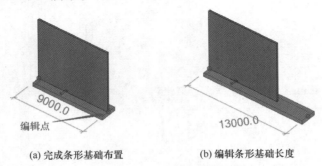

(a) 完成条形基础布置　　　(b) 编辑条形基础长度

图 4-17 条形基础绘制操作

对于板基础绘制，将结合楼板绘制进行绘制，详见 4.4 节。

4.2 梁的创建与编辑

梁是承受竖向荷载，以受弯为主的结构图元。梁一般水平放置，用来支撑板并承受板传来的各种竖向荷载及梁的自重，梁和板共同组成建筑的楼面和屋面结构。在框架结构中，梁把各个方向的柱连接成整体；在墙结构中，洞口上方的连梁，将两个墙肢连接起来，使之共同工作。依据具体位置、详细形状、具体作用等梁有不同的名称。大多数梁的方向，都与建筑物的横断面一致。

本节主要讲述梁图元的相关属性、如何创建和编辑梁构件以及结构梁钢筋模型的建立，使读者了解在 Revit 中绘制梁构件模型的方法。根据项目需要，有时需要创建不同尺寸类型的梁构件，比如项目中对楼层净高产生影响的大梁，有时尺寸、名称和类型也是不尽相同的，此时就需要区别对待。在梁图元的绘制时，特别需要注意梁的形状以及相关参数，对于有不规则形状的梁来说，还需要重新创建族文件进行绘制。

4.2.1 载入梁框架族

Revit 中 Chinese 系统模板仅提供了热轧 H 型钢梁族，如果要绘制常用的矩形混凝土梁等，需要首先载入相关的梁族（也可以在放置梁期间载入需要的族），具体操作步骤如下：

① 在功能选项板"插入"选项卡"从库中载入"面板中单击"载入族"工具按钮。

② 在打开的"载入族"对话框"结构"族文件夹中选择"框架"文件夹。

③ 在打开的"框架"文件夹"混凝土"族文件夹中选择"混凝土-矩形梁"，单击打开按钮，如图 4-18 所示，则该族已载入系统。

☞ 技巧与提示

➤ Chinese 系统提供的梁族是在"框架"文件夹中，如图 4-18 所示。

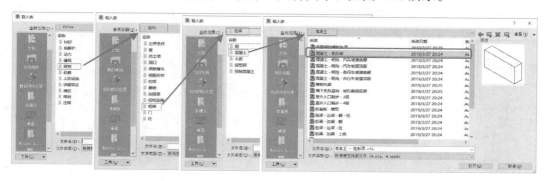

图 4-18 载入"混凝土-矩形梁"结构梁族操作

4.2.2 利用梁绘制工具放置梁

结构框架梁是工程框架的一部分，可以放置在柱上或沿轴线放置，因此需要先建立轴网或柱，打开 4.1.4 节保存的"4-8 创建垂直柱网.rvt"项目文件，在楼层平面标高 2 放置梁，其主要操作步骤如下：

① 输入命令：在功能选项板单击"结构"选项卡→"结构"面板→"梁"工具按钮，如图 4-19（a）所示，打开如图 4-19（b）所示的"修改｜放置 梁"上下文选项卡，在"绘制"面板中可用直线、圆弧、样条等形式绘制梁。

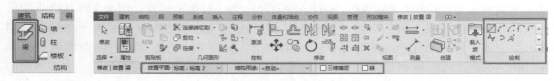

(a) 梁工具　　　　　　　　　　　　　(b)"修改｜放置 梁"上下文选项卡

图 4-19　梁工具操作

② 参数设置：在选项栏选择梁的"放置平面"为标高 2，从"结构用途"下拉箭头中选择梁的结构用途或者让其处于自动状态，结构用途参数可以包括在结构框架明细表中，可以计算大梁、托梁、檩条和水平支撑等的数量，如图 4-20 所示。

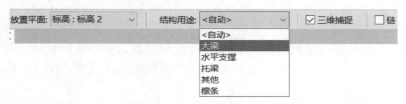

图 4-20　梁结构用途选项

勾选图 4-20 中"三维捕捉"选项卡，通过捕捉任何视图中的其他结构图元，可以重新创建对应的新梁。这也就表示可以在当前工作平面之外绘制梁和支撑。例如，当我们启用"三维捕捉"命令之后，不论项目中高程如何，屋顶梁都将可以捕捉到柱子的顶部。勾选"链"选项后，可以绘制多段连接的梁，大大节省绘图时间，更好地提高工作效率。

③ 选绘制梁工具：在图 4-19（b）中的上下文选项卡"绘制"面板单击"线"工具。

④ 在属性对话框设置梁规格：在"梁属性"对话框选择如图 4-18 所示载入的"混凝土-矩形梁"族，单击"▼"选择梁规格 400×800mm，如图 4-21（a）所示。

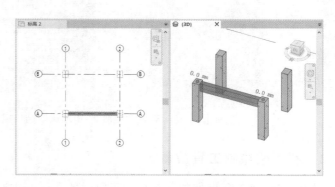

(a) 梁属性　　　　　　　　　　　　　(b) 两点绘制梁

图 4-21　绘制工具放置梁操作

⑤ 放置梁：捕捉①—Ⓐ轴交叉点单击，捕捉②—Ⓐ轴交叉点单击，则放置效果如图 4-21（b）所示。

☞ 技巧与提示

➢ "结构梁"的快捷命令为 BM。

➢ 也可以用上下文选项卡"绘制"面板中的弧形工具、样条曲线、拾取线等绘制工具放置曲面梁，如图 4-22 所示。

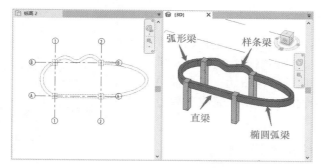

图 4-22　各种绘制工具放置梁

➢ 将梁添加到当前标高平面，梁的顶面位于当前标高平面。用户可以更改梁的竖向定位，在绘制完梁后，选取需要修改的梁，在属性对话框中设置起点、终点的标高偏移，正值向上，负值向下，单位为毫米。也可修改竖向（Z 轴）对齐方式，可选择原点、梁顶、梁中心线或梁底，输入当前标高平面偏移的垂直距离，默认为梁顶。

4.2.3　在轴网中批量放置梁

和柱放置类似，Revit 同样提供了在轴网上批量放置梁的工具，打开 4.1.6 节保存的"4-12 编辑垂直柱网.rvt"项目文件，继续在楼层平面标高 2 轴网上批量放置梁，其基本操作步骤如下：

① 输入命令：在功能选项板单击"结构"选项卡→"结构"面板→"梁"工具按钮，在打开的"修改 | 放置 梁"上下文选项卡"多个"面板中，单击"在轴网上"工具，如图 4-23（a）所示。

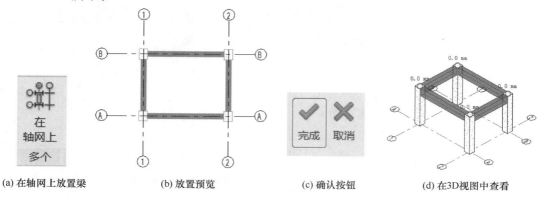

(a) 在轴网上放置梁　　(b) 放置预览　　(c) 确认按钮　　(d) 在3D视图中查看

图 4-23　在轴网中批量放置梁操作

② 属性面板设置梁规格：在梁属性工具面板选择如图 4-12 所示载入的"混凝土-矩形-柱"，选择柱规格 400×800mm。

③ 在绘图区中框选轴网，则在各轴网交叉处完成梁放置，放置效果如图 4-23（b）所示。

④ 在"修改｜放置 梁＞在轴网交点处"上下文选项卡中单击"完成"，如图 4-23（c）所示，确认批量放置柱。可在三维视图中查看放置效果，如图 4-23（d）所示。

⑤ 另存为"4-23 创建梁框架 . rvt"项目文件。

👉 技巧与提示

➢ 选择轴网工具添加梁时，梁是自动放置在其他结构图元（如结构柱、结构墙等）之间的，所以要先在轴网上放置其他竖向的结构图元。如果轴网上没有其他结构图元，选择轴网，点击"完成"后会弹出提示框，如图 4-24 所示。

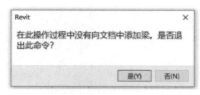

图 4-24　提示框

4.2.4　梁属性及编辑类型属性

选择梁，则会打开如图 4-25（a）所示"梁属性"对话框，在其中可以修改选中梁的实例属性，如起点标高偏移、终点标高偏移等。单击属性对话框"编辑类型"按钮，打开如图 4-25（b）所示"类型属性"对话框，可在对话框中单击"复制按钮"，在打开"名称"对话框中重新命名，如"F2_KL1_400×800"，单击确定后可返回"类型属性"对话框，在其中修改梁 b、h 等相应属性，单击确定，完成新的梁类型属性设定，另存为"4-25 编辑梁框架 . rvt"。

(a)"梁属性"对话框

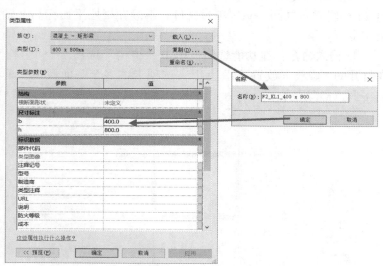

(b) 编辑建筑梁类型属性

图 4-25　梁属性及类型属性编辑

☞　**技巧与提示**

➢ 结构梁的命名：为了方便 BIM 模型图元管理与协同，结构梁通常采用"楼层（F＊）_梁编号_截面尺寸"形式来命名。

4.3　创建墙与门窗

墙体在建筑结构中是用于承重、分隔空间的重要构件，是建筑物的重要组成部分。在 Revit 建筑建模中，墙体也是门窗、装饰条、分隔缝、卫浴灯具等设备模型图元的承载体。同时，墙体构造层设置及其材质设置，不仅影响着墙体的三维、透视和立面视图中的外观表现，而且直接影响后期施工图设计中墙身大样、节点详图等视图中墙体截面显示。

门窗是建筑中最常用的构件。在 Revit 中门和窗没有系统族，都是可载入族。在项目中创建门和窗之前，必须先将门窗族载入当前项目中。门和窗都是以墙为主体放置的图元，这种依赖于主体图元而存在的构件称为"基于主体的构件"。

4.3.1　墙的类型和构造

1. 墙的类型

（1）三种墙类型

Revit 提供了建筑墙、结构墙和面墙三种不同类型的墙体创建方式。

① 建筑墙：主要是用于分割空间，也是门窗、装饰条、分隔缝、卫浴灯具等设备模型构件的承载体，不是承重构件。

② 结构墙：用于承重以及抗剪作用，绘制方法与建筑墙完全相同，但使用结构墙工具创建的墙体，可以在结构专业中为墙图元指定结构受力计算模型，并为墙配置钢筋，因此该工具可以用于创建剪力墙等墙图元。

③ 面墙：主要用于体量或常规模型创建墙面。

（2）不同类型墙工具按钮

① 单击功能选项卡"建筑"→"构建"面板→"墙▼"折叠工具小三角，展开工具菜单，选择"墙：建筑""墙：结构""面墙"三种建模工具，如图 4-26（a）所示。

(a) 建筑选项卡中的墙类型工具　　　　(b) 结构选项卡中的墙类型工具

图 4-26　墙类型工具

② 也可以单击功能选项卡"结构"→"结构"面板→"墙▼"折叠工具小三角，展开工具菜单，选择"墙：建筑""墙：结构"等工具，如图 4-26（b）所示。

2. 墙的构造

要按工程实际绘制墙，首先需要在 Revit 中设置墙的构造属性。

（1）工程中墙的构造

工程中墙可以由单一材质的连续平面构成（例如胶合板），也可以由多重材质组成（例如石膏板、龙骨、隔热层、气密层、砖和壁板）。另外，构件内的每个层都有其特殊的用途。例如，有些层用于结构支座，而另一些层则用于隔热。如图 4-27（a）所示为某一工程结构墙的构造，除了砌体结构外，还包括墙的保温层、内外粉刷层等。

（2）Revit 中表示墙的构造

对应于墙在工程中的构造，Revit 中为方便建模和计算，将墙的构造在类型属性"结构"中表达。墙结构的类型属性分为 6 类，除了核心结构外通常还有衬底、保温层、涂膜层、面层等，如图 4-27（b）所示，各层在 Revit 计算分析时有不同的优先等级。

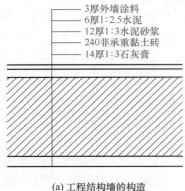

3厚外墙涂料
6厚1:2.5水泥
12厚1:3水泥砂浆
240非承重黏土砖
14厚1:3石灰膏

功能	优先权	描述
结构[1]	1	支撑墙、板、屋顶的层
衬底[2]	2	材料，如胶合板或石膏板，作为其他层的基础
保温层/空气层[3]	3	隔绝并防止空气渗透
面层1[4]	4	通常为外部层
面层2[5]	5	通常为外部层
涂膜层		通常用于防止蒸汽渗透的薄膜，厚度为零

(a) 工程结构墙的构造　　　　　　　(b) Revit中墙的类型属性及优先级

图 4-27　墙的类型属性

4.3.2　墙的属性设置

Revit 中工程结构墙的构造通常在墙属性面板的"编辑类型"对话框中设置，打开 4.2.3 节保存的"4-25 编辑梁框架.rvt"项目文件，在其中设置如图 4-27（a）所示的墙结构类型属性，其中外墙涂料颜色为深咖色，内墙涂料为黄色。操作过程如下：

① 在功能区单击"结构"选项卡→在"结构"面板中单击"墙▼"折叠菜单中"墙：结构"工具，如图 4-26（b）所示。

② 在墙属性对话框中，系统默认加载"基本墙 常规-200mm"系统族，单击"编辑类型"按钮，如图 4-28（a）所示，在打开的"类型属性"对话框中单击"复制"按钮，在打开的"名称"对话框中按照项目对构件的命名规则，命名新墙的名称，如图 4-28（b）所示，确认后返回更新类型名称后的"类型属性"对话框。

☞　技巧与提示

➤ 用户尽可能不要直接修改"基本墙 常规-200mm"系统族的参数属性，一般应复制系统族属性，并重命名，接着在复制的新类型中修改参数及属性。

(a) 工程结构墙的构造

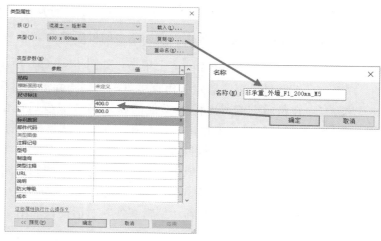
(b) Revit中墙的构造属性

图 4-28　墙属性及类型属性设置

➤ 为了后期 BIM 项目管理的需要，在 BIM 建模时应注意参考国家相关标准，根据项目要求的构件命名规则来命名构件图元，一般采用"类型_外墙（内墙）_厚度（核心层）_材质（参照工程做法表）"来命名墙。

③ 在更新的"类型属性"对话框中，类型名称已经变更为新墙类型的名称"综合楼-非承重-外墙-F1-275mm"，单击类型参数中的结构"编辑"按钮，如图 4-29（a）所示，打开"编辑部件"对话框，如图 4-29（b）所示，显示墙默认系统族的结构形式。单击"插入"按钮，则在核心边界内增加新的层属性，根据需要单击"向上"按钮将新增属性层向上移动到墙核心边界外部，或单击"向下"按钮将新增属性层向下移动到墙核心边界下部，如图 4-29（c）所示。

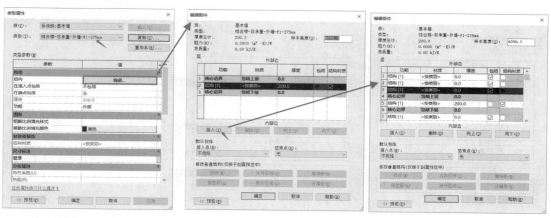
(a) 更新"类型属性"对话框　　　(b)"编辑部件"对话框　　　(c) 插入新的属性层

图 4-29　新类型属性

④ 设置新增的属性层参数［以图4-27（a）的内墙面层属性操作为例］：

（a）设置"功能"参数：单击内层墙第一列功能框 结构 [1]，在右侧出现的下拉菜单按钮 结构 [1] ▽ 上单击，在打开的功能菜单中选"面层2［5］"，如图4-30（a）所示。

（b）设置"材质"参数：单击内层墙第二列材质框 <按类别>，在右侧出现的下拉菜单按钮 <按类别> … 右侧按钮 … 上单击，如图4-30（b）所示打开"材质浏览器"。

方法一：可在材质浏览器左下角直接单击"创建并复制材质"按钮直接设置材质。

方法二：在材质浏览器内搜索类似的材质名（减少后面的参数设置），如搜索"石膏"，在找到的类似材质名上单击鼠标右键，在弹出的菜单中选"复制"，修改新复制的材质名为"1：3石灰膏"，可继续修改"着色"的颜色为黄色，设置填充图案及填充图案颜色等，如图4-30（d）所示，完成设置单击确定，重新回到"编辑部件"对话框。

（c）设置"厚度"参数：单击内层墙第三列厚度编辑框 0.0，直接输入对应厚度值"14"，单击确定，重新回到"编辑部件"对话框，如图4-30（c）所示。

(a) 设置属性层"功能"

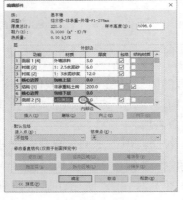

(b) 设置属性层"材质"

(c) 设置属性层"厚度"

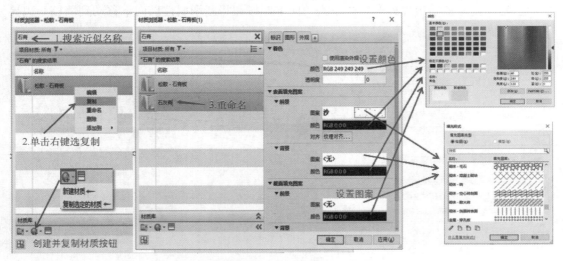

(d) 设置属性层"材质"的名称、颜色、图案操作

图4-30 墙结构属性层功能、材质、厚度设置操作

⑤ 完成新墙"综合楼-非承重-外墙-F1-275mm"结构类型属性设置后，效果如图 4-31 所示，单击确定按钮，则在属性对话框可看到新定义的墙，如图 4-32 所示。

⑥ 保存设置的墙结构类型属性，项目文件另存为"4-31 设置外墙-F1-275.rvt"。可以开始用新设置的墙创建模型。

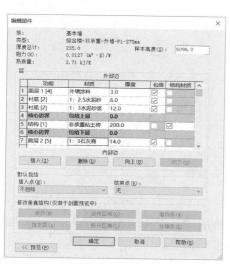

图 4-31　设置完成的新墙类型属性

图 4-32　属性对话框显示的新墙

4.3.3　绘制基本墙

完成墙结构类型属性的设置，就可以开始绘制墙体。打开 4.3.2 节保存的"4-31 设置外墙-F1-275.rvt"项目文件，在视图平面标高 1 创建墙体。

① 单击"建筑"选项卡—"构建"面板—"墙"中的"墙：建筑墙"命令，或执行"WA"快捷命令，打开如图 4-33 所示"修改｜放置 墙"上下文选项卡，在"绘制"面板中有直线、矩形、多边形、圆、圆弧、样条等多种形式绘制墙，也可采用拾取线、拾取面等形式绘制墙。

图 4-33　"修改｜放置 墙"上下文选项卡

② 参数设置：在选项栏选择在"高度"方向放置墙，选择墙顶部为"标高 2"，定位线为"核心面：外部"，偏移量为 0.0，其他采用默认值，如图 4-34 所示。

图 4-34　墙参数设置

参数说明如下。

• 选项栏中"高度"与"深度"分别指从当前视图向上还是向下延伸墙体。

• "未连接"下拉菜单中包含各个标高楼层。本示例中底部限制条件为"标高1",顶部约束设置为"标高2",此时,墙体高度将和标高关联,即墙体高度会随着标高的变化而变化,若设置为"未连接",则墙体高度不会随着标高值的变化而变化。

• 定位线:系统提供"墙中心线""核心层中心线""面层面:外部""面层面:内部""核心面:外部""核心面:内部"5种定位方式,如图4-35所示为三种典型定位线。

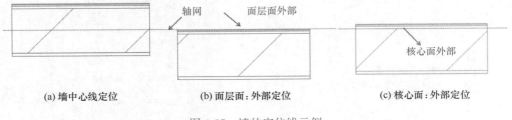

(a) 墙中心线定位   (b) 面层面:外部定位   (c) 核心面:外部定位

图4-35　墙的定位线示例

• 选中"链"复选框表示可以连续绘制墙体。

• "偏移"表示绘制墙体时,墙体距离捕捉点的距离。若墙体偏移量为30,定位线为墙中心线(轴线),沿着轴线绘制时,墙体中心线自动偏移30。

• "半径"表示两面直墙的端点相连接处不是折线,而是根据设定的半径值自动生成圆弧形墙体。

③ 选绘制墙工具:在"放置墙"上下文选项卡—"绘制"面板单击"线"工具 ◢ 。

④ 属性对话框:在墙属性工具面板选择4.3.2节设置的"综合楼-非承重-外墙-F1-275mm"。

⑤ 放置墙:按顺时针方向依次捕捉4个柱的轴外角点单击,则墙放置效果如图4-36所示。

⑥ 另存为"4-36绘制外墙.rvt"。

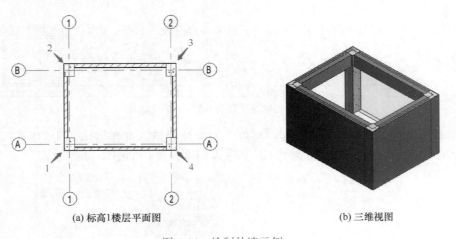

(a) 标高1楼层平面图   (b) 三维视图

图4-36　绘制外墙示例

☞　技巧与提示

➤ 放置墙后，其定位线便永久存在，即使修改其类型的结构或修改为其他类型也是如此。修改现有墙的"定位线"属性的值不会改变墙的位置。

➤ Revit 中建筑专业的外墙有内外之分，对外部分有保温材料，对内部分有粉刷层，在这二层之内是核心层。因此选择顺时针绘制墙体，保证外墙侧朝外。

4.3.4　编辑基本墙

在定义好墙体的高度、厚度、材质等参数后，按照 CAD 底图或设计要求绘制完墙体的过程中，还需要对墙体进行编辑。可利用"修改"面板下的"移动、复制、旋转、阵列、镜像、对齐拆分、修剪、偏移"等编辑命令进行编辑（与 CAD 中对线段的编辑一样），以及编辑墙体轮廓、附着/分离墙体，使所绘墙体与实际设计保持一致。

1. 编辑墙体轮廓

主要操作步骤如下：

① 采用"WA"快捷命令绘制基本墙。

② 选择绘制好的墙后，在上下文选项卡"修改 | 墙"的"模式"面板中单击"编辑轮廓"，如图 4-37（a）所示。如果在平面视图进行了轮廓编辑操作，此时弹出"转到视图"对话框，如图 4-37（b）所示，选择任意立面或三维进行操作，进入绘制轮廓草图模式。

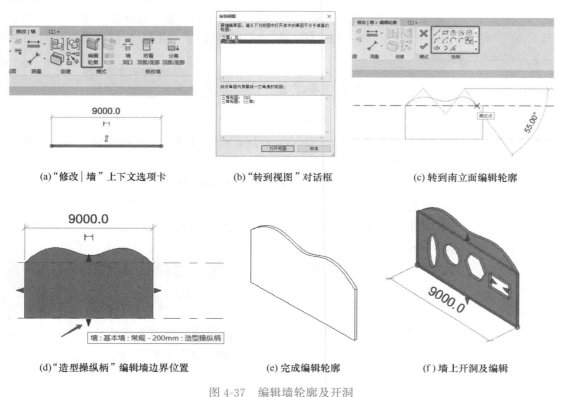

(a)"修改 | 墙"上下文选项卡　　(b)"转到视图"对话框　　(c) 转到南立面编辑轮廓

(d)"造型操纵柄"编辑墙边界位置　　(e) 完成编辑轮廓　　(f) 墙上开洞及编辑

图 4-37　编辑墙轮廓及开洞

③ 在三维或立面中，利用不同的绘制方式工具，绘制所需形状。其创建思路为：创建一段墙体→修改丨墙→编辑轮廓→绘制轮廓→修剪轮廓→完成绘制模式。如图 4-37（c）所示在南立面中删除原顶部轮廓直线，选择样条曲线工具 ，重新绘制轮廓线，单击"完成编辑模式"按钮，在如图 4-37（d）所示的图形中可继续利用"造型操纵柄"编辑墙边界位置。

④ 完成后，单击"完成编辑模式"即可完成墙体的编辑，切换到三维视图下，查看编辑边界后的墙，如图 4-37（e）所示。

☞ 技巧与提示

➤ 如果在图 4-37（b）中选转到三维视图中编辑，则编辑轮廓时的默认工作平面为墙体所在的平面。

➤ 如图 4-37（c）所示编辑轮廓时，也可选择矩形、多边形、圆等绘制工具，在墙内绘制图元，形成不同形状的墙洞，选中墙后，利用"造型操纵柄"可以对墙及墙洞进行编辑，如图 4-37（f）所示。

2. 附着/分离墙体

在图 4-37 中，还可以对墙体进行"附着顶/底部" 和"分离顶/底部" 编辑。通常墙体在多坡屋面的下方，需要墙和屋顶有效快速连接，依靠编辑墙体轮廓会花费很多时间，此时通过"附着/分离"墙体能有效解决问题。

墙与屋顶未连接，用 Tab 键选中所有墙体，在"修改墙"面板中选择"附着顶部/底部"，在选项卡中选择顶部或底部，再单击选择屋顶，则墙自动附着在屋顶下；再次选择墙，单击"分离顶部/底部"，再选择屋顶，则墙会恢复原样，附着/分离墙体的操作将在 4.5.7 节中详细讲解。

4.3.5 设置面层多材质复合墙及叠层墙

1. 面层多材质复合墙

实际工程中，由于防水、装饰等需要，墙面层可由多种材质、多种颜色组成，可采用以下步骤创建面层多材质复合墙。

① 打开保存的"4-36 绘制外墙 .rvt"，在绘图区域中选择墙。

② 在"属性"面板上，单击"编辑类型"，进入"类型属性"对话框。

③ 单击"类型属性"对话框中的"复制"，在弹出的"名称"对话框中输入自定义的墙体名称"综合楼-非承重-外墙-F1-275mm-复合墙"。

④ 单击"预览"打开预览窗口。在预览窗口下，选择"剖面：修改类型属性"作为"视图"，如图 4-38 所示。

⑤ 单击"结构"参数对应的"编辑"按钮，进入"编辑部件"对话框。

⑥ 点击"拆分区域"选项，如图 4-39 中 1 所示，移动光标到左侧预览框中，在墙左侧面层上捕捉"面层 1［4］"上的 A 点单击形成拆分面，此时，墙"面层 1［4］"在 A 点处被分为上下两部分。

注意：此时对话框右侧栏中该面层的"厚度"值变为"可变"。

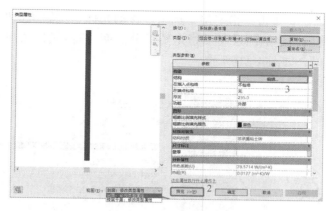

图 4-38　在剖面下预览

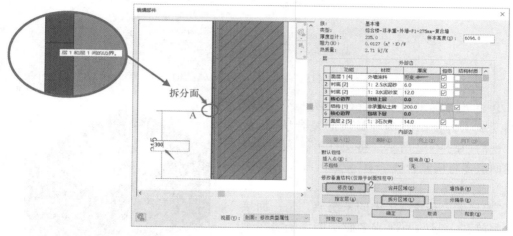

图 4-39　"拆分区域"工具

提示：单击图 4-39 中 2 所示"修改"按钮，在左侧预览窗口中单击选择拆分边界，编辑蓝色临时尺寸可以调整拆分位置，如图 4-39 左侧的拆分面 A 放大图所示。

⑦ 在右侧栏中单击"插入"按钮，插入一个面层，移至被拆分面层的上方，设置其"材质"为"外墙涂料-黄色"，"厚度"为"0"，如图 4-40 中的 2 所示。

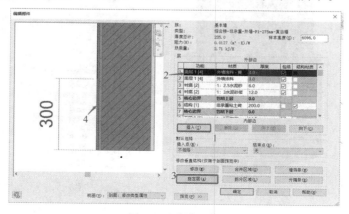

图 4-40　新加面层

⑧ 选择创建的面层，单击"指定层"选项，移动光标到左侧预览框中拆分的面上并单击鼠标左键，会将该新建的面层材质指定给拆分的面。同时创建的面层和原来的面层"厚度"都变为"3.0"，如图 4-41 所示。

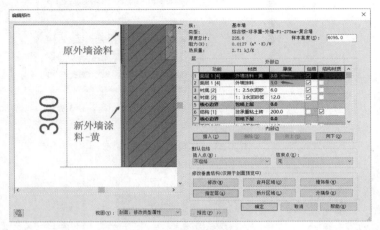

图 4-41 "指定层"后的墙体结构

⑨ 单击"确定"关闭所有对话框后，编辑的墙变成了外面层有两种材质的复合墙类型，三维视图如图 4-42 所示。将文件另存为"4-42 创建面层多材质复合墙.rvt"。

2. 叠层墙

"叠层墙"是 Revit 中的系统族，是一面接一面叠放在一起的两面或多面子墙。子墙在不同的高度可以具有不同的墙厚度。叠层墙中的所有子墙都被附着，其几何图形相互连接，如图 4-43（a）所示。

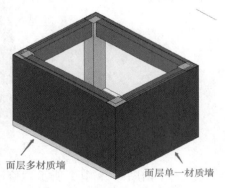

面层多材质墙　　面层单一材质墙

图 4-42 外面层为两种材质的复合墙

(a)

(b)

图 4-43 叠层墙

（1）定义叠层墙的结构

① 打开墙的类型属性

若第一次定义叠层墙，可以在项目浏览器"族"选项"墙"—"叠层墙"—"外部-切块勒脚砖墙"选项上单击鼠标右键，选择"创建实例"，如图4-43（b）所示。"属性"面板"类型选择列表"就会显示"叠层墙"。

② 在"属性"选项板上，单击"编辑类型"，打开"类型属性"对话框，单击"预览"打开预览窗口，显示选定墙类型的剖面视图。对墙所做的所有修改都会显示在预览窗口中，如图4-44所示。

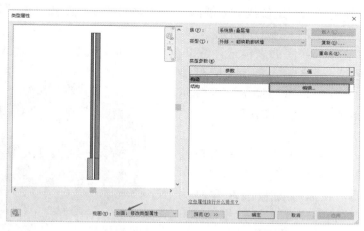

图4-44 叠层墙"类型属性"对话框

③ 单击图4-44中"结构"参数对应的"编辑"按钮，在如图4-45所示"编辑部件"对话框中，输入"偏移""样本高度"及"类型"表中的"名称""高度""偏移""顶""底部"。

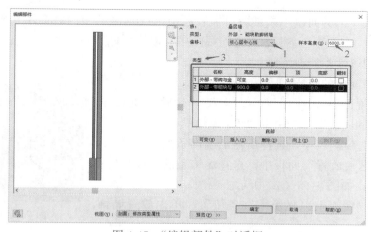

图4-45 "编辑部件"对话框

"编辑部件"对话框各参数含义及设置如下：

• "偏移"（图4-45中标记1处）。选择将用来对齐子墙的平面作为"偏移"参照，该参照将用于每面子墙的"定位线"实例属性，有"墙中心线""核心层中心线""面层面：

外部""面层面：内部""核心面：外部""核心面：内部"六个选项。

• "样本高度"。指定预览窗口中墙的高度作为"样本高度"，如果所插入子墙的无连接高度大于样本高度，则该值将改变。

• 在"类型"表中，单击左列中的编号以选择定义子墙的行，或单击"插入"添加新的子墙。

• "名称"。单击其值，选择所需的子墙类型。

• "高度"。指定子墙的无连接高度。要修改可变子墙的高度，可通过选择其他子墙的行并单击"可变"，将其他子墙修改为可变的墙。

• "偏移"。指定子墙的定位线与主墙的参照线之间的偏移距离（偏移量）。正值会使子墙向主墙外侧（预览窗口左侧）移动。

• 如果子墙在顶部或底部未锁定，可以在"顶"或"底部"列中输入正值来指定一个可升高墙的距离，或者输入负值来降低墙的高度。这些值分别决定着子墙的"顶部延伸距离"和"底部延伸距离"实例属性。

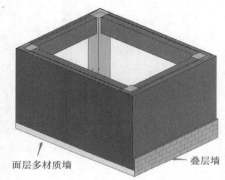

（2）绘制叠层墙

和绘制基本墙方法一样，在此打开已绘制的"4-42 创建面层多材质复合墙.rvt"，单击绘制的基本墙，在属性面板改墙类型为"叠层墙 外部-砌块勒脚砖墙"，在三维视图下可对比观察其与面层多材质墙的异同，如图4-46所示。

面层多材质墙　　　　　　　　叠层墙

图 4-46　叠层墙与面层多材质墙对比

4.3.6　绘制面墙饰条与分割缝

1. 墙饰条

使用"饰条"工具向墙中添加踢脚板、冠顶饰或其他类型的装饰用水平或垂直投影，如图4-47所示。可以在三维视图或立面视图中为墙添加墙饰条。要为所有墙添加墙饰条，可以在墙的类型属性中修改墙结构。

（1）添加墙饰条的步骤如下：

① 在三维视图或立面视图中，选择"建筑"选项卡"构建"面板中的"墙"下拉列表"墙：饰条"命令。

② 在类型选项列表中，选择所需的墙饰条类型。

③ 在功能区"放置"面板中，选择墙饰条的方向："水平"或"垂直"，如图4-48（a）所示。

④ 将光标放在墙上以显示墙饰条位置，单击放置墙饰条，如图4-48（b）所示。

图 4-47　墙饰条

（2）修改墙饰条的方法：选择墙饰条后，有两种修改方法。

方法一：在"属性"选项面板中单击"编辑类型"，打开"类型属性"对话框进行修改。

方法二：选择放置好的墙饰条，功能区会显示"放置饰条"面板，可进行"添加/删除墙"[在附加的墙上继续创建放样或从现有放样中删除放样段,如图 4-49 (a) 所示]、"修改转角"[将墙饰条或分隔缝的一端转角回墙或应用直线剪切,如图 4-49 (b) 所示]操作。

(a) 放置面板

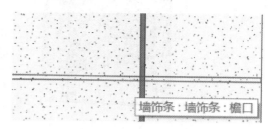

(b) 放置墙饰条

图 4-48 墙饰条

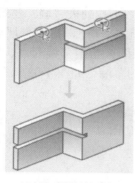

(a) 添加/删除墙图例

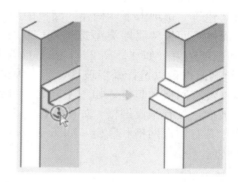

(b) 修改转角图例

图 4-49 修改墙饰条

2. 分隔缝

墙"分隔缝"是墙中装饰性裁切部分,可以在三维或立面视图中添加。分隔缝可以是水平的,也可以是垂直的,如图 4-50 所示。

分隔缝的放置同墙饰条,点击"建筑"选项卡"构建"面板中的"墙"下拉列表"墙:分隔缝"选项进行设置。其修改方式同墙饰条,选择分隔缝后进行修改。

4.3.7 幕墙

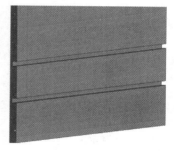

图 4-50 放置分隔缝

幕墙是一种外墙,附着到建筑结构,且不承担建筑的楼板或屋顶荷载。在一般应用中,幕墙常常定义为薄的、带铝框的墙,包含填充的玻璃、金属嵌板或薄石。

在 Revit 中,幕墙由"幕墙网格线""幕墙竖梃"和"幕墙嵌板"三部分组成,如图 4-51 所示。

幕墙网格线:是定义放置竖梃的位置。

幕墙竖梃:是分割相邻窗单元的结构图元。

幕墙嵌板:是构成幕墙的基本单元,如玻璃幕墙的嵌板即为玻璃,幕墙嵌板可以替换为任意形式的基本墙或叠层墙,可以替换为自定义的幕墙嵌板族。

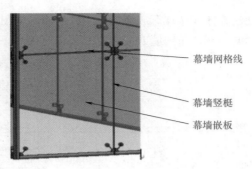

图 4-51　幕墙组成

1. 创建线性幕墙的一般步骤

① 打开平面视图或三维视图。

② 单击"建筑"选项卡下"构建"面板中的"墙"下拉列表"墙:建筑"。

③ 在"属性"面板"属性类型选项列表"中选择"幕墙",指定幕墙底部约束(如"标高1")和预部约束(如"标高2"),在平面视图绘图区指定幕墙起点、终点位置,即可完成幕墙绘制。也可以选择外墙玻璃、店面等类型的幕墙,如图 4-52(a)所示。

- 幕墙:没有网格和竖梃,如图 4-52(b)所示。
- 外部玻璃:具有预设网格,如图 4-52(c)所示。
- 店面:具有预设网格和竖梃,如图 4-52(d)所示。

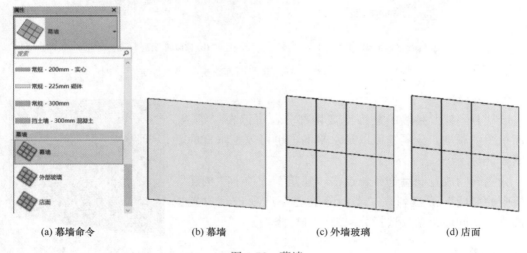

(a) 幕墙命令　　　　(b) 幕墙　　　　(c) 外墙玻璃　　　　(d) 店面

图 4-52　幕墙

2. 修改幕墙属性参数

若绘制完幕墙后需要添加或修改网格、竖梃,可以通过下列方式操作:

选择"幕墙属性"面板中的"编辑类型"按钮,打开"类型属性"对话框,第1步单击"复制",输入自定义名称,如"自定义幕墙",单击确定;第2步勾选自动嵌入,在"垂直网格""水平网格"的"布局"栏,选择"固定距离"并同时设置"距离参数",如图 4-53(a)所示;第3步,可进一步在"垂直竖梃""水平竖梃"选项栏,选择相应的类型,如图 4-53(b)所示,单击"确定"即完成幕墙网格的自动添加及修改,如图 4-53(c)所示。

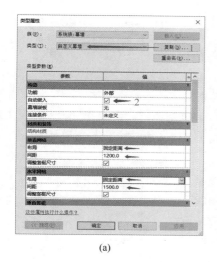
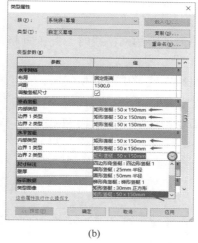
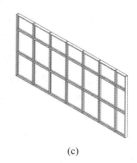

(a)　　　　　　　　　　　(b)　　　　　　　　　　　(c)

图 4-53　自动设置幕墙网格

手动添加网格的操作步骤如下：

在三维视图或立面视图中，单击"建筑"选项卡"构建"面板中的"幕墙网格"工具。

选择"放置"面板中的放置类型：

全部分段：在出现预览的所有嵌板上放置网格线段。

一段：在出现预览的一个嵌板上放置一条网格线段。

除拾取外的全部：在除了选择排除的嵌板之外的所有嵌板上，放置网格线段。

将幕墙网格放置在幕墙嵌板上时，在嵌板上将显示网格的预览图像，可以使用以上三种网格线段选项之一来控制幕墙网格的位置。

在绘图区域点击选择某网格线，点击出现临时定位尺寸，对网格线的定位进行修改，如图 4-54（a）所示；或选择"幕墙网格"面板中的"添加/删除线段"工具，添加或删除网格线，如图 4-54（b）所示。

(a) 修改网格线定位　　　　　　　(b) "添加/删除线段"工具

图 4-54　网格线

3. 手动添加幕墙竖梃

创建幕墙网格后，在网格线上放置竖梃。

① 单击"建筑"选项卡下"构建"面板中的"竖梃"工具。在"属性"类型选项列表中选择所需的竖梃类型，如图 4-55 所示。

② 在功能区"放置"面板上，选择下列工具之一进行放置即可。

• 网格线：单击绘图区域中的网格线时，此工具将跨整个网格线放置竖梃。

• 单段网格线：单击绘图区域中的网格线时，此工具将在单击的网格线的各段上放置竖梃。

• 全部网格线：单击绘图区域中的任何网格线时，此工具将在所有网格线上放置竖梃。

4. 控制水平竖梃和竖直竖梃之间的连接

在绘图区域中选择竖梃，单击"竖梃"面板中的"结合"或"打断"命令。

使用"结合"命令可在连接处延伸竖梃的端点，以便使竖梃显示为一个连续的竖梃，如图 4-56 (a) 所示。

使用"打断"命令可在连接处修剪竖梃的端点，以便将竖梃显示为单独的竖梃，如图 4-56 (b) 所示。

图 4-55 竖梃类型

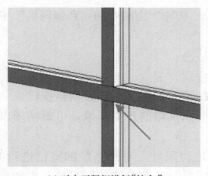

(a) 对水平竖梃进行"结合"

(b) 对水平竖梃进行"打断"

图 4-56 竖梃的结合与打断

5. 修改嵌板类型

打开可以看到幕墙嵌板的立面或三维视图。选择一个嵌板（将光标移动到嵌板边缘上方，按 Tab 键切换选择，直到显示该嵌板，单击选中）。从"属性"类型选项下拉列表中，选择合适的嵌板类型，如图 4-57 所示。

若系统自带的嵌板类型没有需要选择的项，可点击"属性"选项面板中的"编辑类型"选项，打开"类型属性"对话框，点击"载入"，依次打开"族样板""建筑""幕墙""其他嵌板"对话框，然后选择所需要的嵌板类型，双击即可载入到项目中，如图 4-58 所示将玻璃嵌板替换为墙体嵌板。

4.3.8 在墙上创建门窗

门窗是建筑中最常用的构件。在 Revit 中，门窗都是可载入族。在项目中创建门窗之前，必须先将门族、窗族载入当前项目。门窗都是以墙为主体放置的图元，在创建门窗时会自动在墙上形成剪切洞口，在 Revit 中门窗除了具体族的区别外，创建步骤大体相似，

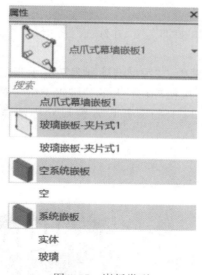

图 4-57　嵌板类型

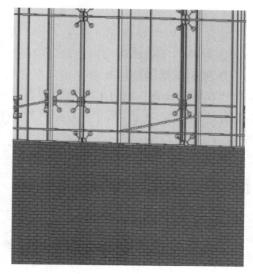

图 4-58　墙体嵌板

下面以插入窗为例进行介绍，主要操作步骤如下：

① 打开前文保存的"4-36 绘制外墙.rvt"文件。

② 载入族：在功能选项板"插入"选项卡中，选择"载入族"命令，依次打开"载入族""建筑""窗"（或"门"）对话框，选择相应的类型，即可将所选的"门或窗族"载入到当前的项目中（类似操作可参考 4.1.2 节载入柱族或 4.2.1 节载入梁框架族），本例依次载入"双扇平开窗"和"单嵌板木门 2"。

③ 放置门窗：在平面、剖面、立面或三维视图中，单击"建筑"选项卡下"构建"面板中的"窗"（或"门"）工具按钮。在"属性"面板"类型选项列表"中选择窗类型（或门类型）；将光标移到墙上以显示窗（或门）的预览图像，单击即可放置窗（或门），如图 4-59（a）所示。

④ 可在项目中依次创建需要的窗、门，完成门窗放置后的效果如图 4-59（b）所示。

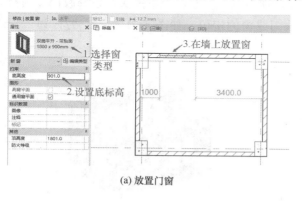

(a) 放置门窗

(b) 完成门窗放置

图 4-59　创建门窗

4.3.9　编辑门窗

如果对门窗尺寸、放置位置不满意，可通过"属性"对话框或在绘图区编辑临时尺寸。

1. 通过"属性"对话框编辑门窗

通过"属性"对话框可修改门窗"构造""材质和装饰""尺寸标注"等值。

① 在绘图区选择要编辑的窗（或门）。

② 编辑类型属性修改窗规格：在"属性"对话框中，"类型选项列表"显示当前选中窗为"双扇平开窗"（或门类型），单击"编辑类型"按钮，在打开的"编辑类型"对话框中单击"复制"，在打开的"名称"对话框中输入"C1821"并设置窗尺寸标注宽度为1800，高度为2100，单击"确定"按钮，如图4-60（a）所示。

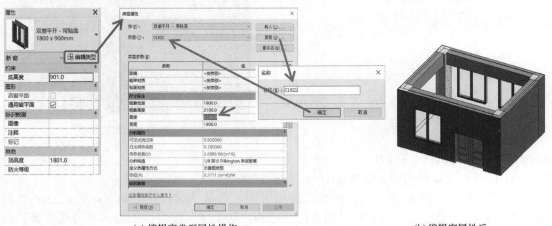

(a) 编辑窗类型属性操作　　　　　　　　　　　　　　　　　　(b) 编辑窗属性后

图4-60　在"属性"对话框编辑门窗类型属性

③ 编辑实例属性修改放置底高度：在"属性"对话框中，修改底高度为1000mm，则当前选中窗的底高度从默认值抬升到1000mm。

④ 切换到三维视图，可见窗修改后的效果，如图4-60（b）所示。

2. 在绘图区域修改编辑

切换到楼层平面视图，选择门或窗，通过点击左右、上下箭头，以修改门或窗打开的方向；通过修改临时尺寸标注，以修改门或窗的定位，如图4-61所示，另存为"4-61绘制门窗.rvt"。

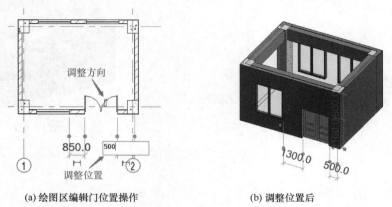

(a) 绘图区编辑门位置操作　　　　　　　　　　　　　　(b) 调整位置后

图4-61　绘图区编辑门窗

4.4　创建楼板模型

楼板是建筑中的重要水平构件和竖向受力构件，起到划分楼层空间、将竖向荷载传递给梁、柱、墙的功能。同时楼板也是墙、柱水平方向的支撑以及联系构件，可以承受水平方向上传来的荷载（例如地震作用、风荷载等），将这些荷载传给墙、柱，再由墙、柱传给基础。除此之外，楼板还有隔声、保温、隔热、防火、防潮等功能。

4.4.1　楼板的类型及属性

1. 楼板的类型

在平面视图中，选择"建筑"选项卡中"构建"面板中的"楼板"选项，打开命令下拉列表，如图4-62所示。其中包括"楼板：建筑""楼板：结构""面楼板"和"楼板：楼板边"四个选项。

建筑楼板与结构楼板按当前的建筑模型标高进行创建；结构楼板主要是方便在楼板中布置钢筋、进行受力分析等结构分析而设计的，其中还包括保护层厚度等参数而建筑楼板中没有涉及结构的分析。

图4-62　绘制楼板命令

"楼板边缘"属于Revit中的主体放样构件，可以通过使用类型属性中指定轮廓，沿楼板边缘放样生成带状的楼板边缘。

2. 楼板属性

在图4-62中选择"楼板：建筑"，弹出"修改｜创建楼层边界"上下文选项卡，在左侧的视图"属性"对话框自动转变成楼板"属性"，如图4-63所示。

① 楼板系统族：单击如图4-63所示"属性"面板中"1"选择楼板类型按钮"▼"，展开了当前模板提供的楼板"系统族"，如图4-64所示，用户可使用系统族绘制楼板。

图4-63　"楼板类型属性"对话框

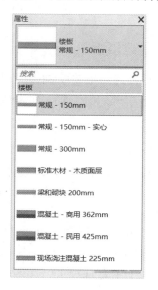

图4-64　楼板系统族

② 楼板实例属性：在如图4-63所示"属性"面板"2"中可设置楼板的"标高""自标高的高度偏移""房间边界"以及"阶段化"等参数。"标高"编辑框中设置了楼板高度；"自标高的高度偏移"是指在标高的基础上向上（正值）或向下（负值）偏移量；"房间边界"是指将楼板应用于定义房间面积和体积计算的边界；"创建的阶段"指的是在哪个阶段创建了楼板，是新构造还是现有类型。

③ 楼板类型属性：单击如图4-63所示属性面板"3"编辑类型按钮，在弹出的"类型属性"对话框中，可设置楼板的结构、厚度、材质、功能和其他属性，与4.3.2节墙的类型属性设置类似，复制出新的楼板重命名，并单击结构"编辑"按钮，在打开的"编辑部件"对话框中进行设置，如图4-65所示，读者根据需要进行设置，在此不再赘述。对类型属性的更改将用于项目中的所有实例。

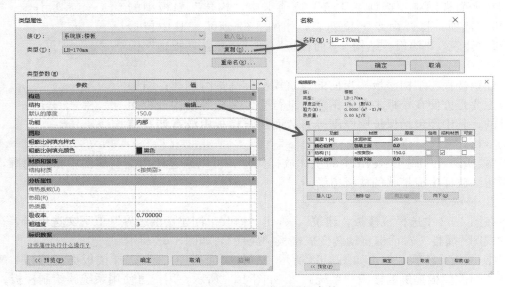

图 4-65　设置楼板类型属性参数

4.4.2　创建楼板

楼板的创建一般是绘制楼面板，但也可以绘制坡道、台阶和楼梯的休息平台等。

选项卡："建筑"选项卡→"构建"面板→"楼板"→ "楼板：建筑"、 "楼板：结构"、 "面楼板"。

属性对话框：

（1）自标高的高度偏移：是指在标高的基础上向上（正值）或向下（负值）偏移。

（2）勾选房间边界：是指以楼板定义房间面积和体积计算的边界。

操作方法：

① 打开前文绘制完成的"4-61绘制门窗.rvt"项目文件。

② 在图4-62楼板绘制命令下拉列表中选择"楼板：建筑"命令，打开"修改｜创建楼层边界"上下文选项卡，如图4-66所示。"绘制"面板中的绘制工具包含："直线""矩形""多边形""圆形""弧形""拾取线""拾取墙"等。选择"拾取墙"工具按钮可以拾

图 4-66 楼板绘制工具面板

取视图中已创建的墙来创建楼板边界。

③ 在"属性"面板中，单击选择楼板类型下拉菜单，选择楼板"常规-150mm"样式，将标高设置为标高 2。

④ 用鼠标在绘图区拾取已绘制的墙，形成板绘制封闭迹线（绘制时可按 Tab 键来捕捉封闭墙），如图 4-67（a）所示，单击"完成编辑模式按钮" ✔️，弹出"是否希望将高达此楼层标高的墙附着到此楼层的底部"，如图 4-67（b）所示，单击"是"，将高达此楼层的标高墙附着到此楼层的底部，如图 4-68（a）所示；单击"否"，高达此楼层标高的墙未附着到此楼层的底部，与楼板同高度，如图 4-68（b）所示，一般选择墙附着到楼板底部，减少材料重复计算。

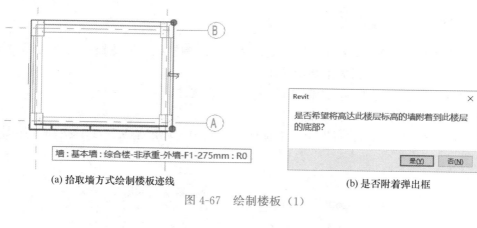

(a) 拾取墙方式绘制楼板迹线

(b) 是否附着弹出框

图 4-67 绘制楼板（1）

(a) 墙附着到楼层底部

(b) 墙未附着楼层底部，与楼板同高度

图 4-68 绘制楼板（2）

☞ 技巧与提示

➤ 如果楼板作为屋顶雨棚，可在"修改｜创建楼层边界"上下文选项卡中输入偏移量"500.0",则拾取墙时,楼板迹线向墙外(或墙内)偏移500mm,如图4-69(a)所示,绘制完成后的效果如图4-69(b)所示,保存为"4-69绘制楼板.rvt"项目文件。

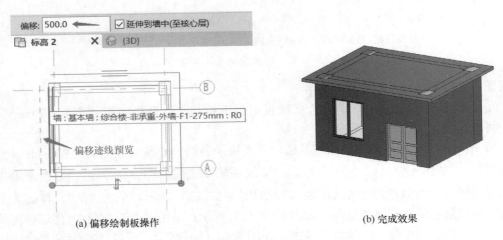

(a) 偏移绘制板操作 　　　　　　　　　　　　　(b) 完成效果

图4-69　偏移迹线绘制楼板

4.4.3　绘制编辑坡度楼板

带坡度的楼板一般用于屋顶、檐底板、楼板、结构楼板、天花板和建筑地坪的创建。利用坡度箭头绘制坡度楼板的主要步骤如下:

① 打开上文绘制的"4-69绘制楼板.rvt"项目文件。

② 在楼层平面标高2,双击楼板图元。

③ 单击"修改 | 编辑边界"上下文选项卡绘制中"坡度箭头"工具按钮,如图4-70所示。

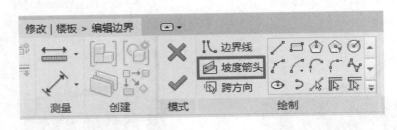

图4-70　"坡度箭头"工具按钮

④ 在绘图区域中绘制坡度箭头:单击一次指定其起点(尾);再次单击指定其终点(头),如图4-71(a)所示。坡度箭头必须始于现有的绘制线,箭头方向代表坡度方向,可采用在属性对话框指定"尾高"和"坡度"两种坡度计量方法,单击"完成编辑模式按钮" ✓ ,在弹出"是否希望将高达此楼层标高的墙附着到此楼层的底部"窗口中单击"是",将高达此楼层的标高墙附着到此楼层的底部,如图4-71(b)所示,墙自动延伸到坡度楼板底部。

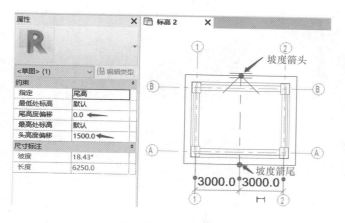

(a) 坡度箭头绘制斜板操作

(b) 完成效果

图 4-71 绘制坡度楼板

4.4.4 修改子图元绘制异形楼板、散水与汇水楼板

选择创建好的楼板，功能区会显示"形状编辑"面板，如图 4-72 所示。其中包括"添加点""添加分割线""拾取支座""修改子图元"命令。各命令功能如下：

• 添加点：给楼板添加点，设置高度可偏移高程点。

• 添加分割线：给楼板添加分割线，将其分割为多个独立的操作面。

• 拾取支座：用于定义分割线，并在选择梁时为板创建恒定承重线。

• 修改子图元：用于编辑选定楼板上的点和边。

图 4-72 "形状编辑"面板

• 重设形状：选择该命令，自动恢复楼板原状。

1. 异形楼板绘制

打开上节保存的"4-69 绘制楼板.rvt"项目文件，切换到楼层平面标高 2 视图，绘制从 2 层到 1 层如图 4-73（a）所示带休息平台弧形坡道，主要操作步骤如下：

① 绘制异形楼板边界线：在"建筑"选项卡选择"楼板"，在编辑状态选择绘制"边界线"，选择绘制"圆弧"工具按钮 ⟲ ，绘制与屋顶宽度相同同心圆，如图 4-73（b）所示；选择绘制"直线"工具按钮 ⟋ ，在同心圆上绘制异形楼板起始位置；选择"拆分图元"工具按钮 ⊡ ，对板进行拆分，再选择"修剪"工具按钮 ⊐ 实现异形板边界线闭合，如图 4-73（c）所示。

② 添加休息平台分割线：单击"修改子图元"工具按钮 ⸚ ，楼板边界呈绿色虚线高亮显示，边界出现绿色编辑点。单击"添加分割线"工具按钮，在弧形区域中部添加两条分割线，如图 4-73（d）所示。

③ 设定层高：分别单击 1、2 绿色点可编辑高程点，设定标高为"0"；分别单击 3、4、5、6 绿色点可编辑高程点，设定标高为"－2000"；分别单击 7、8 绿色点可编辑高程点，设定标高为"－4000"，如图 4-73（e）所示。

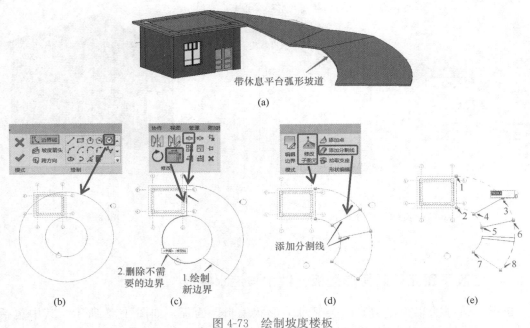

图 4-73　绘制坡度楼板

☞　技巧与提示

➢ 上例当前视图在标高 2 楼层平面，因此 1、2 点相对标高 2 偏移量为 0，3～6 点为中间休息平台，相对标高 2 偏移量为 −2000，7、8 点到达标高 1，相对标高 2 偏移量为 −4000。

④ 完成操作，切换到三维视图下可看到弧形坡道，如图 4-73（a）所示。

2. 散水的绘制

为了保护墙基不受雨水侵蚀，常在外墙四周将地面做成向外倾斜的坡面，以便将屋面的雨水排至远处，称为散水，这是保护房屋基础的有效措施之一。打开上节绘制的"4-69 绘制楼板 . rvt"项目文件，切换到楼层平面标高 1 视图。利用修改子图元绘制散水的主要操作步骤如下：

① 在墙周边绘制宽度为 600 的板；在"建筑"选项板—"构建"面板—单击"楼板：建筑"工具，在上下文选项板"绘图"中单击"拾取墙"工具，在选项栏设置偏移量为"600"，在绘图区拾取墙外面层；单击"矩形"工具，拾取墙外面对角点绘制矩形，形成板内边（图 4-74a），单击完成板绘制（图 4-74b）。

② 编辑子图元绘制散水坡度：单击"修改子图元"工具，依次修改板外边缘 4 个编辑点的标高为 −150（图 4-74c），按 Esc 键退出编辑模式，完成的散水三维模型如图 4-74（d）所示。另存为"4-74 绘制散水 . rvt"项目文件。

☞　技巧与提示

➢ 读者也可以在 10.3 节学习利用内建族绘制散水的方法。

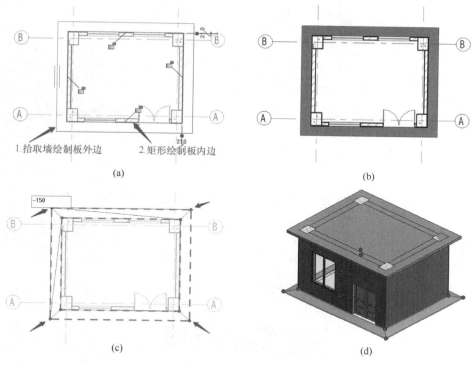

图 4-74 散水绘制

3. 汇水楼板设计

卫生间平楼板汇水设计方法同上,不同之处在于要在卫生间边界和地漏边界上分别添加几条分割线,并设置其相对高度,同时要设置楼板构造层,保证楼板结构层不变,面层厚度随相对高度变化,具体操作如下:

① 图形准备:参考图 4-68,设置一个面层厚度为 20mm 的楼板类型,绘制矩形楼板,在内部绘制圆开孔,形成卫生间楼板及地漏边界形状。

② 选择该楼板,单击"形状编辑"面板中的"添加点"工具,楼板四周边线及地漏边线变为绿色虚线,角点处有绿色可编辑高程点,如图 4-75(a)所示。

③ 单击功能区"修改子图元"工具,框选地漏边线,在选项栏"立面"参数栏中输入"—20"后按 Enter 键,此刻将地漏边线降低 20mm。地漏形状将与楼板角相连,出现多条灰色的连接线,如图 4-75(b)所示 。按 Esc 键结束命令,汇水楼板如图 4-75(c)所示。

④ 单击快捷工具栏中"剖面"工具 ◇,按图 4-75(d)所示设置剖断线。展开"项目浏览器"面板中的"剖面",双击打开刚生成的剖面。从剖面图中,发现楼板的结构层和面层都向下偏移了 20mm,如图 4-75(e)所示。

⑤ 单击选择楼板,在"属性"面板中单击"编辑类型"选项,打开"类型属性"对话框。单击"复制"输入"汇水楼板",确定后,单击"结构"参数后的"编辑"选项打开"编辑部件"对话框,启用"面层"后面的"可变"选项复选框,"确定"关闭所有对话框。此刻楼板结构层保持水平不变,面层厚度在地漏处降低了 20mm,如图 4-75(f)所示。

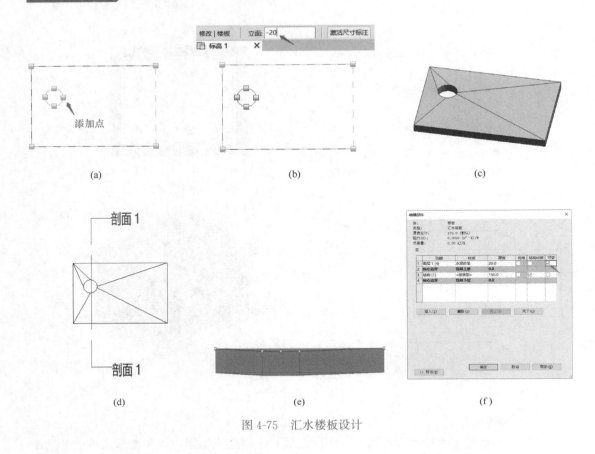

图 4-75　汇水楼板设计

4.4.5　创建楼板边缘

"楼板边缘"属于 Revit 中主体放样构件，可以使用类型属性中指定轮廓，再沿楼板边缘放样生成带状的图元。除绘制楼板的边缘构件外，该功能还可用于绘制散水、台阶、短坡道等构件。楼板边缘可以放置在二维视图（如平面或剖面视图）中，也可以放置在三维视图中。创建和编辑楼板边缘的主要步骤如下：

①　创建楼板边：选择"建筑"选项卡"构建"面板中"楼板"选项下拉列表"楼板：楼板边"工具。在创建好的楼板边移动光标，高亮显示"参照"时，如图 4-76（a）所示，单击选择即可放置好楼板边缘，如图 4-76（b）所示。也可以单击楼板边缘线连续放置楼板边，如果楼板边缘线段在角部相遇，它们会相互斜接。

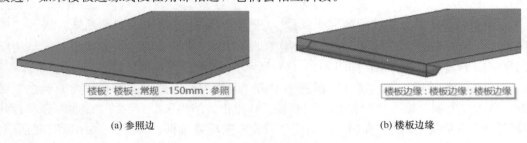

图 4-76　楼板边缘

② 编辑楼板边缘：可以通过楼板边缘的"属性"面板修改楼板边缘轮廓尺寸及材质。

☞ 技巧与提示

➢ 卫生间楼板比室内其他区域楼板低，绘制时应调整楼板"属性"栏"限制条件"的"自标高的高度偏移"数值。

➢ 若编辑墙体时发现楼板与墙联动，可以将与楼板并联的墙删除，重新绘制墙。

➢ 注意楼板的建筑标高和结构标高区别，建筑标高指到楼板面层的高度，结构标高指的是到楼板结构层的高度值，两者间有 1 个面层的差值。在 Revit 中的标高默认为建筑标高。

4.5 工程实例——创建结构模型及围护

结合本章所学内容，下面讲解实际工程项目中创建结构模型以及围护的主要方法与步骤。根据结构平面图绘制柱、梁、板、基础模型，根据建筑平面图创建墙、门窗等围护。基础～4.950 柱平法施工图如图 4-77 所示，一层平面图如图 4-78 所示（详见配套资源）。

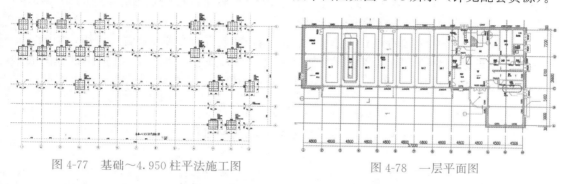

图 4-77　基础～4.950 柱平法施工图　　　　　　图 4-78　一层平面图

4.5.1 载入 CAD 图纸

打开 3.5 节保存的"3-35 某综合楼标高轴网.rvt"项目文件，载入如图 4-77 所示的 CAD 图纸作为参考底图快速创建结构柱。

☞ 技巧与提示

➢ 研读配套资源中的结构图纸可以看到，在结构图纸右下角标示了结构标高（图 4-79a），结构构件标高和建筑构件标高并不是完全重合，一层柱是从嵌固部位即基础梁顶－0.900m 的位置到二层建筑标高 F2 下 0.05m 即 4.95m，因此需要建立相应的结构标高。在 Revit 中除了建立建筑标高的"楼层平面"视图，还需要建立专门的"结构平面"视图。

➢ 在打开的"3-35 某综合楼标高轴网.rvt"文件中根据 3.2 节的方法建立结构标高。为了方便起见，如 4.950m 的结构标高可以命名为 J-F2，8.550m 的结构标高可以命名为 J-F3。

① 在 Revit 主界面功能区单击"视图"选项板，选择"平面视图"，在下拉菜单中选择"结构平面"，如图 4-79（b）所示，在对话框中依次选择结构标高新建结构平面视图，如图 4-79（c）所示。文件另存为"4-79 某综合楼标高轴网 new.rvt"。

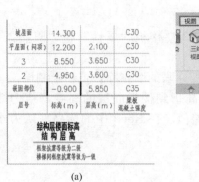

(a)

(b)

(c)

图 4-79　新建结构平面视图

② 参考 3.5.2 节，在项目浏览器中单击"结构平面"—"基础梁顶"视图，进入"基础梁顶"结构平面视图，单击 Revit 上侧菜单栏"插入"按钮，选择"链接 CAD"工具按钮，在打开的"链接 CAD 格式"对话框中选择"某综合楼一层柱结构施工图 .dwg"文件（参见配套资源），则在绘图区可见链接的 CAD 图。

③ 在绘图区选中链接的 CAD 底图，点击"禁止或允许改变图元位置"按钮，如图 4-80 所示，将图纸进行解锁，利用"修改"菜单栏中的"对齐"工具按钮，将 CAD 底图的轴网对齐至 Revit 模型中的轴网（也可用移动命令将图纸上的点移动到轴网上相应位置）。

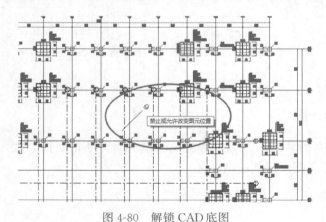

图 4-80　解锁 CAD 底图

4.5.2　在轴网中放置结构柱

为了提高建模效率，采用 4.1.4 节中批量放置结构柱的方法，对于少部分偏心不规则布置的柱可以参照 3.4.1 节利用参照平面，绘制偏心柱。结构柱绘制的主要操作步骤如下：

① 在结构平面视图 F1 中，输入结构柱命令后，在默认"垂直柱"模式下的选项栏选择"高度"模式，设置柱顶部标高在"J-F2"，底部标高为"基础梁顶"。

② 在上下文选项卡"多个"面板中，单击"在轴网处"工具，在柱属性工具面板选择混凝土矩形结构柱，选择柱规格 600mm×600mm。

③ 在绘图区框选轴网，则在各轴网交叉处完成柱放置，在"修改｜放置 结构柱＞在轴网交点处"上下文选项卡中单击"完成"，确认批量放置柱。

④ 点击①—Ⓔ处结构柱，在柱属性工具面板选择柱规格 600mm×700mm，修改柱的规格，并且依据 CAD 底图，调整柱偏心位置与底图重合。一层柱的平面布置如图 4-81（a）所示，三维图如图 4-81（b）所示。

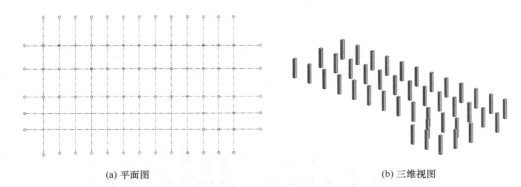

(a) 平面图　　　　　　　　　　　　　　(b) 三维视图

图 4-81　一层柱平面与三维图效果图

4.5.3　创建基础

基础的布置参照 4.1.7 节，根据基础平面布置图（参见配套资源）本案例有桩基承台 1 根柱和 2 根柱两种桩基，与柱的布置方法类似，可通过链接 CAD 底图的方式来提高布置效率，本教材以桩基承台 1 根柱为例介绍主要操作过程。

① 单击"插入"选项卡"从库中载入"面板中的"载入族"工具按钮，弹出"载入族"对话框，依次打开"结构"族文件夹—"基础"文件夹—"桩基承台-1 根桩"族，加载桩基承台独立基础。

② 选择结构平面中的"基础梁顶"视图，参照结构柱链接 CAD 底图方法，将基础平面布置图导入到 Revit 中，并使底图轴线与模型轴线对齐。

③ 单击"结构"选项卡"基础"面板中的"独立基础"工具按钮，在"属性"对话框中选择默认添加的"独立基础 1000mm×1000mm×900mm"类型，单击"编辑类型"按钮，修改和新建基础尺寸分别为 800mm×800mm×700mm 和 2200mm×800mm×700mm，桩嵌固长度均为 100mm。

④ 在"修改｜放置 独立基础"中选择"在柱处"工具按钮，依次点选要放置桩基承台-1 根桩的柱，点击完成。

同样也可根据图纸在相应的柱下放置桩基承台-2 根柱，则完成独立基础布置，基础平面图如图 4-82（a）所示，三维视图如图 4-82（b）所示。

4.5.4　创建基础梁与框架梁

本工程案例结构梁分为基础梁与框架梁，分别进行绘制，主要步骤如下：

① 参考 4.2.1 节，载入梁框架族，在打开的"框架"文件夹"混凝土族"文件夹中选择"混凝土-矩形梁"，单击打开按钮，将梁族载入。

② 点击结构平面中的"基础梁顶"视图，在功能选项板单击"结构"选项卡→"结

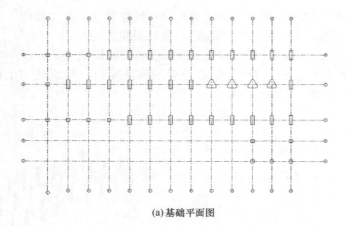

(a)基础平面图

(b)基础三维视图

图 4-82　基础平面与三维图效果图

构"面板→"梁"工具按钮,在打开的"修改丨放置 梁"上下文选项卡"多个"面板中,单击"在轴网上"工具。

③ 在属性面板设置梁规格:在梁属性工具面板选择载入的"混凝土-矩形梁",选择或新建规格为 300mm×650mm、350mm×500mm。

④ 在绘图区中框选轴网,则在各轴网交叉处完成梁放置,在"修改丨放置 梁—在轴网交点处"上下文选项卡中单击"完成",对于次梁的放置,可参考 CAD 底图进行手动绘制,放置效果如图 4-83 所示。

⑤ 一层框架梁的创建方法与基础梁一致,绘制完成的一层框架梁平面图如图 4-84 所示,三维视图如图 4-85 所示。文件另存为"4-85 某综合楼三维框架.rvt"项目文件。

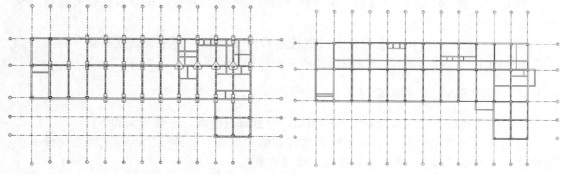

图 4-83　基础梁平面图　　　　　　　　图 4-84　一层框架梁平面图

图 4-85　框架梁三维视图

4.5.5　围护的创建

围护的绘制主要涉及墙与门窗，本工程案例为框架结构，墙为非承重墙，该图元要在楼层平面采用建筑规程创建，参考 4.3 节，主要操作步骤如下：

① 单击楼层平面"F1"，在功能区单击"建筑"选项卡，在"建筑"面板中单击"墙▼"折叠菜单中"墙：建筑"工具。

② 在"墙属性"对话框中，点击"基本墙 常规-200mm"系统族，单击"编辑类型"按钮，在打开的"类型属性"对话框中单击"复制"按钮，在打开的"名称"对话框中命名新墙的名称为"外墙-混凝土小砌块-200 厚-M5"以及"内墙-混凝土小砌块-100厚-M5"等。

③ 参考 4.3.3 节，采用线的方式依次进行外墙、内墙的绘制，墙的底部约束为"F1"，顶部约束为"直到标高：F2"。

④ 参考 4.3.8 节放置门窗，采用链接 CAD 底图的方法，在平面视图中导入 CAD 底图，并选中导入的CAD 底图，在属性"其他"选项中修改"绘制图层"为"前景"，如图 4-86 所示，单击"建筑"选项卡下"构建"面板中的"窗"（或"门"）工具按钮。结合建筑平面图中的门窗类型，在"属性"面板中，"类型选项列表"中选择对应窗类型，单击放置窗（或门），门窗放置效果如图 4-87 所示。

图 4-86　修改 CAD 底图为前景

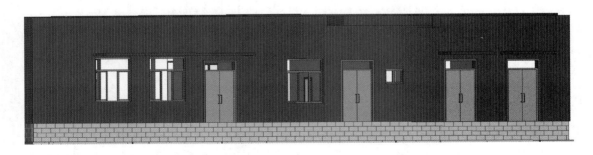

图 4-87　东立面一层墙与门窗放置效果图

4.5.6　创建楼板

楼板的绘制参考4.4节，本工程案例主要涉及普通楼板和坡度楼板的绘制，主要步骤如下：

①普通楼板绘制：单击"项目浏览器"—"结构平面"—"J-F2"，在板绘制命令下拉列表中选择"楼板：结构"命令，打开"修改｜创建楼层边界"选项卡。在"绘制"面板中选择"拾取墙"工具按钮拾取4.5.5节中已创建的墙来创建楼板边界。

②在"属性"面板中，单击选择"楼板类型"下拉菜单，根据施工图，选择并设置楼板样式（厚度150mm），将标高设置为"J-F2"，单击"完成编辑模式按钮"完成二层楼板绘制。

③坡度楼板绘制：对于一层带有坡度的底板绘制，采用坡面楼板，单击"项目浏览器"—"楼层平面"—"F1"，点击建筑选项卡下的"楼板"，在下拉面板中点击"楼板：建筑"，首先绘制楼板边界，然后单击"修改｜编辑边界"上下文选项卡中"坡度箭头"工具按钮，设置楼板坡度，如图4-88所示，坡度箭头约束参数设置如图4-89所示，一层楼板绘制完毕，如图4-90所示。

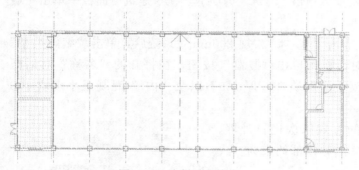

约束		
指定	尾高	
最低处标高	室外地坪	
尾高度偏移	0.0	
最高处标高	F1	
头高度偏移	0.0	

图 4-88　绘制坡度箭头　　　　　　　　图 4-89　坡度箭头约束参数设置

(a) F1坡度建筑楼板　　　　　　　　　　(b) J-F2结构楼板

图 4-90　首层楼板三维视图

4.5.7　主体结构的创建

通过以上操作，已经完成基础以及一层主体结构的创建，为了创建整体结构模型，后续可以进行其他楼层的逐层绘制，也可以将已创建完成的一层模型进行复制，粘贴到其他楼层并进行修改，创建完成后的主体结构及围护三维模型如图4-91所示。将文件保存为

"4-91 某综合楼主体结构及围护.rvt"。

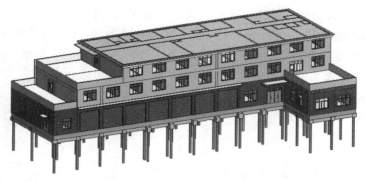

图 4-91 主体结构及围护三维模型

思考与练习

1. 以下关于 Revit 中结构柱的说法，错误的是（　　）。

A. 结构柱不会受墙体材料影响

B. 结构柱参与力学计算

C. 结构柱可支撑上部结构并将荷载传至基础

D. 结构柱的材质无法设置

2. 以下不能被设置为 Revit 结构专业的构件是（　　）。

A. 柱 　　　 B. 坡道 　　　 C. 梁 　　　 D. 楼板

3. 关于独立基础的创建以下说法错误的是（　　）。

A. Revit 中提供了"独立""墙""板"三种形式的基础创建工具，分别创建独立基础、条形基础和筏板基础

B. 载入的独立基础族不能修改属性参数

C. 独立基础族需要从结构族中载入

D. Revit 可以在柱处一键放置独立基础

4. 不属于斜楼板建模方法的是（　　）。

A. 在楼板轮廓编辑状态下通过某边线定义坡度

B. 在楼板轮廓编辑状态下通过坡度箭头定义坡度

C. 通过选中结构板后的"形状编辑"面板中的坡度箭头定义坡度

D. 通过选中结构板后的"形状编辑"面板中的"修改子图元"

5. 放置完成后选中添加的梁，在"属性"面板中，会显示梁的属性，与放置前属性对话框相比，会多出新的属性类型，两者之间的共有属性是（　　）。

A. 起点标高偏移 　　　 B. 终点标高偏移

C. 终点附着类型 　　　 D. 起点附着类型

6. 关于基本墙的绘制，以下说法错误的是（　　）。

A. 可使用"WA"快捷命令绘制基本墙

B. 绘制墙体选择逆时针绘制，保证外墙侧朝内

C. 可利用绘制草图来编辑墙的轮廓

D. 修改现有墙的"定位线"属性的值不会改变墙的位置

7. 某别墅建筑平面图如图 4-92、图 4-93 所示，共 2 层，层高 3.6m，首层标高±0.00m，建立标高轴网，并建立柱结构模型，柱 Z1 尺寸 600mm×600mm，柱 Z2 尺寸 400mm×400mm，柱均沿轴线对称布置，文件命名为"柱结构模型.rvt"。

8. 打开第 7 题保存的"柱结构模型.rvt"文件，根据图 4-92 与图 4-93 创建墙体及门窗，墙的构造以及门窗尺寸如图 4-94 所示，窗台高度均为 900mm，文件命名为"墙与门窗模型.rvt"。

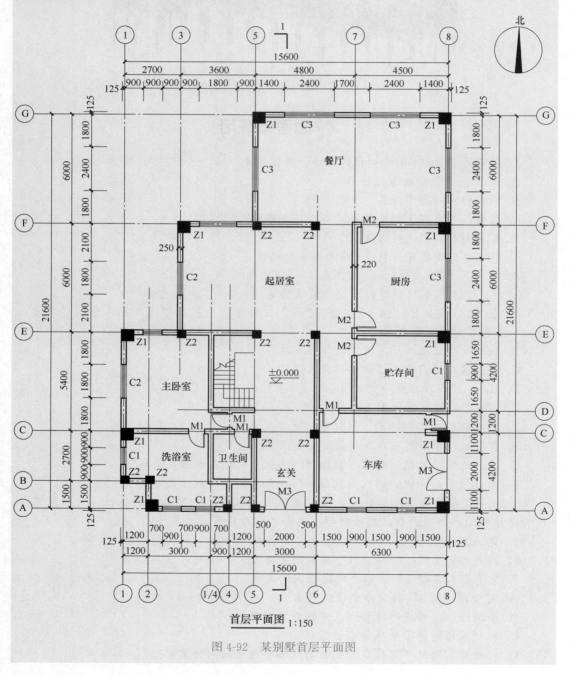

首层平面图 1:150

图 4-92 某别墅首层平面图

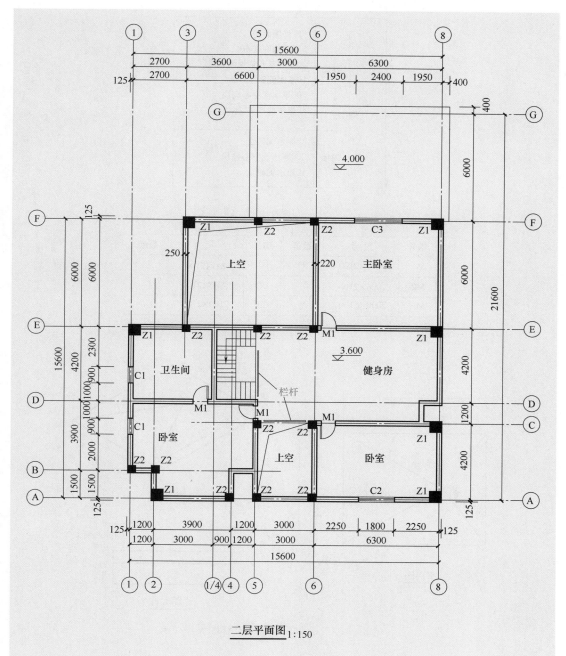

二层平面图 1:150

图 4-93 某别墅二层平面图

9. 打开第 8 题保存的"墙与门窗模型 . rvt"文件，建立屋面楼板，楼板厚度为 150mm，文件命名为"某别墅整体结构模型 . rvt"。

10. 根据图 4-95 中给定的尺寸及详图大样新建楼板，顶部所在标高为±0.000，命名为"卫生间楼板"，构造层保持不变，采用水泥砂浆层进行放坡，并创建洞口。请将模型保存为"汇水楼板 . rvt"。

墙	外墙	5厚外墙面砖 5厚玻璃纤维布 20厚聚苯乙烯保温板 10厚水泥砂浆 200厚水泥空心砌块 10厚水泥砂浆
	内墙	10厚水泥砂浆 200厚水泥空心砌块 10厚水泥砂浆

门窗表

编号	尺寸	数量	编号	尺寸	数量
M1	750×2100	9	C1	900×2100	9
M2	900×2100	3	C2	1800×2100	4
M3	2000×2100	2	C3	2100×2100	6

图 4-94　墙的构造及门窗尺寸

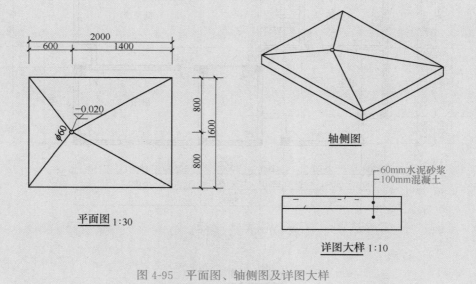

图 4-95　平面图、轴侧图及详图大样

第 5 章
创建其他模型图元

Chapter 05

本章将详细讲解屋顶、楼梯和栏杆、坡道等创建方法，使读者对于模型图元的创建与修改有进一步的认识与理解，强化在操作软件方面的思维，加深学习深度。

5.1 创建屋顶模型

屋顶是房屋建筑设计过程中的主要部分之一，屋顶的主要功能是承重、围护（即排水、防水和保温隔热等）和美观。屋顶主要由屋面层、承重结构、保温或隔热层、顶棚四部分组成，是建筑的重要组成部分。Revit 提供了迹线屋顶、拉伸屋顶和面屋顶三种屋顶创建方式，对于一些特殊造型的屋顶，还可以通过内建模型的工具来创建。

图 5-1　绘制屋顶命令

单击功能选项卡"建筑"选项—"构建"面板—"屋顶"—"迹线屋顶"或"拉伸屋顶"或"面屋顶"，如图 5-1 所示。

迹线屋顶：创建屋顶时使用建筑迹线（必须闭合）定义其边界，绘制它时在视图标高处创建。

拉伸屋顶：通过绘制拉伸的轮廓来创建屋顶，创建拉伸屋顶后，可以变更屋顶主体，或编辑屋顶的工作平面。

面屋顶：可以在体量的任何非垂直面上创建屋顶。

5.1.1 屋顶属性

1. 实例属性

修改实例属性来更改单个屋顶的工作平面、基准标高、坡度及其他属性。若要修改实例属性，可以在"属性"对话框上选择图元并修改其属性。

单击图 5-1 中"迹线屋顶"工具按钮，弹出"修改｜创建迹线屋顶"上下文选项卡，"属性"对话框自动转变成屋顶属性，如图 5-2（a）所示，在"属性"对话框中可选择样

(a) 设置实例属性

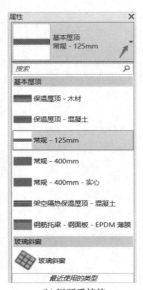

(b) 屋顶系统族

图 5-2　"属性"对话框

板文件提供的屋顶系统族，如图 5-2（b）所示。也可以设置屋顶的"底部标高""房间边界""自标高的底部偏移"以及"截断标高"等，下文将结合实例详细讲解。

2. 类型属性

在图 5-2（a）"属性"对话框中单击"编辑类型"工具按钮，弹出"类型属性"对话框，如图 5-3 所示。若要修改类型属性，不建议在已有系统族上直接修改参数，可采用如下操作步骤：

① 首先可单击"复制"按钮，在打开的"名称"对话框中设置新的屋顶名称，单击确定后，返回"类型属性"对话框中。

② 在"属性"对话框中单击结构"编辑"按钮，打开"编辑部件"对话框，可按照设计要求，设置屋顶相应层的功能、材料、厚度等，如图 5-3 所示。

屋顶类型属性与楼板的类型属性相似，都是通过修改类型属性来更改图元的形状或材质。具体含义可参见 4.4.1 节楼板的类型属性含义。材质等的设定方法可参考 4.3.2 节墙的属性设置的详细操作方法。

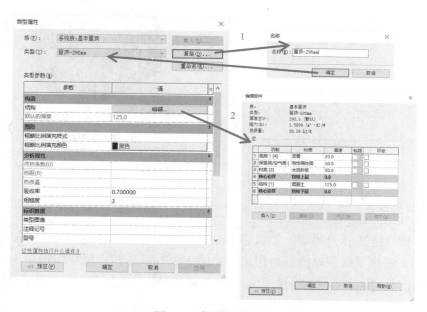

图 5-3　类型属性操作

5.1.2　创建迹线屋顶

迹线屋顶的创建方式和楼板的绘制草图边界基本一致，系统提供了多种形式的工具，可完成多种复杂屋顶的创建。

1. 创建迹线平屋顶

① 打开 4.3.9 节绘制完成的 "4-61 绘制门窗.rvt" 项目文件。

② 在图 5-1 绘制屋顶命令下拉菜单中选择"迹线屋顶"命令，打开"修改｜创建屋顶迹线"上下文选项卡，如图 5-4 所示。"绘制"面板中的绘制工具包含："直线""矩形""多边形""圆形""弧形""拾取线""拾取墙"等。选择"拾取墙"工具按钮可以拾取视

图中已创建的墙，以此来创建迹线屋顶。在选项板中不勾选"定义坡度"，"悬挑"值为 0.0。

图 5-4 "修改｜创建屋顶迹线"上下文选项卡

③ 在"属性"面板中，单击选择楼板类型下拉菜单，选择楼板"基本屋顶 常规-125mm"样式，将标高设置为标高 2。

④ 在绘图区拾取已绘制的墙，完成屋顶迹线绘制，如图 5-5（a）所示。单击"完成编辑模式按钮" ✓ ，完成平屋顶绘制，如图 5-5（b）所示。

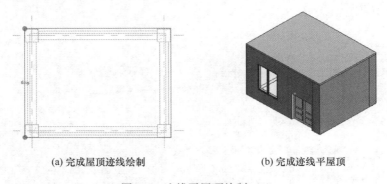

(a) 完成屋顶迹线绘制　　　　　　　　(b) 完成迹线平屋顶

图 5-5 迹线平屋顶绘制（1）

👉 技巧与提示

➤ Tab 键快速选择封闭墙：如果在选项板输入"悬挑"值为 500，将鼠标放置在墙上，点击 Tab 键则系统快速捕捉封闭墙，如图 5-6（a）所示；鼠标左键单击墙，完成屋顶迹线绘制，如图 5-6（b）所示；再单击"完成编辑模式按钮" ✓ ，完成悬挑为 500 的平屋顶绘制，如图 5-6（c）所示。将文件保存为"5-6 平屋顶.rvt"。

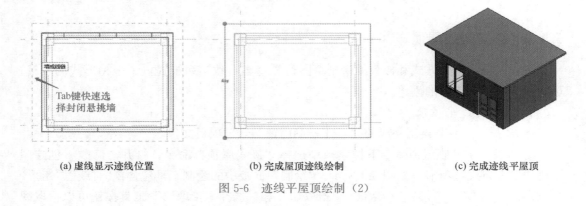

(a) 虚线显示迹线位置　　　　　　(b) 完成屋顶迹线绘制　　　　　　(c) 完成迹线平屋顶

图 5-6 迹线平屋顶绘制（2）

2. 创建迹线坡顶

① 打开 4.3.9 节绘制完成的"4-61 绘制门窗.rvt"项目文件。

② 在图 5-1 绘制屋顶命令下拉菜单中选择"迹线屋顶"命令，打开"修改｜创建屋顶迹线"上下文选项卡，如图 5-4 所示。选择"拾取墙"工具按钮可以拾取视图中已创建的墙，以此来创建迹线屋顶。在选项板中勾选"定义坡度"，"悬挑"值设为 500。

③ 在"属性"面板中，单击选择楼板类型下拉菜单，选择楼板"基本屋顶 常规-125mm"样式，将"底部标高"设置为标高 2。

④ 在绘图区拾取已绘制的墙，完成屋顶迹线绘制，如图 5-7（a）所示，单击"完成编辑模式按钮"，完成坡屋顶绘制，如图 5-7（b）所示。

⑤ 将文件另存为"5-7 坡屋顶.rvt"。

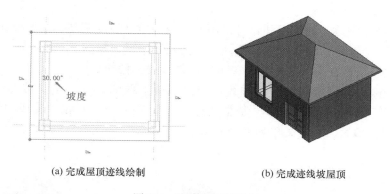

(a) 完成屋顶迹线绘制　　　　　　　　　(b) 完成迹线坡屋顶

图 5-7　迹线坡屋顶绘制

5.1.3　编辑迹线屋顶

1. 编辑坡屋顶角度

① 打开"5-7 坡屋顶.rvt"项目文件，切换到楼层平面标高 2。

② 选择坡屋顶，在上下文选项卡单击"编辑迹线"按钮，如图 5-8 所示。

③ 修改坡屋顶角度值：方法一，可直接单击屋面迹线，在编辑框中逐一修改角度值，如图 5-9（a）所示；方法二，可选中单个迹线或多个迹线，在属性对

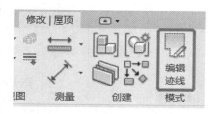

图 5-8　"编辑迹线"按钮

话框中修改角度值，如将原角度值 30°改为 60°，如图 5-9（b）所示。单击"完成编辑模式按钮"，完成坡屋顶坡度编辑，如图 5-9（c）所示。

☞　**技巧与提示**

➤ 坡度数值的三种输入方式：一是直接输入数值，如 60，表示角度为 60°；二是输入比例值，如 1：2，系统计算出其对应的角度值；三是输入百分比，如 5%，系统计算出其对应的角度值。

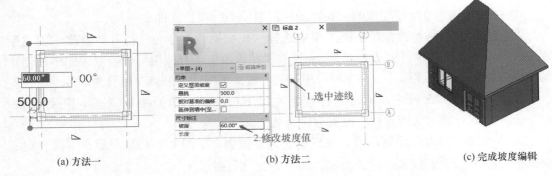

<table>
<tr><td>(a) 方法一</td><td>(b) 方法二</td><td>(c) 完成坡度编辑</td></tr>
</table>

图 5-9　修改坡屋顶角度值

2. 部分取消定义坡度

如果将四坡屋顶改为两坡屋顶，可采用部分取消定义坡度实现，主要操作步骤如下：

① 打开"5-7 坡屋顶.rvt"项目文件，切换到楼层平面标高 2。

② 选择坡屋顶，在上下文选项卡单击"编辑迹线"按钮。

③ 在绘图区拾取已绘制的屋顶迹线，在选项板上取消勾选"定义坡度"，如图 5-10
（a）所示，再次选择右侧屋顶迹线，取消勾选"定义坡度"，再单击"完成编辑模式按钮"
✔，完成坡屋顶编辑，完成效果如图 5-10（b）所示。

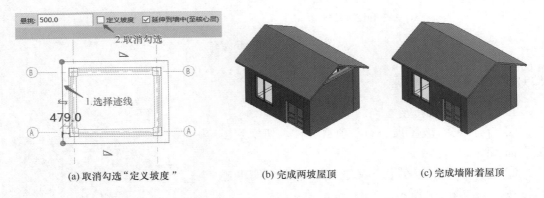

<table>
<tr><td>(a) 取消勾选"定义坡度"</td><td>(b) 完成两坡屋顶</td><td>(c) 完成墙附着屋顶</td></tr>
</table>

图 5-10　部分取消定义坡度操作

④ 如果出现墙未与屋顶连接，可参考 2.4.1 节讲解的框选＋过滤器工具选中墙，在
上下文选项卡中选择"附着顶部/底部"工具按钮▢，在选项板选择顶部，在绘图区单击
屋顶，则完成墙到屋顶的附着连接，如图 5-10（c）所示。

⑤ 将文件另存为"5-10 两坡屋顶.rvt"。

☞　技巧与提示

➢ 部分取消定义坡度也可用于各种复杂坡屋顶的绘制。如果要绘制如图 5-11（a）所
示复杂坡屋顶（尺寸自定义），可选择迹线屋顶工具▸迹线屋顶—绘直线工具╱—勾选定义
坡度，分段绘制如图 5-11（b）所示带坡度复杂屋顶；然后分别选择图 5-11（b）中的 1、

2、3、4段迹线，取消勾选"定义坡度"操作，单击完成编辑模式按钮 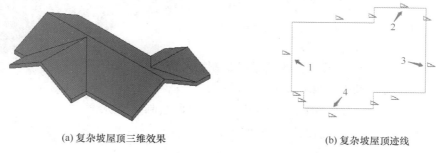，完成复杂屋顶绘制。

(a) 复杂坡屋顶三维效果　　　　　　　　　(b) 复杂坡屋顶迹线

图 5-11　复杂坡屋顶

5.1.4　坡度箭头绘制编辑屋顶迹线

如果要在平屋顶上起坡，也可以采用坡度箭头，主要操作步骤如下：

①打开"5-6 平屋顶.rvt"项目文件，切换到楼层平面标高 2。

②选择平屋顶，在"修改｜屋顶"上下文选项卡单击"编辑迹线"工具按钮，在"修改｜屋顶＞编辑迹线"上下文选项卡中单击"坡度箭头"工具按钮，如图 5-12（a）所示。

(a) 坡度箭头起坡　　　　　　　　(b) 完成两坡屋顶　　　　　　　　(c) 完成墙附着屋顶

图 5-12　坡度箭头起坡操作

③ 在图 5-12（a）所示绘图区单击迹线起点，拖拽鼠标到迹线中点单击，完成一个坡度箭头绘制，依次完成其他三个坡度箭头绘制，再单击"完成编辑模式按钮" ，完成平屋顶起坡的编辑操作，完成效果如图 5-12（b）所示。

④ 如果出现墙未与屋顶连接，可参考 2.4.1 节的"框选＋过滤器"工具选中墙，在上下文选项卡中选择"附着顶部/底部"工具按钮 ，在选项板选择顶部，在绘图区单击屋顶，则完成墙到屋顶的附着连接，如图 5-12（c）所示。

☞　技巧与提示

➤ 在坡屋顶上起坡绘制组合坡屋顶。绘制如图 5-13 所示组合坡屋顶（可自定义尺寸），主要操作步骤如下：

① 首先可选择迹线屋顶工具 —在上下文选项卡单击绘矩形工具 —在选项栏勾选定义坡度，绘制 9000mm×4000mm 的 4 坡屋顶迹线，如图 5-14（a）所示。

图 5-13　组合坡屋顶

② 绘制坡屋顶：单击 Esc 键两次退出绘制迹线状态，选择南面迹线删除，然后单击直线工具按钮，按照图 5-14（b）所示参考尺寸，分段绘制南面迹线。

③ 按照图 5-14（b）分别选择东西两侧 1、2 点迹线，取消勾选"定义坡度"，形成两坡屋顶。

④ 继续取消勾选 3、4、5、6 段"定义坡度"，为箭头起坡做准备。

⑤ 单击"坡度箭头"工具按钮，分别选取 3、4 段绘制坡度箭头，5、6 段绘制坡度箭头，如图 5-14（c）所示。

⑥ 分别选中坡度箭头，在属性对话框中修改"头高度偏移"为 900，如图 5-14（c）所示。

⑦ 单击完成编辑模式按钮，完成如图 5-13 所示组合坡屋顶绘制，保存为"5-13 坡度箭头绘制组合坡屋顶.rvt"项目文件。

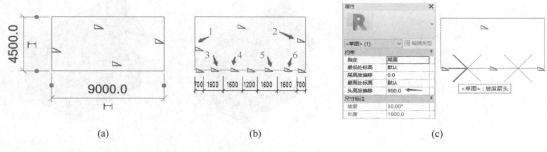

(a)　　　　　　　　　(b)　　　　　　　　　(c)

图 5-14　绘制组合坡屋顶操作

5.1.5　修改子图元绘制编辑复杂屋顶

随着建筑美学的不断发展，在满足基本要求的同时，屋顶形式的需求也呈现多样化，可以采用修改子图元编辑多种形式的屋顶。绘制如图 5-15 所示两坡带平台屋顶，主要操作步骤如下：

① 打开"5-6 平屋顶.rvt"项目文件，切换到楼层平面标高 2。

② 选择平屋顶，在"修改 | 屋顶"上下文选项卡"形状编辑"面板中单击"修改子图元"工具按钮，如图 5-16 所示，则在绘图区屋顶边界出现绿色编辑点，如图 5-17（a）所示。

③ 单击"添加分割线"工具按钮，分别在Ⓐ、Ⓑ轴及中点位置添加三条分割线，如图 5-17（b）所示。

图 5-15　两坡带平台屋顶

图 5-16　形状编辑工具

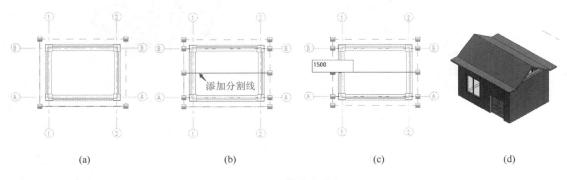

(a)　　　　　　　　　　(b)　　　　　　　　　　(c)　　　　　　　　　　(d)

图 5-17　绘制坡度楼板

④ 设定屋脊高：分别单击中点绿色编辑点，设置标高值为 1500（从当前标高 2 抬升 1500），按 2 次 Esc 键完成屋面编辑，切到三维视图，如图 5-17（c）所示。

⑤ 自定义复杂屋顶，墙未与屋顶连接，如图 5-17（d）所示，可选择墙，在上下文选项卡中选择"附着顶部/底部"工具按钮█，在选项板选择顶部，在绘图区单击屋顶，则完成墙到屋顶的附着连接，如图 5-15 所示。

5.1.6　创建变坡组合屋顶

中国古建筑的歇山顶、荷兰式四坡屋顶等，通常由多种屋顶形式组合形成，可以利用迹线屋顶截断标高创建变坡屋顶，完成如图 5-18 所示变坡屋顶，主要操作过程如下：

① 打开"5-7 坡屋顶 . rvt"项目文件。

② 截断标高设置：选择坡屋顶，在"属性"面板选择"截断标高"自标高 2，偏移 1200，坡度设为 45°，如图 5-19（a）所示，单击"完成编辑模式按钮"✔，如图 5-19（b）所示。

③ 绘制变坡屋顶：切换到场地视图，输入"绘制迹线屋顶"命令，系统提示"你已在最低标高创建了屋顶，是否要将其移动到：标高 2"，

图 5-18　变坡屋顶

141

(a) 属性面板参数设置

(b) 三维视图

图 5-19　截断标高设置

选择"是"；选择"拾取线"工具按钮 ，在选项板勾选"定义坡度"，"悬挑"设为 0.0。

④ 在绘图区拾取截断标高屋顶"边界线"的四条边，如图 5-20（a）所示；在"属性"面板中选择"基本屋顶 常规-125mm"，设置"自标高的底部"偏移 1200，截断标高为无，坡度设为 60.00°，如图 5-20（b）所示。

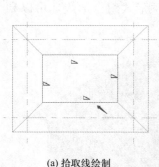

(a) 拾取线绘制

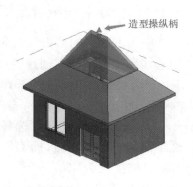

(b) 属性对话框参数设置

(c) 通过造型操纵柄调整标高

图 5-20　变坡屋顶绘制操作

⑤ 单击"完成编辑模式按钮" ，形成变坡屋顶，如图 5-18 所示，保存为"5-18 变坡屋顶 . rvt"项目文件。

⑥ 也可选中变坡屋顶，拖拽顶部"造型操纵柄"调整用户需要的标高，如图 5-20（c）所示。

5.1.7　创建拉伸屋顶

拉伸屋顶操作为多样化、个性化屋顶设计带来极大便利。拉伸屋顶主要是通过在立面上绘制拉伸形状，按照拉伸形状在平面上拉伸形成的，拉伸屋顶的轮廓不能在楼层平面上进行绘制。绘制如图 5-21 所示拉伸屋顶，主要操作步骤如下：

① 打开 4.3.9 节绘制完成的"4-61 绘制门窗.rvt"项目文件；在楼层平面标高 2 中，输入"RP"参照平面快捷键，绘制拉伸屋面的起始和终止位置，如图 5-22（a）所示。

② 选择"建筑"选项卡—"拉伸屋顶"工具按钮 拉伸屋顶，打开"工作平面"对话框中选择"拾取一个平面"，如图 5-22（b）所示。单击确定后，在绘图区单击起始参照平面。

图 5-21　拉伸屋顶

③ 随后在弹出的"转到视图"对话框中，选择"立面：南"，单击"打开视图"按钮；转到南立面视图，并弹出"屋顶参照标高和偏移"对话框询问拉伸屋顶的标高，选择"标高 2"，偏移量为"0.0"，单击确定，如图 5-22（c）所示。

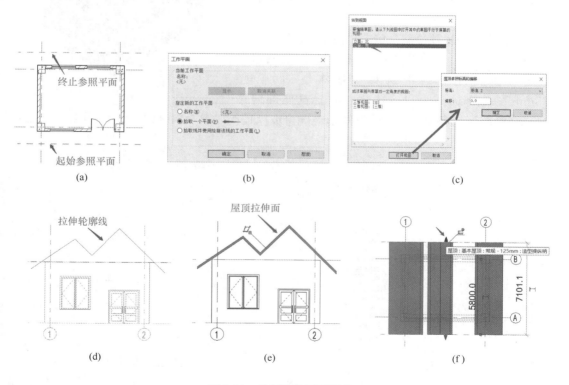

图 5-22　绘制拉伸屋顶操作

④ 在南立面视图，单击直线工具按钮，绘制轮廓线，如图 5-22（d）所示，再单击"完成编辑模式按钮" ，形成屋顶拉伸面，如图 5-22（e）所示。

⑤ 切换到平面视图标高 2，拖拽"造型操纵柄"到拉伸终止参照平面，完成屋顶起始位置准确定位，如图 5-22（f）所示。

⑥ 切换到三维视图，墙未与拉伸屋顶连接，可参考 2.4.1 节的"框选＋过滤器"工具选中墙，在上下文选项卡中选择"附着顶部/底部"工具按钮，在选项板选择顶部，在绘图区单击屋顶，则完成墙到屋顶的附着连接，如图 5-21 所示。

☞ 技巧与提示

➤ 拾取墙生成的屋顶会和墙体产生约束关系，屋顶会随墙体的移动发生变化，而直接绘制的屋顶不会随墙体的变化而变化，需要将墙附着到屋顶。

5.1.8 屋顶老虎窗绘制

为了使屋顶获得更好的自然采光效果，也可以在屋顶设计如图 5-23 所示老虎窗，绘制老虎窗是 BIM 模型工具阶段性的综合应用，主要操作步骤如下：

① 老虎窗定位：打开"5-10 两坡屋顶.rvt"项目文件；切换到"场地"平面，输入"RP"参照平面命令，在屋顶位置绘制如图 5-24（a）所示老虎窗定位线。

② 老虎窗小屋顶绘制：单击"迹线屋顶"工具—"绘制矩形"工具—勾选"定义坡度"，设置偏移为"100"，在属性对话框选择"基本屋顶 常规-125mm"，底部标高为"标高 2"，自标高底部偏移

图 5-23 带老虎窗屋顶

800；在绘图区老虎窗定位处绘制矩形老虎窗坡屋顶，如图 5-24（b）所示；单击 2 次 Esc

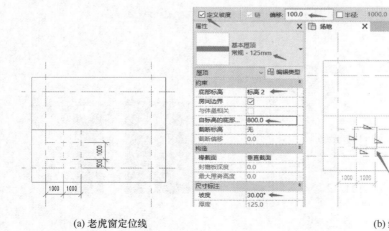

(a) 老虎窗定位线　　　　　　　　　　　　　　(b) 绘制老虎窗屋面

图 5-24 创建老虎窗屋顶（一）

(c) 老虎窗小屋顶　　　　　　　　　　　(d) 隐藏其他图元操作

(e) 仅显示屋顶

图 5-24　创建老虎窗屋顶（二）

键结束绘制迹线；分别选择老虎窗屋顶南、北迹线，取消勾选"定义坡度"；单击"完成编辑模式按钮"✔，形成老虎窗小屋顶，如图 5-24（c）所示。

☞　技巧与提示

➢ 隐藏除屋顶外的其他图元：为方便观察图元和老虎窗绘制，用过滤器筛选出除屋顶外的所有图元，可在绘图区下部单击"临时隐藏/隔离"工具✎—"隐藏图元"，如图 5-24（d）所示，则在绘图区仅显示屋顶，如图 5-24（e）所示。

③ 连接屋顶：单击老虎窗小屋顶，在功能区"几何图形"选项板中单击"连接/取消连接屋顶"工具按钮📭，如图 5-25（a）所示。首先选择屋顶端点处要连接的边（即相贯线位置），再选择要连接到大屋顶的上表面，则完成屋顶连接，如图 5-25（b）所示（可切换到线框方式观察）。

④ 绘制老虎窗围墙：切换到场地平面，输入"WA"绘制建筑墙，在属性对话框选择"基本墙 常规-90mm 砖"，设置定位线为"核心面：内部"，墙底部约束为"标高 2"，顶部偏移为 800，沿 1、2、3 定位线位置绘制 3 面墙，如图 5-26（a）所示，绘制完成后切换到三维视图，如图 5-26（b）所示。

☞　技巧与提示

➢ 绘制完成的墙，因遮挡关系，在场地平面不能直接看到，需切换到三维视图观察。

⑤ 墙附着到屋顶：切换到三维视图，墙未与拉伸屋顶连接，选择墙，在上下文选项

(a) 连接/取消连接屋顶

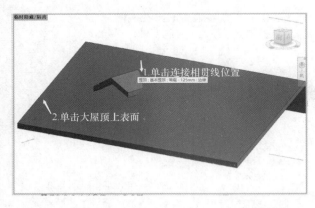

连接前

连接后

(b) 连接屋顶

图 5-25　老虎窗与屋顶的连接

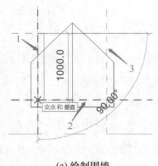

(a) 绘制围墙

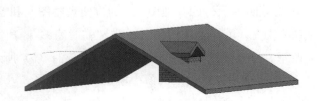

(b) 三维视图观察

图 5-26　绘制老虎窗围墙

卡中选择"附着顶部/底部"工具按钮 ，在选项板选择"顶部"，在绘图区单击老虎窗小屋顶，则完成墙到屋顶的附着连接，重复附着命令，在选项板选择"底部"，在绘图区单击大屋顶底部，如图 5-27 所示。

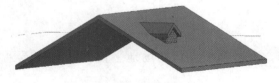

图 5-27　完成墙附着到屋顶

⑥ 在大屋顶给老虎窗开洞：将图形显示样式调为"线框"模式，如图 5-28（a）所示，单击"建筑"选项卡—"洞口"面板"老虎窗"工具按钮，在绘图区要开老虎窗洞口的大屋顶上单击，捕捉小屋顶外侧和三面墙内侧形成要剪切洞口的区域，如图 5-28（b）所示，单击"修剪延伸为角"工具按钮，修剪边界线，如图 5-28（c）所示。单击"完成编辑模式按钮" ✔，完成大屋面开洞，如图 5-29 所示。

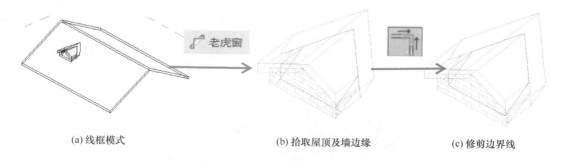

(a) 线框模式　　　　　　　　(b) 拾取屋顶及墙边缘　　　　　　(c) 修剪边界线

图 5-28　老虎窗开洞操作

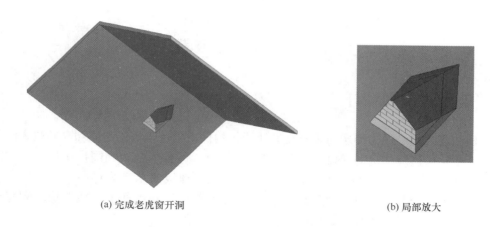

(a) 完成老虎窗开洞　　　　　　　　　　　　(b) 局部放大

图 5-29　完成大屋面老虎窗开洞三维视图

⑦ 在老虎窗放置窗：载入"圆形固定窗"族，将"编辑类型"设置直径为 400mm，插入到老虎窗南面墙，调整到合适位置，如图 5-30 所示。

⑧ 复制、阵列完成屋顶老虎窗布置：切换到场地视图，窗选模式选择老虎窗，单击"复制"工具按钮，指定基点，向右拖拽老虎窗到合适位置，如图 5-31（a）所示，单击完成复制；窗选复制完成的两个老虎窗，单击"镜像-拾取轴"工具，拾取屋顶屋脊线，完成镜像老虎窗，如图 5-31（b）所示，切换到三维视图，如图 5-31（c）所示。

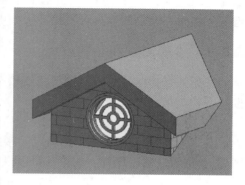

图 5-30　老虎窗放置窗

⑨ 重设临时隐藏隔离，显示全部图形，如图 5-23 所示，另存为"5-23 带老虎窗屋顶.rvt"项目文件。

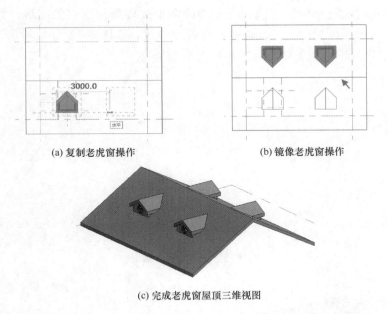

(a) 复制老虎窗操作   (b) 镜像老虎窗操作

(c) 完成老虎窗屋顶三维视图

图 5-31 复制阵列老虎窗屋顶

5.2 创建楼梯和栏杆

楼梯在建筑物中作为楼层间垂直交通使用的构件主要用于楼层之间和高差较大时的交通联系。楼梯由连续梯级的梯段（又称梯跑）、平台（休息平台）和围护构件等组成。楼梯的最低和最高一级踏步间的水平投影距离为梯长，梯级的总高为梯高。相对于二维设计，Revit 绘制楼梯只需要输入相应的梯段、平台参数然后在平面图上拖拽梯段到相应的位置即可，来进行可视化和参数化设计。

在 Revit 中楼梯和扶手均为系统族，有"按构件"和"按草图"两种方式，可以快速创建直跑楼梯、U 形楼梯、L 形楼梯和螺旋楼梯。楼梯栏杆扶手可以直接在绘制楼梯、坡道等主体时一起创建，也可直接在平面中通过绘制路径来创建。

5.2.1 楼梯属性和参数设置

在创建楼梯时，可以从现场浇筑楼梯、组合楼梯和预浇筑楼梯 3 个预定义的系统族中选择楼梯类型。

1. 实例属性

在"属性"栏中主要需要确定"楼梯类型""约束""尺寸标注"三部分内容，如图 5-32 所示，通过设置"约束"可以设置楼梯的高度（标高 1 到标高 2 之间高度），"尺寸标注"可确定楼梯的宽度、所需踢面数和实际踏板深度，通过设置参数 Revit 可以自动算出实际的踏步数和踢面高度，如图 5-33 所示。

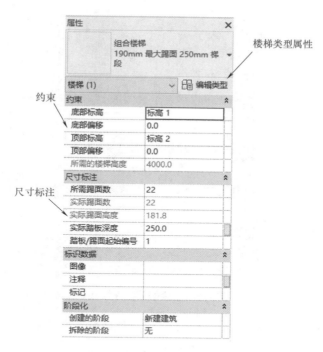

图 5-32 楼梯的属性

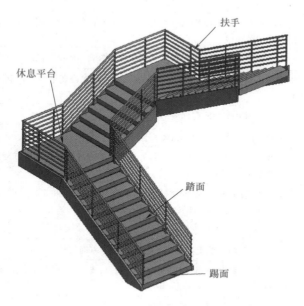

图 5-33 楼梯组件名称

2. 类型属性

单击"属性"框中的"编辑类型"按钮，在弹出的类型属性中修改类型属性，可以设置楼梯的"计算规则""构造""支撑"等参数，如图 5-34 所示。

图 5-34　楼梯类型属性

楼梯类型参数的含义见表 5-1。

楼梯类型参数　　　　　　　　　　　　　　　　　　　　表 5-1

参数	功能
最大踢面高度	所选楼梯图元上每个踢面的最大高度
最小踏板深度	设置沿所有常用梯段的中心路径测量的最小踏板深度（斜踏步、螺旋和直线）。此参数不影响创建绘制的梯段
最小梯段宽度	设置常用梯段的宽度的初始值。此参数不影响创建绘制的梯段
计算规则	指定与顶部/外部钢筋保护层的附加偏移。这允许在不同的区域钢筋层一起放置多个钢筋图元
梯段类型	定义楼梯图元中的所有梯段的类型
平台类型	定义楼梯图元中的所有平台的类型
功能	指示楼梯是内部的（默认值）还是外部的。功能可用在计划中并创建过滤器，以便在导出模型时对模型进行简化
右侧支撑	指定是否连同楼梯一起创建梯边梁（闭合）、支撑梁（开放），或没有右侧支撑。梯边梁将踏板和踢面围住。支撑梁将踏板和踢面露出
右侧支撑类型	定义用于楼梯的右侧支撑的类型
右侧侧向偏移	指定一个值，将右侧支撑从梯段边缘向水平方向偏移
左侧支撑	指定是否连同楼梯一起创建梯边梁（闭合）、支撑梁（开放），或没有左侧支撑。梯边梁将踏板和踢面围住。支撑梁将踏板和踢面露出
左侧支撑类型	定义用于楼梯的左侧支撑的类型
左侧侧向偏移	指定一个值，将左侧支撑从梯段边缘向水平方向偏移
中部支撑	指示是否在楼梯中应用中间支撑
中部支撑类型	定义用于楼梯的中间支撑的类型
中部支撑数量	定义用于楼梯的中间支撑的数量

👉 技巧与提示

➤ 踢面高度和踏板深度应按照国家标准规定取相应参数，一般情况下楼梯踏板深度取 250～320mm，踢面高度不应超过 180mm。

5.2.2 按构件创建楼梯

单击"建筑"选项卡—"楼梯坡道"面板—"楼梯"—🍵 "楼梯（按构件）"，如图 5-35（a）所示，可创建梯段、平台及支座构件。在打开"修改│创建楼梯"上下文选项卡中，通过设置参数，可绘制多种形式的楼梯，如图 5-35（b）所示。

(a) 楼梯工具

(b) "修改│创建楼梯"上下文选项卡

图 5-35 楼梯工具及参数

按构件绘制楼梯主要是通过装配梯段、平台和支座来创建楼梯，一个基于构件的楼梯包含：

- 梯段：直梯、螺旋梯段、U 形梯段、L 形梯段、自定义绘制的梯段。
- 平台：在梯段之间自动创建，通过拾取两个梯段，或通过创建自定义绘制的平台。
- 支撑（侧边和中心）：随梯段自动创建，或通过拾取梯段或平台边缘创建。
- 栏杆扶手：在创建期间自动生成，或楼梯绘制完成后放置。

楼梯绘制过程中，按相关国家标准、规程要求设置参数非常重要。下面通过实例介绍按构件创建楼梯的主要操作步骤。

【例 5-1】 建立 7 层建筑标高 F1～F7，一层 F1 地面标高为 ±0.0，一层高度（F2）为 3.3m，其余各层高度为 3m；楼梯间宽度 3.0m，进深 5.4m，楼梯宽度 1.4m，休息平台宽 1.4m，踏板深度 250mm，绘制一层两跑楼梯。

① 建立标高：新建项目文件，切换到南立面，修改标高名称为"F1""F2"，单击 F2 标高线，修改 F2 标高为 3300；单击复制命令 🍵，勾选"约束""多个"，依次输入 3000，完成标高绘制。

② 绘制楼梯定位辅助线：切换到 F1 楼层平面，输入参照平面命令快捷键"RP"绘制辅助线，如图 5-36（a）所示，保存为"5-36 楼梯定位线 .rvt"项目文件。

③ 单击"建筑"选项卡→"楼梯坡道"面板→"楼梯"命令，进入"修改│创建楼梯"选项卡。单击"绘制"面板下的"梯段"→"直梯"图标 🔳，在选项板设置实际梯段宽度为 1400，选择定位线为"梯段：左"。

④ 设置类型属性：在图 5-36（b）楼梯"属性"面板中选择"现场浇筑楼梯"，单击"编辑类型"按钮，在打开的"类型属性"对话框中单击"复制"按钮，命名新楼梯名"住宅整体浇筑楼梯"，修改最小踏板深度为"250"，单击确定返回"属性"面板。

⑤ 设置实例属性：在图 5-36（b）楼梯"属性"面板中设置楼梯底部标高为"F1"、

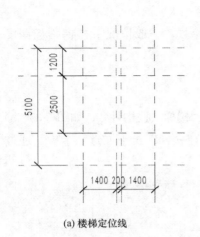

(a) 楼梯定位线

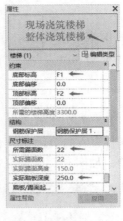

(b) 楼梯属性参数设置

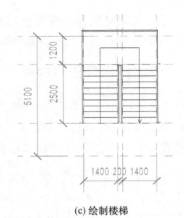

(c) 绘制楼梯

图 5-36　绘制楼梯操作

顶部标高为"F2"、所需踢面数为"22"、实际踏板深度为"22"等，在 Revit 中根据踢面数自动计算楼梯的踢面高度。

⑥ 在绘图区辅助线上开始绘制梯段，最终绘制完成效果如图 5-36（c）所示。

⑦ 单击 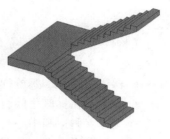 完成绘制，如图 5-37 所示，保存为"5-37 梯段楼梯绘制 . rvt"项目文件。

☞　技巧与提示

图 5-37　梯段楼梯三维视图
（底部平滑无支撑）

➤ 带梯边梁梯段：如果需要绘制带梯边梁梯段，可选中图 5-37 绘制的梯段，在"属性"对话框单击"编辑类型"按钮，在打开的"类型属性"对话框中，分别设置右侧支撑和左侧支撑为"梯边梁（闭合）"，如图 5-38（a）所示，完成的带梯边梁梯段如图 5-38（b）所示。

(a) 设置梯边梁类型属性

(b) 带梯边梁梯段

图 5-38　带梯边梁梯段及参数设置

➢ 修改梯段底部为阶梯式：可选中图 5-37 绘制的梯段，在"属性"对话框单击"编辑类型"按钮，在打开的"类型属性"对话框整体浇筑楼梯类型的"梯段类型"右侧单击"150mm 结构深度"，单击出现的按钮 ⬚ ，如图 5-39（a）所示；在打开的 150mm 结构深度类型"下侧表面"右侧将"平滑式"改选为"阶梯式"，如图 5-39（b）所示，则梯段下侧表面修改为图 5-39（c）所示样式。

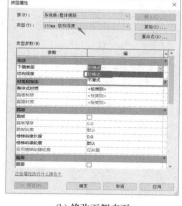

(a) 修改梯段类型　　　　　　(b) 修改下侧表面　　　　　　(c) 绘制楼梯

图 5-39　底部为阶梯式梯段及参数设置

➢ 按构件创建的楼梯，选择弧形、L 形、U 形构件，也可以绘制各种异形楼梯，如图 5-40 所示。

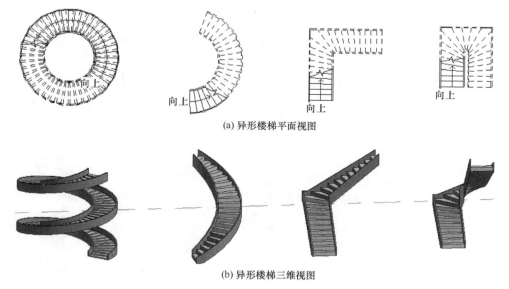

(a) 异形楼梯平面视图

(b) 异形楼梯三维视图

图 5-40　三维楼梯及参数设置操作

5.2.3　连接标高创建多层楼梯

当绘制相同标高的多层楼梯时，可以通过 Revit 提供的链接标高功能，一次完成多层标高的楼梯绘制，极大提高绘图效率。具体操作步骤如下：

① 继续在上一节创建的 7 层标高项目文件中，切换到 F2 标高。

② 单击"建筑"选项卡→"楼梯坡道"面板→"楼梯"下拉列表的"楼梯"命令，创建 F2～F3 梯段（参数同上节 F1、F2 梯段，因标高不同，在"属性"对话框设置所需踢面数为"20"）。

③ 未单击 ✔ 确认之前，单击"修改创建楼梯"选项卡→"连接标高"按钮，如图 5-41（a）所示，在弹出的"转到视图"对话框中选择便于观察的立面视图或剖视图，单击"打开视图"，如图 5-41（b）所示。

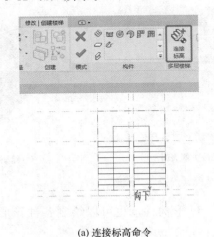

(a) 连接标高命令

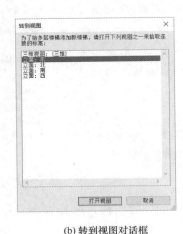

(b) 转到视图对话框

图 5-41　连接标高操作

④ 选择延伸楼梯的标高，可以用点选方式单个选择，也可以用框选方式选中多个标高（按住 Ctrl 键同时单击标高或者按住 Shift 单击标高取消选择），如图 5-42（a）所示。

⑤ 可选：在编辑面板上单击编辑楼梯以继续创建基于构件的楼梯。

⑥ 单击 ✔ 完成多层楼梯绘制，如图 5-42（b）所示为立面图，图 4-42（c）为三维视图。

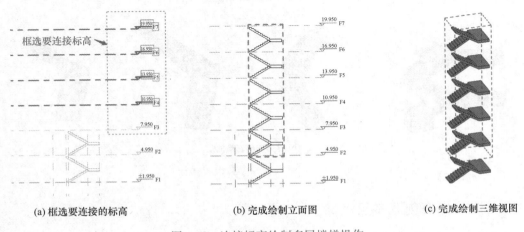

(a) 框选要连接的标高　　　　(b) 完成绘制立面图　　　　(c) 完成绘制三维视图

图 5-42　连接标高绘制多层楼梯操作

☞ 技巧与提示

➤ 若要修改多层楼梯的单个楼梯构件，按 Tab 键高亮显示标高楼梯，然后单击将其选中。

5.2.4 编辑按构件创建的楼梯

按构件创建的楼梯，可以根据需要编辑梯段或梯板等构件。

1. 通过造型操纵柄编辑

具体操作如下：

① 选中按构件绘制的楼梯。

② 在"修改｜楼梯"上下文选项卡单击"编辑楼梯"按钮，如图 5-43（a）所示。

图 5-43　编辑楼梯构件操作

③ 单击选中梯板或梯段，在高亮显示的楼梯构件中拖拽"造型操纵柄"调整编辑，如图 5-43（b）（c）所示。

2. 通过转换为基于草图编辑

根据实际工程需要，楼梯部分构件为异形时，也可将根据构件创建的楼梯转换为基于草图，再编辑构件轮廓，满足工程需要。如要绘制如图 5-45（c）所示的弧形休息平台步梯，操作步骤如下：

① 选中按构件绘制的楼梯。

② 在"修改｜楼梯"上下文选项卡单击"编辑楼梯"按钮。

③ 选择楼梯休息平台，在上下文选项卡单击"转换为基于草图"按钮，如图 5-44（a）所示，出现"转换为自定义"提示框，如图 5-44（b）所示；关闭提示框后转换按钮边的"编辑草图"高亮显示，如图 5-44（c）所示。

④ 单击编辑草图按钮，则梯板轮廓迹线呈绿色可编辑状态，首先删除最上部边界直线，单击上下文选项卡"起点-终点-半径弧"按钮，重新绘制最上部弧形边界线，如图 5-45（a）所示。

⑤ 单击✔完成梯板边缘迹线编辑，如图 5-45（b）所示，切换到三维视图，如图 5-45（c）所示。

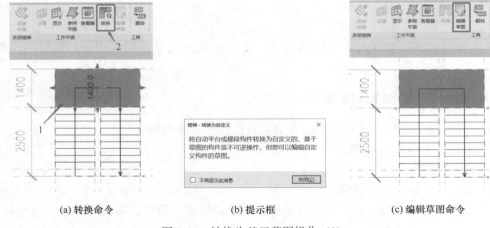

(a) 转换命令   (b) 提示框   (c) 编辑草图命令

图 5-44　转换为基于草图操作（1）

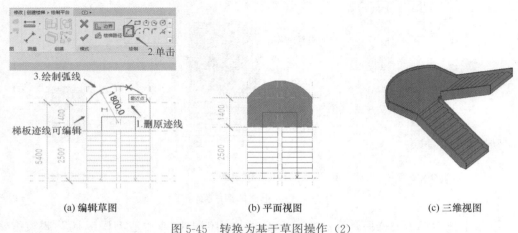

(a) 编辑草图   (b) 平面视图   (c) 三维视图

图 5-45　转换为基于草图操作（2）

👉 **技巧与提示**

➤ 工程实际方案中，通常梯板两端会有相应的结构柱，可采用先按构件绘制楼梯，然后通过转换为基于草图，编辑梯板与柱相交的轮廓线，完成楼梯绘制，如图 5-46 所示。

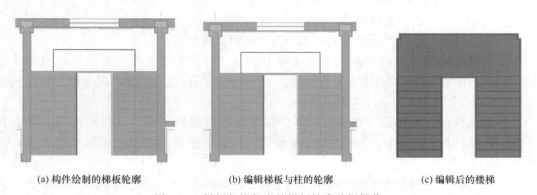

(a) 构件绘制的梯板轮廓   (b) 编辑梯板与柱的轮廓   (c) 编辑后的楼梯

图 5-46　梯板与柱相交的梯板轮廓编辑操作

5.2.5　通过草图工具创建编辑异形楼梯

在"建筑"选项卡单击"楼梯"命令按钮，在"修改｜创建楼梯"上下文选项卡中单击"创建草图"命令按钮，在"修改｜创建楼梯＞绘制梯段"上下文选项卡中，如图 5-47 所示，可通过定义楼梯边界、踢面及楼梯路径在平面视图中创建异形楼梯。

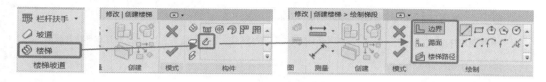

图 5-47　草图创建楼梯工具

下面创建如图 5-48 所示草图自定义楼梯，操作过程如下：

① 新建项目文件，切换到标高 1 平面视图（默认标高 1 到标高 2 为 4m）。

② 设定草图楼梯踏步深度：单击"楼梯"命令按钮，在楼梯"属性"对话框中选择"现场浇筑楼梯"，默认踢面数为 23，实际踢面高度为 173.9mm，如果此时要降低踢面高度为 150 左右，可修改"所需踢面数"为 26，则系统根据踢面数 26 及标高 4m，自动计算实际踢面高度为 153.8mm。

图 5-48　草图自定义楼梯

③ 创建楼梯边界：在如图 5-47 所示草图创建楼梯工具中单击"边界"工具按钮，单击"绘制"面板中的"起点-终点-半径弧"命令按钮，绘制一段圆弧作为梯段边界（边界线为绿色）；单击"镜像"工具按钮，镜像完成另一边梯段边界（尺寸自定义），如图 5-49（a）所示。

④ 绘制踢面：在如图 5-47 所示草图创建楼梯工具中单击"踢面"工具按钮，单击"绘制"面板中的"起点-终点-半径弧"命令按钮，绘制一段圆弧作为踢面边界（边界线为黑色），单击"修改"选项卡"复制"命令按钮，选择"约束""多个"，根据要求，完成多层踏步的绘制，如图 5-49（b）所示；单击"线"命令按钮，绘制最后一级踏面，如图 5-49（c）所示。

⑤ 编辑弧形踢面：单击"修改"选项卡"修改｜延伸多个图元"命令按钮，单击绿色楼梯边界线作为延伸边，再一次单击要延伸的踢面完成弧形踢面修建，如图 5-49（d）所示。

⑥ 编辑楼梯边界：单击"修改"选项卡"修改｜延伸为角"命令按钮，依次单击楼梯边界及踢面，完成楼梯边界编辑，如图 5-49（e）所示。

⑦ 单击 ✔ 完成梯板边缘迹线编辑，如图 5-49（f）所示，切换到三维视图，完成如图 5-48 所示自定义楼梯，保存为"5-48 草图自定义楼梯 .rvt"项目文件。

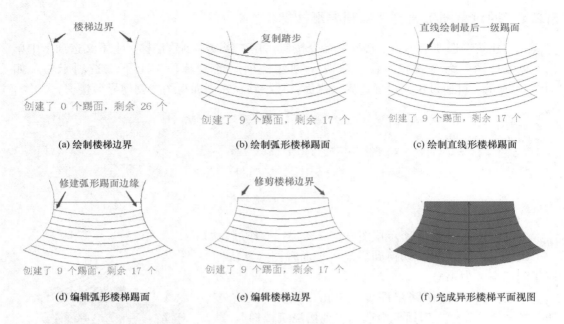

图 5-49　通过草图工具绘制自定义楼梯

5.2.6　栏杆属性设置

从形式上来分，栏杆可分为节间式与连续式两种。前者由立柱、扶手及横挡组成，扶手支撑于立柱上；后者具有连续的扶手，由扶手、栏杆柱及底座组成。栏杆常见种类有：木制栏杆、石栏杆、不锈钢栏杆、铸铁栏杆、铸造石栏杆、水泥栏杆、组合式栏杆。

在二维设计中栏杆的绘制需要通过多个平、立、剖面来共同表达，栏杆扶手在 Revit 里，涉及的嵌套族有多种，可分为两层嵌套、三层嵌套等，主要是通过设置对应的参数实现。其主要设置有：栏杆扶手（顶部扶栏、普通扶栏），支柱（起点支柱、终点支柱、转角支柱、中间支柱）。

1. 实例属性

通过修改实例属性可以修改单个栏杆扶手的底部标高、偏移和其他属性。

单击"建筑"选项卡→"楼梯坡道"面板→"栏杆扶手"按钮 ，进入绘制栏杆扶手路径模式，在左侧的视图"属性"框自动转变成栏杆扶手"属性"框，如图 5-50 所示，在"属性"对话框中可设置屋顶的"底部标高""底部偏移""从路径偏移"及"长度"等参数。

2. 类型属性

单击"属性"对话框"编辑类型"命令按钮，打开如图 5-51 所示"类型属性"对话框。修改类型属性可更改栏杆扶手系统族的结构、栏杆和支柱、连接、扶手和其他属性。要修改类型属性，需先选择一个图元，然后单击"修改"选项卡→"属性"面板→"类型属性"。对类型属性的更改可应用于项目中的所有实例，栏杆扶手类型参数如表 5-2 所示。

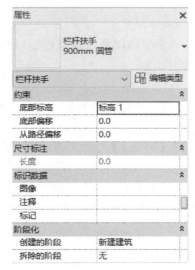

图 5-50 栏杆实例属性

图 5-51 类型属性

栏杆扶手类型参数   表 5-2

参数	功能
栏杆扶手高度	创建复合楼板合成。设置栏杆扶手系统中最高扶栏的高度
扶栏结构(非连续)	打开一个独立对话框,在此对话框中可以设置每个扶栏的扶栏编号、高度、偏移、材质和轮廓族(形状)
栏杆位置	单独打开一个对话框,在其中定义栏杆样式
栏杆偏移	距扶栏绘制线的栏杆偏移。通过设置此属性和扶栏偏移的值,可以创建扶栏和栏杆的不同组合
使用平台高度调整	控制平台栏杆扶手的高度。 • 否。栏杆扶手和平台像在楼梯梯段上一样使用相同的高度。 • 是。栏杆扶手高度会根据"平台高度调整"设置值进行向上或向下调整。要实现光滑的栏杆扶手连接,请将"切线连接"参数设置为"延伸扶栏使其相交"
平台高度调整	基于中间平台或顶部平台"栏杆扶手高度"参数的指示值提高或降低栏杆扶手高度
斜接	如果两段栏杆扶手在平面内相交成一定角度,但没有垂直连接,则可以从以下选项中选择: • 添加垂直/水平线段。创建连接。 • 不添加连接件。留下间隙。 此属性可用于创建连续栏杆扶手,其中,从平台向上延伸的楼梯梯段的起点无法由一个踏板宽度替代。可以逐个替换每个连接的连接方法
切线连接	如果两段相切栏杆扶手在平面中共线或相切,但没有垂直连接,则可以从以下选项中选择: • 添加垂直/水平线段。创建连接。 • 不添加连接件。留下间隙。 • 延伸扶栏使其相交。创建平滑连接。 此属性可用于在栏杆扶手高度的平台处进行了修改或栏杆扶手延伸至楼梯末端之外的情况下创建平滑连接。可以逐个替换每个连接的连接方法
扶栏连接	如果 Revit 无法在栏杆扶手段之间连接时创建斜接连接,可以选择下列选项之一: • 修剪。使用垂直平面剪切分段。 • 接合。以尽可能接近斜接的方式连接分段。接合连接最适合于圆形扶栏轮廓

5.2.7 创建栏杆

栏杆扶手和楼梯及坡道有较大的相关性，Revit 提供了绘制楼梯或坡道时自动创建扶手，也可以单独创建栏杆扶手，下面我们分别介绍其操作方法。

1. 绘制楼梯同时创建栏杆扶手

在 5.2.2 节保存的"5-37 梯段楼梯绘制 .rvt"项目文件中绘制栏杆扶手（900mm 圆管，位置在"踏板"边缘）。

① 打开"5-36 楼梯定位线 .rvt"项目文件，按照【例 5-1】①～⑤步骤设置梯段参数。

② 在"修改 | 创建楼梯"上下文选项卡"工具"面板中单击"栏杆扶手"命令按钮，如图 5-52（a）所示；在打开的"栏杆扶手"对话框中设置"900mm 圆管"，选择位置为"踏板"，如图 5-52（b）所示。

③ 单击"梯段"命令按钮 ，在辅助线上绘制梯段。

④ 单击 ✔ 完成绘制，切换到三维视图，可以看到，完成梯段绘制的同时，在踏板边缘完成了 900mm 圆管默认栏杆扶手的绘制，如图 5-52（c）所示。

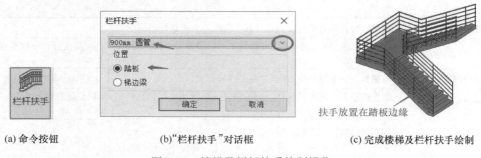

(a) 命令按钮　　　　　　(b) "栏杆扶手"对话框　　　　　　(c) 完成楼梯及栏杆扶手绘制

图 5-52　楼梯及栏杆扶手绘制操作

☞ 技巧与提示

➤ 对于栏杆扶手的尺寸，考虑人体重心的高度和楼梯的坡度大小等因素确定，一般扶手高度不低于 900mm。靠楼梯井一侧的水平扶手超过 500mm 长度时，其扶手高度不应小于 1050mm；供儿童使用的楼梯应在 500～600mm 高度增设扶手。

2. 在梯段中创建自定义栏杆扶手

下面通过示例讲解在梯段中创建自定义栏杆扶手的主要操作步骤。

【例 5-2】　在"5-37 梯段楼梯绘制 .rvt"项目文件中，在梯井处绘制高 1100mm 栏杆，顶部扶手为圆形扶手，直径为 40mm，底部扶手高 150mm，扶手截面为 50mm×50mm 矩形，扶手材质为金属不锈钢抛光，连接方式为斜接，栏杆截面为 25mm×25mm 矩形，材质设为蓝色塑钢，栏杆间距为 275mm，每个踏板都使用栏杆。

主要操作步骤如下：

① 打开"5-37 绘制梯段楼梯 .rvt"项目文件。

② 在"建筑"选项卡"楼梯坡道"面板中单击"栏杆扶手"，选择"绘制路径"按钮

，如图 5-53 所示。

③ 设置栏杆扶手参数：在栏杆扶手"属性"对话框单击"类型属性"命令按钮，在打开的"类型属性"对话框中，单击"复制"按钮，在打开的"名称"对话框中重命名为"1100mm 栏杆扶手"。

④ 设置顶部栏杆：在如图 5-54 所示"类型属性"对话框"顶部扶栏"中，修改"高度"参数为 1100.0，"类型"参数采用默认"圆形-40mm"。

图 5-53　类型属性设置

图 5-54　"类型属性"对话框

⑤ 设置底部栏杆：在如图 5-54 所示"类型属性"对话框中"扶栏结构（非连续）"右侧单击"编辑"按钮，在如图 5-55 所示"编辑扶手（非连续）"对话框中删除多余的扶栏层数，修改扶栏 1 的名称为"底部"、高度为 150、选择轮廓为"矩形扶手 50×50mm"、设置材质为"金属不锈钢抛光"，单击确定返回"类型属性"对话框。

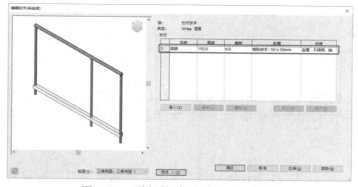

图 5-55　"编辑扶手（非连续）"对话框

⑥ 设置栏杆位置：在如图 5-54 所示"类型属性"对话框"栏杆位置"右侧单击"编辑"按钮，在如图 5-56 所示"编辑栏杆位置"对话框"主样式"中，设置栏杆族为"栏杆-正方形：25mm"，相对于前一个栏杆的距离为 275mm，单击确定返回类型属性对话框，单击确定完成设置。

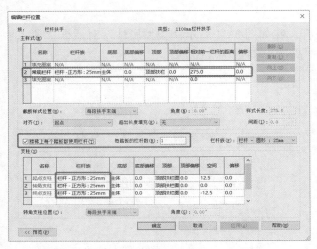

图 5-56 "编辑栏杆位置"对话框

⑦ 在"属性"面板选择刚设置的"1100mm 栏杆扶手"，如图 5-57（a）所示，在上下文选项卡单击"拾取新主体"工具按钮，如图 5-57（b）所示，在绘图区选择已绘制的梯段楼梯，输入扶手轨迹线的路径，如图 5-57（c）所示，完成楼梯扶手绘制。

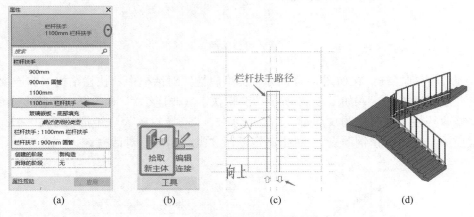

图 5-57 楼梯栏杆扶手绘制操作

⑧ 单击 ✔ 完成绘制，切换到三维视图，可以看到自定义的栏杆扶手，如图 5-57（d）所示，保存为"5-57 自定义栏杆扶手.rvt"项目文件。

☞ 技巧与提示

➢ 中间扶手和底部扶手类型也可以按顶部扶手的设置方式进行编辑，得到更好的显示效果。

➤ 更改实例属性后重置栏杆扶手的步骤：（1）在平面视图或三维视图中，选择栏杆扶手。（2）在"工具"面板上，单击"重置栏杆扶手"图标 ，实例替换将被删除。使用此工具不会删除对栏杆扶手类型所做的更改，包括结构更改。

5.3　坡道、台阶创建与编辑

本教材将对坡道、台阶的创建与编辑进行介绍。

5.3.1　坡道

坡道的创建及编辑方法类似于楼梯，参数设置比较简单。直坡道类似于直楼梯，弧形坡道类似于弧形楼梯。

1. 梯段绘制直坡道及弧形坡道

打开平面视图或三维视图。

① 单击"建筑"选项卡中"楼梯坡道"面板中的"坡道"工具，如图 5-58（a）所示。

② 在"属性"面板中，修改相应坡道属性。如底部标高设为"标高1"，底部偏移设为"－300"室外地坪，顶部标高为"标高1"，宽度为1200。

③ 在"修改｜创建坡道草图"上下文选项卡"绘制"面板中"梯段"工具中，选择"直线"工具按钮，如图 5-58（b）所示，根据状态栏提示，在绘图区捕捉坡道绘制的起点及终点或延伸端点位置。

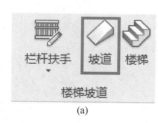
(a)

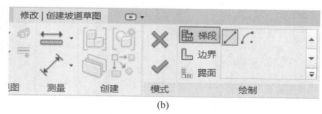
(b)

图 5-58　坡道绘制操作

④ 选择"模式"面板中的 完成编辑模式。切换至三维视图，如图 5-59（a）所示。也可在图 5-58（b）中选择"同心-端点弧"工具，绘制弧形坡道，如图 5-59（b）所示。

(a) 直坡道

(b) 弧形坡道

图 5-59　创建的坡道

☞ 技巧与提示

➤ 若选择"圆心-端点弧"命令绘制"梯段",根据状态栏提示,在绘图区捕捉弧中心点及将弧半径拖拽到所需要的位置。选择"模式"面板中的 ✔ 完成编辑模式。

➤ 提示:(1)绘制坡道前,可先绘制"参考平面"对坡道的起跑位置、休息平台位置、坡道宽度位置等进行定位。(2)可将坡道"属性"面板中的"顶部标高"设置为当前的标高,并将"顶部偏移"设置为坡道的高度。

2. 自定义结构板坡道

自定义坡道可通过选择"边界"和"踢面"选项工具创建。

【例5-3】 在长3000mm×3500mm的区域中绘制1000mm宽的室内到户外的坡道,室内外高程差为300mm。

主要操作步骤如下:

① 采用参照平面RP命令绘制3000mm×3500mm的区域。

② 单击"建筑"选项卡中"楼梯坡道"面板中的"坡道"工具。

③ 在"属性"面板中,修改相应坡道属性,如图5-60(a)所示。

④ 在"修改 | 创建坡道草图"上下文选项卡"绘制"面板中"边界" [边界] 工具中,选择"直线"工具按钮,绘制坡道边界,如图5-60(b)所示。

⑤ 在"修改 | 创建坡道草图"上下文选项卡"绘制"面板中"踢面" [踢面] 工具中,选择"直线"工具按钮,在坡道边界两端绘制踢面,如图5-60(c)所示。

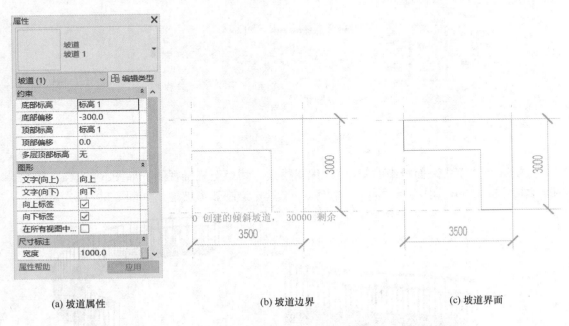

(a) 坡道属性　　　　　　(b) 坡道边界　　　　　　(c) 坡道界面

图5-60　自定义结构坡道绘制操作

⑥ 选择"模式"面板中的 ✔ 完成编辑模式。切换至三维视图,如图5-61所示,保

存为"5-61自定义坡道.rvt"项目文件。

3. 结构板与实体坡道编辑

（1）编辑坡道草图

在平面或三维视图中选择坡道，单击"模式"面板中的"编辑草图"命令，对坡道进行编辑。

（2）选中坡道，在"属性"对话框中可以修改坡道的底部标高、顶部标高、宽度等"实例属性"，也可以单击"编辑类型"按钮，在如图5-62所示"坡道类型属性"对话框中编辑坡道类型参数。

图5-61 自定义坡道

图5-62 "坡道类型属性"对话框

• 坡道构造"造型"：分为"结构板"及"实体"两种不同选项，如图5-63所示。

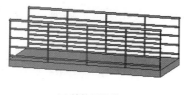

(a) 结构板坡道

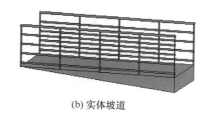

(b) 实体坡道

图5-63 结构板与实体坡道

• "最大斜坡长度"：指斜坡投影线长度。

• "坡道最大坡度（1/X）"：斜坡的投影线长度与坡道高度的比值。

【例5-4】 在1000mm×3600mm的区域中绘制1000mm宽的室内到户外的实体坡道，如图5-64所示，室内外高程差为450mm。

分析：坡道长3600mm，高程差为450mm，则

最大斜坡长度＝3600mm

坡道最大坡度（1/X）＝3600/450＝8

因此需要在"坡道类型属性"对话框中进行相应设置。

主要操作步骤如下：

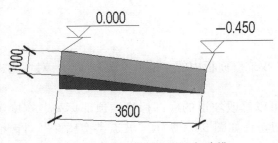

图 5-64　实体坡道的设置与建模

① 在楼层平面标高 1 中，使用参照平面 RP 命令绘制一条水平参照平面及两个间距 3600mm 的参照平面。

② 单击"建筑"选项卡中"楼梯坡道"面板中的"坡道"工具。

③ 在"属性"面板中，设置底部标高为 F1，底部偏移为 −450，顶部标高为 F1，宽度为 1000；单击"编辑类型"按钮，在打开的坡道"类型属性"对话框中修改造型为"实体"，"坡道最大坡度（1/X）"为 8。

④ 在"修改｜创建坡道草图"上下文选项卡"绘制"面板的"梯段"工具中，选择"直线"工具按钮，在绘图区捕捉坡道绘制的起点及终点位置。

⑤ 选择"模式"面板中的 ✔ 完成编辑模式。切换至三维视图，如图 5-64 所示，保存为"5-64 实体坡道 .rvt"项目文件。

☞　技巧与提示

➤ 也可以将"坡道最大坡度（1/X）"值设为 1，则对应 X 为 1，即坡度为 45°，选择"边界"和"踢面"的自定义绘制模式，也可以实现指定坡度和长度的坡道绘制。

5.3.2　台阶

台阶的样式有很多种，绘制方法也不是唯一的，这里以"内建模型"方式绘制为例进行介绍。

单击"建筑"选项卡，选择"构件"下拉列表的"内建模型"选项，打开"族类别和族参数"对话框，如图 5-65（a）所示

(a)"族类别和族参数"对话框

(b)"名称"对话框

图 5-65　台阶设置

选择"常规模型"后单击"确定"按钮，打开"名称"对话框，命名为"室外台阶"，

如图 5-65（b）所示，完成后点击确定。

进入"创建"选项面板，如图 5-66 所示，选择"拉伸"命令，在打开的"绘制"面板选择"直线"工具，在平面视图中绘制台阶轮廓，如图 5-67（a）所示。

图 5-66 "创建"选项面板

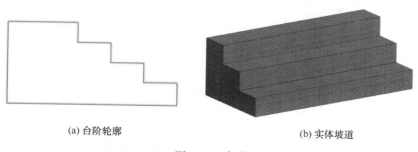

(a) 台阶轮廓　　　　　　　　　　　　　　(b) 实体坡道

图 5-67 台阶

单击"模式"面板中的 ✅ 完成模型。创建的台阶三维视图如图 5-67（b）所示。

5.4 场地布置

场地作为房屋的地下基础承载区域，要表达出建筑与实际地坪之间的关系，可以通过模型更好地展现。在 Revit 中可以创建修改地形、平面区域、停车场、街道、建筑地坪等。通过本节学习，将了解场地的相关设置与地形表面、场地构件的创建与编辑的基本方法和相关应用技巧。

在 Revit 中，"场地和体量"功能选项卡包含"概念体量""面模型""场地建模"和"修改场地"四个子选项，在本节中，将对场地布置用到的"场地建模"和"修改场地"这两个选项面板相关应用进行介绍。

5.4.1 导入总平面图并绘制建筑红线

在已完成建筑总平面设计的前提下，建立场地布置 BIM 模型，以导入建筑总平面图为基础，完成相关操作。

① 显示项目基点与测量点：新建项目文件后，点击"项目浏览器"对话框下"楼层平面"中"场地"进入场地视图，在"属性"对话框中点击"可见性/图形替换"的"编辑"按钮打开"楼层平面：场地的可见性/图形替换"对话框（也可以用快捷键 VV 直接打开），在"模型类别"标签中点击"场地"折叠选项，勾选"项目基点"为可见，如图 5-68 所示。移动项目基点至Ⓐ—①轴网交点，如图 5-68 所示。

② 将建筑总平面图链接至"场地"视图中：点击"插入"选项卡下"链接"面板中的

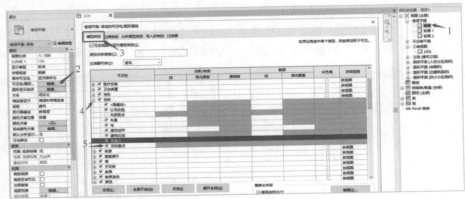

(a) 可见性设置

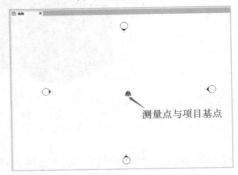

(b) 绘图区显示项目基点与测量点

图 5-68　显示项目基点与测量点

"链接 CAD"。在"链接 CAD 格式"对话框中选择所需 CAD 图纸，并勾选"仅当前视图"，"导入单位"为"毫米"，定位为"自动-中心到中心"，点击"打开"，如图 5-69 所示。

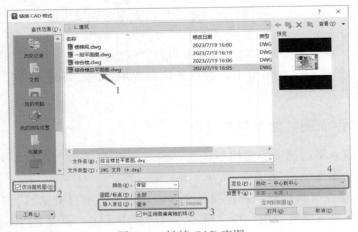

图 5-69　链接 CAD 底图

☞　技巧与提示

➤ 如果不勾选"仅当前视图"，将会在所有视图平面链入相应图纸；如果导入单位为

"自动检测"，系统会耗费较长时间进行单位检测；定位中如果未选择"中心到中心"，有可能因原 CAD 图离原点较远，导入后不能直接在视图中看到。

③ 将综合楼①—Ⓐ移动到项目基点：单击选中链接的 CAD 底图，在上下文选项卡单击"移动"命令 ✛，在绘图区选中①—Ⓐ轴交点 2，拖拽至项目基点 3，如图 5-70 所示。

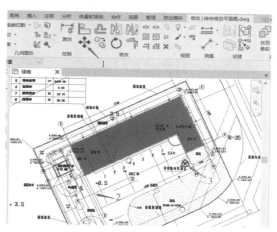

图 5-70　将综合楼①—Ⓐ移动到项目基点

④ 将综合楼调整为正南北方向：本例中由于综合楼建筑物本身是西南走向，对后面的建模带来困难。总图的Ⓐ—①轴网交点与项目基点对齐后，如图 5-71（a）所示在上下文选项卡单击旋转命令 ↻，单击空格键将旋转基点移动至项目基点，单击 2，再在Ⓐ轴上任意点 3 单击，拖动鼠标到水平位置任一点 4 单击，完成以Ⓐ轴为参照的旋转。旋转后的综合楼呈正南北放置，如图 5-71（b）所示，为后续建模提供方便。

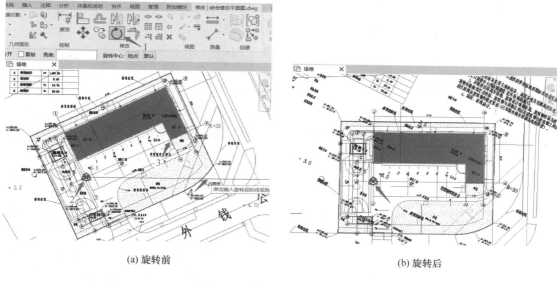

(a) 旋转前　　　　　　　　　　　　　　　　(b) 旋转后

图 5-71　建筑总平面图的导入

⑤ 绘制建筑红线：在"体量与场地"选项卡—修改场地面板中单击"建筑红线"命令，在弹出的提示框中选择"通过绘制来创建"（图 5-72a）。如图 5-72（b）所示在上下文选项卡绘图中单击"拾取线"命令 1，在绘图区依次拾取建筑红线 2。如果拾取的建筑红线未闭合，可单击"修剪延伸为角"命令 3，依次拾取未闭合线段（或弧段）端点，完成闭合。

⑥ 不显示导入的 CAD 底图：输入快捷键 VV，在打开的"楼层平面：场地可见性、

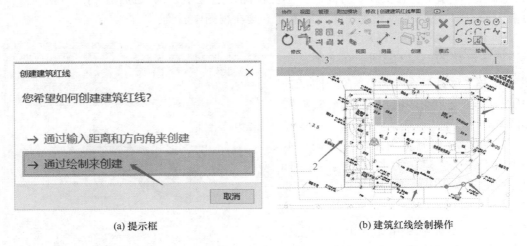

(a) 提示框   (b) 建筑红线绘制操作

图 5-72　建筑红线绘制

图形替换"对话框"导入的类别"选项卡中不勾选"综合楼总平面图",则总平面 CAD 底图不显示。也可以选中底图单击"Delete"键直接删除链接的 CAD 底图。

⑦ 链接已建好的模型文件:完成建筑红线绘制后,切换到 F1 平面视图,单击"插入"—"链接 Revit",在打开的对话框中选择第 2 章源文件"某综合楼样例模型.rvt"文件。另存为"5-72 建筑红线绘制.rvt"项目文件。

5.4.2　场地设置

Revit 提供的场地工具是创建场地模型的重要工具,单击"体量和场地"选项卡下"场地建模"面板中的下拉菜单箭头图标 ，如图 5-73(a)所示,弹出"场地设置"对话框。在该对话框中可以设置显示等高线、附加等高线、剖面填充样式、基础土层高程、角度显示和单位等参数,如图 5-73(b)所示。

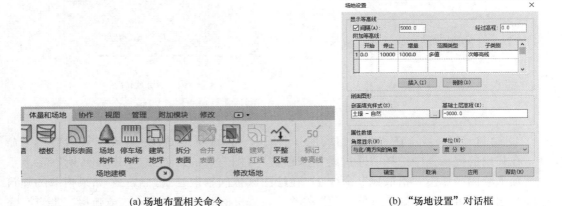

(a) 场地布置相关命令   (b) "场地设置"对话框

图 5-73　场地设置

5.4.3 创建地形表面、建筑地坪

1. 地形表面

在默认状态下，楼层平面视图不会显示地形表面，需要在三维视图或"场地"视图中进行创建。可以在建模初期建立地形表面和建筑地坪，也可以在完成建模后设置。打开"5-72 建筑红线绘制.rvt"项目文件，设置地形表面的主要操作步骤如下：

① 设置参数：单击"场地"平面视图—"体量和场地"选项卡—"场地建模"面板—"地形表面" 命令（图 5-73a），在"修改｜编辑表面"上下文选项卡"工具"面板下单击"放置点"命令，在"选项栏"中，输入高程值如"500"，如图 5-74（a）所示。

② 放置高程点：在"场地"视图绘图区建筑红线以外单击鼠标，放置高程点。修改高程值，放置其他高程点，如图 5-74（b）所示。

③ 地形材质设置：单击地形"属性"框设置材质，完成地形表面的设置，单击 ✔ 完成地形表面创建，如图 5-74（c）所示。

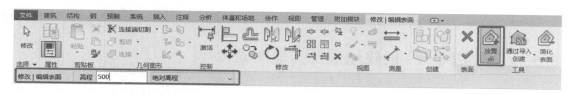

(a) 放置点工具

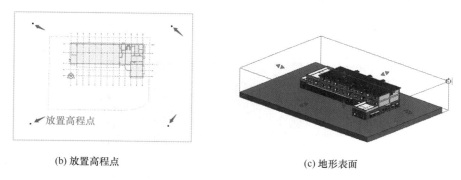

(b) 放置高程点

(c) 地形表面

图 5-74 地形表面

☞ 技巧与提示

➤ 也可以根据勘察设计完成的地形表面 DWG＼DXF＼DGN 等格式的文件，单击"选择导入实例"导入三维等高线数据形成地形表面，或选择"指定点文件"形成地形高程点。

2. 建筑地坪

① 单击"体量和场地"选项卡—"场地建模"面板—"建筑地坪"命令（图 5-75a），进入绘制模式。

② 绘制建筑地坪边界轮廓线：如图 5-75（b）所示，单击"拾取线"绘制工具 1，在

绘图区依次拾取建筑红线。

③ 在建筑地坪"属性"对话框中，设置该地坪的标高以及偏移值，如设置标高"F1"，自标高偏移"－300"（即室外地坪标高），可单击"编辑类型"按钮，在"类型属性"中设置建筑地坪的材质。绘制完成的建筑地坪如图 5-75（c）所示。另存为"5-75 建筑地坪绘制.rvt"项目文件。

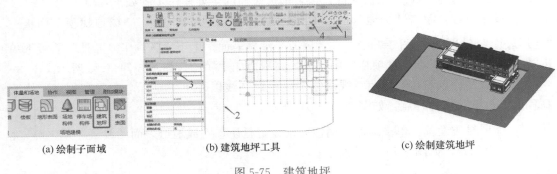

(a) 绘制子面域　　　　　　　(b) 建筑地坪工具　　　　　　　(c) 绘制建筑地坪

图 5-75　建筑地坪

5.5　工程实例——创建屋顶及其他图元

本节将基于 4.5 节所创建的工程实例主体来演示创建屋顶以及其他图元的主要方法步骤。屋面平面图如图 5-76 所示。

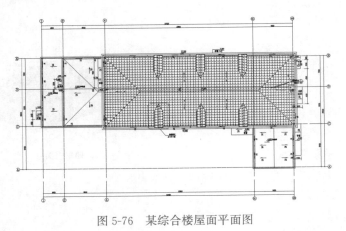

图 5-76　某综合楼屋面平面图

5.5.1　屋面以及老虎窗的创建

本工程实例采用坡屋面，参考 5.1.2 节绘制迹线屋顶，主要步骤如下：

① 打开 4.5.7 节保存文件"4-91 某综合楼主体结构及围护.rvt"，点击项目浏览器中"楼层平面"—"屋顶"视图，导入 CAD 底图，在屋顶绘制命令下拉菜单中选择"迹线屋顶"命令，打开"修改 | 创建屋顶迹线"选项卡。在"绘制"面板中点击"拾取线"命令，拾取视图中边界线来创建迹线屋顶。在选项板中勾选"定义坡度"，"偏移"值为 0。

②在"属性"面板中，单击选择楼板类型下拉菜单，选择楼板"基本屋顶 常规-125mm"样式，将底部标高设置为"屋顶"，坡度设置为"15"。

③用鼠标在绘图区拾取已绘制的墙，完成屋顶迹线绘制，再单击"完成编辑模式按钮"✔，完成坡屋顶绘制。

④老虎窗的绘制可参考5.1.8节，首先进行老虎窗定位，根据屋顶平面图在屋顶位置绘制老虎窗定位线。

⑤单击迹线屋顶工具—绘制矩形工具—勾选"定义坡度"，设置"悬挑"为100，在属性面板选择"基本屋顶 常规-125mm"，底部标高为"屋顶"，自标高底部偏移900；在绘图区老虎窗定位处绘制矩形老虎窗坡屋顶形成老虎窗屋顶。

⑥进行老虎窗与屋顶的连接，绘制老虎窗的围墙，墙底部约束为"屋顶"，并将墙附着到屋顶。

⑦参考5.1.8节依次给老虎窗开洞，并在老虎窗的围墙上放置窗。

⑧切换到屋脊视图，窗选模式选择老虎窗，单击"复制"工具按钮，指定基点，左右拖拽老虎窗到合适位置，完成复制；单击"镜像-拾取轴"工具，拾取屋顶屋脊线，完成镜像老虎窗，屋顶与老虎窗的三维模型如图5-77所示。

图 5-77　屋顶与老虎窗三维模型

5.5.2　楼梯的创建

采用按草图创建楼梯，各层分别设置楼梯，以一层楼梯为例，按结构图创建楼梯，主要步骤如下：

①切换到F1楼层平面，绘制楼梯定位辅助线，输入参照平面命令快捷键"RP"绘制辅助线。

②参考5.2.5节，单击"建筑"选项卡—"楼梯坡道"面板—"楼梯"命令，进入"修改｜创建楼梯"选项卡。单击"绘制"面板下的"梯段"—"创建草图"图标✐，首先绘制"边界"，宽度为1600。其次绘制"梯面"，梯面数量为30，踏板深度为280。最后绘制"楼梯路径"完成草图的绘制，如图5-78（a）所示。

③设置类型属性：在楼梯"属性"面板中选择"现场浇筑楼梯"，单击"编辑类型"按钮，在打开的"类型属性"对话框中单击"复制"按钮，命名新楼梯名"综合楼-楼梯"，单击确定返回"属性"对话框。

④设置实例属性：在楼梯"属性"面板中设置楼梯底部标高"F1"，底部偏移"－50"，顶部标高为"F2"，顶部偏移为"－50"，最终绘制完成的三维模型如图5-78（b）所示。

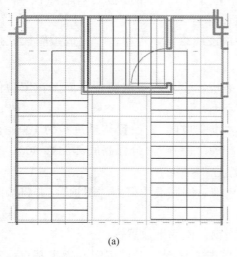

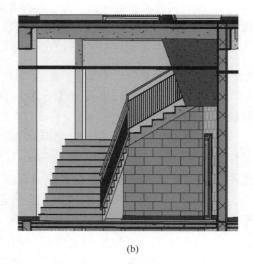

(a)　　　　　　　　　　　　　　　(b)

图 5-78　绘制楼梯

5.5.3　坡道、散水与台阶的创建

坡道与散水的创建参考 5.3.1 节，台阶的创建参考 5.3.2 节，散水的创建方法与普通坡道一致，本工程实例综合楼四周存在坡道、散水以及台阶，主要操作步骤如下：

① 在楼层平面"室外地坪"标高中，将建筑一层平面图，如图 5-79 所示，载入 Revit 中作为 CAD 底图。

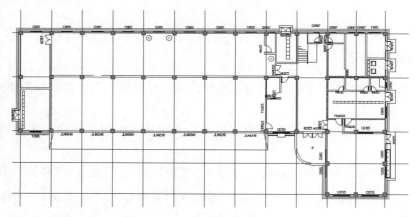

图 5-79　建筑一层平面图

② 单击"建筑"选项卡中"楼梯坡道"面板中的"坡道"工具。

③ 在"属性"面板中，设置底部标高为"室外地坪"，顶部标高为 F1，顶部偏移为 -15，宽度为 34200；单击"编辑类型"按钮，在打开的坡道"类型属性"对话框中修改造型为"实体"，"最大斜坡长度"为 2700，"坡道最大坡度（1/X）"为 9。

④ 在"修改 | 创建坡道草图"上下文选项卡"绘制"面板的"梯段"工具中，选择"直线"工具按钮，在绘图区捕捉坡道绘制的起点及终点位置。

⑤ 选择"模式"面板中的 完成编辑模式。切换至三维视图，如图 5-80 所示。

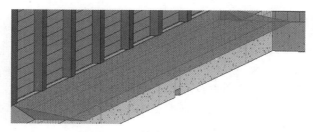

图 5-80　散水三维效果图

⑥ 采用创建楼板边缘的方法绘制如图 5-81 所示台阶。创建一个室外台阶轮廓族，并载入现有的项目中，新建公制轮廓族，命名为"台阶轮廓"，点击"创建"→"直线"→绘制轮廓线并载入项目中，如图 5-82（a）所示。点击结构选项卡，在楼板下拉菜单中选择"楼板：楼板边"，如图 5-82（b）所示，在楼板边缘属性中点击"编辑类型"，选择刚创建的"台阶轮廓"，之后在视图中选择楼板边缘进行绘制。

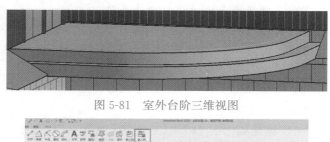

图 5-81　室外台阶三维视图

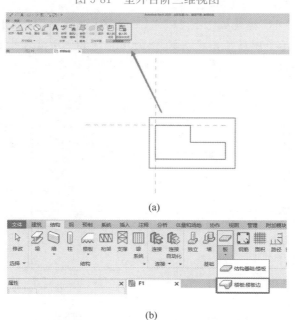

(a)

(b)

图 5-82　绘制室外台阶

⑦ 用相同方法创建剩余坡道与台阶模型，完成后将文件保存为"5-81 某综合楼模型 .rvt"

思考与练习

1. 以下关于楼梯参数的功能，说法错误的是（　　）。

A. 最大踢面高度：所选楼梯图元上每个踢面的最大高度

B. 踏板深度最小值：设置沿所有常用梯段的中心路径测量的最小踏板深度

C. 最小梯段宽度：设置常用梯段的宽度的初始值

D. 右侧侧向偏移：指定一个值，将右支撑从梯段中心以水平方向偏移

2. 楼梯的组成不包括（　　）。

A. 梯段　　　　　B. 踏面踢面　　　　C. 梯边梁　　　D. 楼梯墙面

3. 以下视图中可以创建地形表面的是（　　）。

A. 楼层平面　　　B. 三维视图　　　　C. 立面　　　　D. 剖面

4. 关于栏杆扶手的说法错误的是（　　）。

A. Revit 可自动创建扶手，也可以单独创建栏杆扶手

B. 可在创建楼梯的同时创建或修改栏杆扶手

C. 平台高度的调整不能提高或降低栏杆扶手高度

D. 自定义栏杆扶手可通过绘制路线创建

5. 创建楼梯模型时，Revit 可自动生成的参数是（　　）。

A. 楼梯的底部标高　　　　　　　B. 所需梯面数

C. 楼梯的顶部标高　　　　　　　D. 实际踏板深度

6. 结构板的创建不可用于（　　）。

A. 梁式楼梯　　　B. 楼地板　　　　　C. 坡道　　　　D. 散水

7. 如图 5-83 所示绘制屋顶，屋顶板厚 400mm，其他所需尺寸参考平面、立面图自定，并以"屋顶 1.rvt"为文件名保存（图学会等级考试题目）。

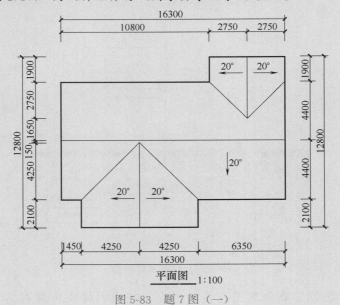

图 5-83　题 7 图（一）

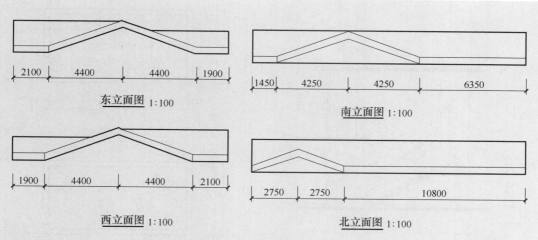

东立面图 1:100

南立面图 1:100

西立面图 1:100

北立面图 1:100

图 5-83 题 7 图（二）

8. 根据图 5-84 给定的尺寸，创建屋顶模型并设置其材质，屋顶坡度为 30°，并以"屋顶 2"为文件名保存（图学会等级考试题目）。

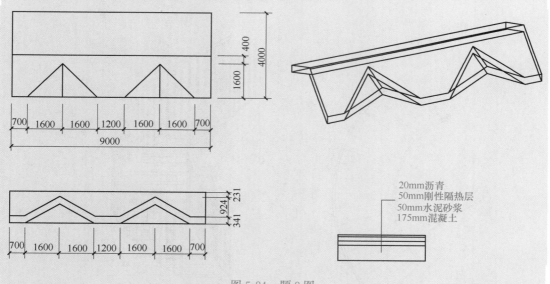

20mm沥青
50mm刚性隔热层
50mm水泥砂浆
175mm混凝土

图 5-84 题 8 图

9. 按照给出的楼梯平面、剖面图（图 5-85），创建楼梯模型，栏杆高度为 1100mm，栏杆样式不限。结果以"楼梯"为文件名保存。其他建模所需尺寸可参考给定的平面、剖面图自定。

10. 按照如图 5-86 所示的弧形楼梯平面图和立面图，创建楼梯模型，其中楼梯宽度为 1200mm，所需踢面数为 21，实际踏板深度为 260mm，扶手高度为 1100mm，楼梯高度参考给定标高，其他建模所需尺寸可参考平面、立面图自定。结果以"弧形楼梯 .rvt"为文件名保存（图学会等级考试题目）。

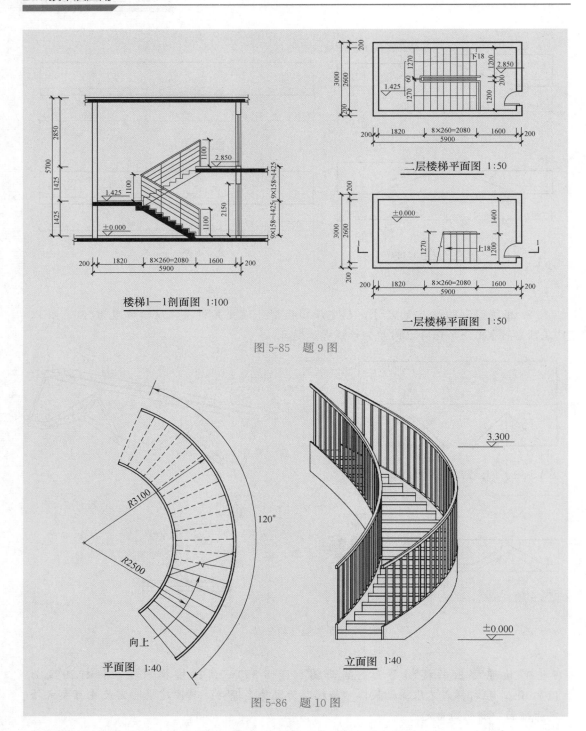

二层楼梯平面图 1:50

一层楼梯平面图 1:50

楼梯1—1剖面图 1:100

图 5-85 题 9 图

R3100

R2500

120°

向上

平面图 1:40

立面图 1:40

3.300

±0.000

图 5-86 题 10 图

第 6 章
钢结构与钢筋建模

Chapter 06

钢筋在结构中起承受拉应力作用，改善建筑中结构构件节点的延性，增强建筑物的抗震性能。放置钢筋的主体包括结构的梁、板、柱、基础、墙等。在2023版本的Revit中提供了自画钢筋，可以直接在视图中进行绘制；同时引入了钢筋的自适应传播功能，可以快速、准确地将形状驱动钢筋从一个混凝土主机复制到另一个主机，以增加详细的混凝土结构的生产率。

6.1 钢筋保护层

软件中的钢筋保护层即混凝土保护层，是指混凝土结构构件中，最外层钢筋的外缘至混凝土表面之间的混凝土层，简称保护层。

6.1.1 钢筋保护层最小厚度

保护层厚度越大，构件的受力钢筋粘结锚固性能、耐久性和防火性能越好。但是，过大的保护层厚度会使构件受力后产生的裂缝宽度过大，就会影响其使用性能（如破坏构件表面的装修层、过大的裂缝宽度会使人恐慌不安等），过大的保护层厚度也会造成经济上的浪费。因此，《混凝土结构设计规范》GB 50010—2010中规定设计使用年限为50年的混凝土结构，最外层钢筋的保护层厚度应符合表6-1的规定；设计使用年限为100年的混凝土结构，最外层钢筋的保护层厚度不应小于表6-1中数值的1.4倍。

混凝土保护层的最小厚度 c（mm）　　　　　　　　　　表6-1

环境类别	板、墙、壳	梁、柱、杆	环境类别	板、墙、壳	梁、柱、杆
一	15	20	三 a	30	40
二 a	20	25	三 b	40	50
二 b	25	35			

注：1. 混凝土强度等级不大于C25时，表中保护层厚度数值应增加5mm；

　　2. 钢筋混凝土基础宜设置混凝土垫层，基础中钢筋的混凝土保护层厚度应从垫层顶面算起，且不应小于40mm。

混凝土结构的环境类别见表6-2。

混凝土结构的环境类别　　　　　　　　　　表6-2

环境类别	条　件
一	室内干燥环境；无侵蚀性静水浸没环境
二 a	室内潮湿环境；非严寒和非寒冷地区的露天环境；非严寒和非寒冷地区与无侵蚀性的水或土直接接触的环境；严寒和寒冷地区的冰冻线以下与无侵蚀性的水或土直接接触的环境
二 b	干湿交替环境；水位频繁变动环境；严寒和寒冷地区的露天环境；严寒和寒冷地区冰冻线以上与无侵蚀性的水或土直接接触的环境
三 a	严寒和寒冷地区冬季水位变动区环境；受除冰盐影响环境；海风环境
三 b	盐渍土环境；受除冰盐作用环境；海岸环境
四	海洋环境
五	受人为或自然的侵蚀性物质影响的环境

注：1. 室内潮湿环境是指构件表面经常处于结露或湿润状态的环境；

　　2. 严寒和寒冷地区的划分应符合现行国家标准《民用建筑热工设计规范》GB 50176的有关规定；

　　3. 海岸环境和海风环境宜根据当地情况，考虑主导风向及结构所处迎风、背风部位等因素的影响，由调查研究和工程经验确定；

　　4. 受除冰盐影响环境是指受到除冰盐盐雾影响的环境；受除冰盐作用环境指被除冰盐溶液溅射的环境以及使用除冰盐地区的洗车房、停车楼等建筑；

　　5. 暴露的环境是指混凝土结构表面所处的环境。

6.1.2 钢筋保护层的创建

① 单击"结构"选项卡→"钢筋"面板下拉菜单中的"钢筋保护层设置",如图 6-1 所示。

② 在弹出的"钢筋保护层设置"面板(图 6-2)中通过直接修改或"复制""添加""删除"等方法设置钢筋保护层。设置完成后,在项目中创建的混凝土构件,程序会为其设置默认的保护层厚度。

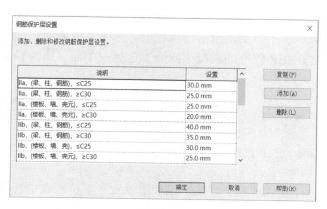

图 6-1 "钢筋保护层设置"工具

图 6-2 "钢筋保护层设置"面板

☞ 技巧与提示

➤ 修改图元上的钢筋保护层设置。

若需要设置保护层厚度,可以利用"保护层"工具修改整个钢筋主体的钢筋保护层设置。为整个图元设置钢筋保护层的方法如下:

① 单击"结构"选项卡→"钢筋"面板中的"保护层"工具(图 6-3)。

② 在选项卡上,单击"拾取图元"(图 6-4)。

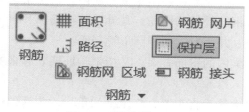

图 6-3 "保护层"工具

图 6-4 "拾取图元"工具

③ 选择要修改的图元。

④ 在选项栏上,从"保护层设置"下拉列表(图 6-5)中选择相应保护层设置。

新的保护层设置将应用于选定的整个图元。

☞ 技巧与提示

➤ 只修改图元上的一个面的钢筋保护层厚度。

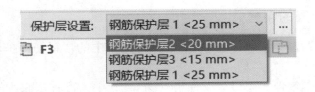

图 6-5 "保护层设置"下拉列表

① 单击"结构"选项卡→"钢筋"面板中的"保护层"工具 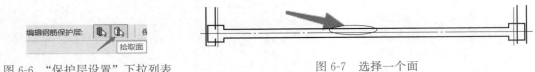 保护层 。

② 在上下文选项卡选项栏上，单击"拾取面"（图 6-6）。

③ 在需修改的混凝土图元上选择一个面（图 6-7）。

图 6-6 "保护层设置"下拉列表   图 6-7 选择一个面

④ 在选项栏上，从"保护层设置"下拉列表中选择相应保护层设置。

新的保护层设置将应用于选定的图元面。

➤ 如果下拉列表中没有可应用于特定情况的保护层设置，可以单击选项栏右侧的"编辑保护层设置"以添加新的保护层设置。

6.2 放置钢筋——梁钢筋创建

钢筋混凝土结构中的钢筋一般包括受力筋、箍筋、架立筋和分布筋。

（1）受力筋指承受拉、压应力的钢筋，也叫主筋，是在混凝土结构中，主要用来承受由荷载引起的拉应力或者压应力的钢筋，其作用是使构件的承载力满足结构功能要求。

（2）箍筋承受一部分斜拉应力，并固定受力筋的位置，多用于梁和柱内。其是指用来满足斜截面抗剪强度，并连接受力主筋和受压区钢筋骨架的钢筋。其分单肢箍筋、开口矩形箍筋、封闭矩形箍筋、菱形箍筋、多边形箍筋、井字形箍筋和圆形箍筋等。

（3）架立筋用以固定梁内钢箍的位置，构成梁内的钢筋骨架。其指把箍筋架立起来所需要的贯穿箍筋角部的纵向构造钢筋。

（4）分布筋用于屋面板、楼板内，与板的受力筋垂直布置，将承受的重量均匀地传给受力筋，并固定受力筋的位置，以及抵抗热胀冷缩所引起的温度变形。

6.2.1 创建箍筋

打开第 5 章保存的"5-81 某综合楼模型.rvt"项目文件，此处以 2 层Ⓐ轴上屋框梁 WKL2 为例进行配筋。该梁箍筋为 HRB400 钢筋，直径为 8mm，加密区间距为 100mm，非加密区间距为 200mm，均为四肢箍；梁的上部配置 4 根直径为 20mm 的 HRB400 的钢筋，下部配置 4 根直径为 18mm 的 HRB400 的钢筋；梁的两侧共配置 4 根直径为 12mm

的 HRB400 的抗扭钢筋，两侧各 2 根，拉筋为直径 10mm 的 HPB300 钢筋。

（1）创建梁配筋剖面视图

① 进入到 F2 结构平面视图。

② 单击"视图"选项卡→"创建"面板→"剖面"工具（图 6-8），在①轴（图 6-9）处创建"剖面 1"剖面视图。

图 6-8　"剖面"工具

图 6-9　添加剖面视图

（2）放置箍筋

① 进入"剖面 1"视图，显示出剖切面的梁和楼板。可以对剖面图的范围进行调整，选中剖面视图的边界线，变为可拖动状态。拖动边界以屏蔽不希望显示的构件，如图 6-10 所示。

② 单击"修改"选项卡→"几何图形"面板→"连接"中的"切换连接顺序"（图 6-11），依次单击剖切处的板、梁，使梁剪切板，则梁截面完整可见，如图 6-12 所示。

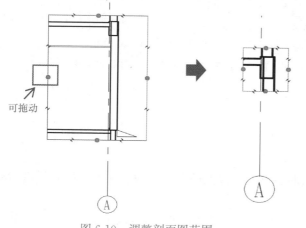

图 6-10　调整剖面图范围

图 6-11　"剖面"工具

③ 单击"结构"选项卡→"钢筋"工具（图 6-13）；在钢筋形状浏览器中选择"钢筋形状：33"（图 6-14），在"钢筋属性"对话框选择钢筋型号（图 6-15），在上下文选项卡的"放置方向"面板点击"平行于保护层"、"钢筋布局"选择"最大间距"、间距按集中标注中箍筋间距要求输入，如图 6-16 所示，按空格键可以改变钢筋放置方向；单击梁截面可配置钢筋。设置完成后按 Esc 键退出。

此时箍筋沿梁全长设置。

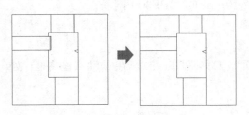

图 6-12　梁截面完整可见

图 6-13　"钢筋"工具

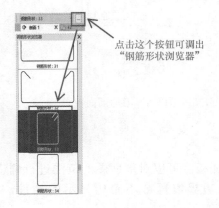

点击这个按钮可调出
"钢筋形状浏览器"

图 6-14　钢筋形状

图 6-15　钢筋型号

图 6-16　箍筋创建设置

☞　技巧与提示

➤ 四肢箍创建

钢筋形状浏览器中并没有直接提供四肢箍，所以四肢箍无法像双肢箍一样直接进行绘制，四肢箍的创建步骤如下：

①选中绘制上的双肢箍，运用"CC"命令将其复制，如图 6-17 所示。

②运用"RP"命令绘制参照平面，并将复制的钢筋调整到相应位置，如图 6-18 所示。

（3）调整箍筋位置

①创建剖面 2，如图 6-19 所示。

②进入"剖面 2"视图，将视觉样式改为线框。根据箍筋设置要求，先在梁的一端绘制参照平面，用以确定箍筋加密区范围；再选择箍筋，将箍筋调整到加密范围，复制左侧设置完成的箍筋，粘贴到右侧，调整位置。创建完成的加密区箍筋如图 6-20 所示。

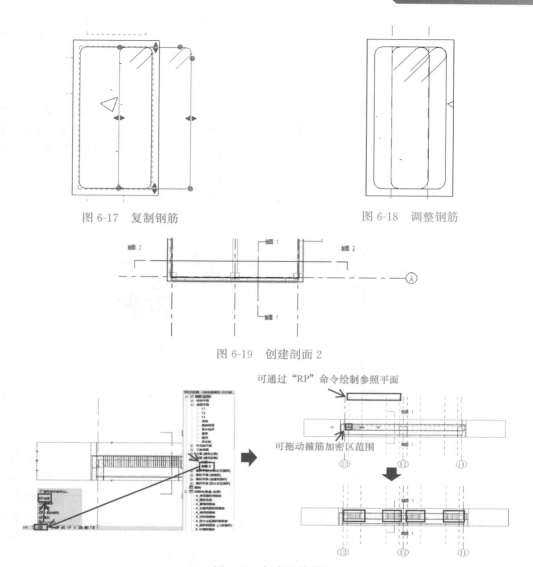

图 6-17 复制钢筋 图 6-18 调整钢筋

图 6-19 创建剖面 2

图 6-20 加密区箍筋

③ 将加密区的箍筋复制到非加密区。选中非加密区箍筋，在"修改 | 结构钢筋"选项卡中，将"间距"改为 200mm，完成梁中部的非加密区箍筋，如图 6-21 所示。最后的

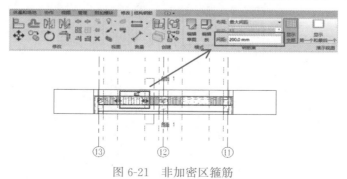

图 6-21 非加密区箍筋

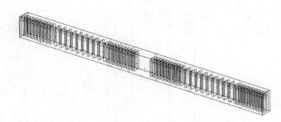

图 6-22　箍筋完成

箍筋如图 6-22 所示。完成后将文件保存为"6-22 创建梁箍筋.rvt"。

6.2.2　创建纵筋

（1）进入剖面 1 视图；单击"结构"选项卡"钢筋"工具；在钢筋形状浏览器中选择"钢筋形状：01"，并在"属性"选项卡中选择合适的钢筋型号，如图 6-23 所示。

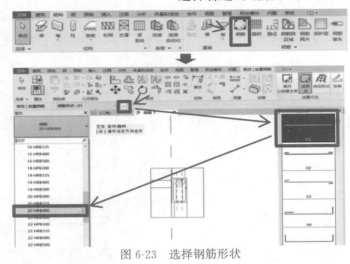

图 6-23　选择钢筋形状

（2）在"修改｜放置钢筋"选项卡下"放置方法"面板中选择"展开以创建主体"，在"放置平面"面板中选择"当前工作面"，"放置方向"面板设置为"垂直于保护层"，钢筋布局为"固定数量"，"数量"按所需填写，将纵筋放到合适位置。按此方法完成纵筋绘制，注意钢筋间距，可以使用参照平面确定钢筋定位，如图 6-24 所示。完成后将文件保存为"6-24 创建梁纵筋.rvt"。

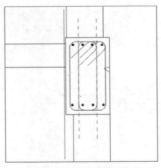

图 6-24　纵筋创建设置

6.2.3 创建抗扭钢筋

(1) 梁中存在的抗扭钢筋，绘制方法同 6.2.2 节，如图 6-25 所示。

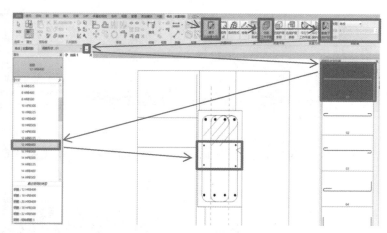

图 6-25 抗扭钢筋创建

(2) 修改放置方向为"平行于工作平面"，在"钢筋形状浏览器"选项卡中点击"钢筋形状：2"，在"钢筋属性"对话框选择钢筋型号，按空格键可以改变抗拉筋方向，选择合适的方向和位置放置好拉筋，如图 6-26 所示。完成后将文件保存为"6-26 创建梁拉筋.rvt"。

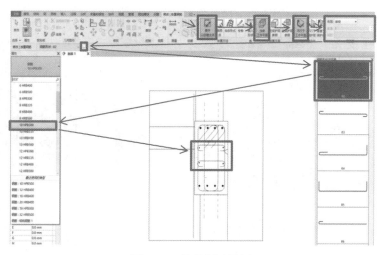

图 6-26 拉筋创建设置

☞ 技巧与提示

➢ 显示实体钢筋

钢筋在 Revit 的三维视图中默认使用单线条，若需要显示真实的钢筋效果，需要进行相关设置。

选择创建的所有钢筋（可以在三维视图中选择所有图元，再用过滤器过滤出结构钢筋），单击属性栏"视图可见性状态"中的"编辑"，在"钢筋图元视图可见性状态"对话框中，勾选"三维视图"栏的"清晰的视图"复选框，如图 6-27 所示。

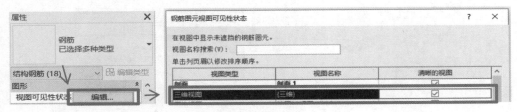

图 6-27　可见性编辑

设置完成后，转到三维视图，设置详细程度为"精细"、视觉样式为"真实"，显示效果如图 6-28 所示。

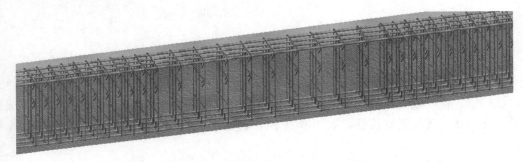

图 6-28　"真实"样式下的钢筋显示

设置详细程度为"精细"、视觉样式为"隐藏线"，在"细线"下的显示效果如图 6-29 所示。

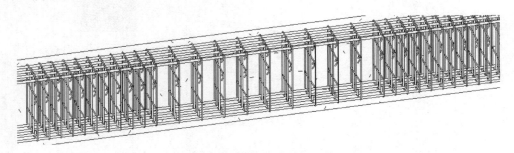

图 6-29　"隐藏线"样式下的钢筋显示

6.3　放置钢筋——柱钢筋创建

打开第 5 章保存的"5-81 某综合楼模型.rvt"项目文件，此处以 2 层⑫轴、Ⓐ轴交点处的结构柱为例进行配筋。该柱箍筋为 HRB400 钢筋、直径 10mm，下部加密区间距 100mm、15 根，上部加密区间距 100mm、高度为 800mm，非加密区间距 200mm，四肢角筋为 HRB400 钢筋、直径 25mm，纵筋为 HRB400 钢筋、直径 25mm 和 20mm 各 8 根。

6.3.1 创建箍筋

① 进入 F2 结构平面图。

② 柱箍筋的绘制步骤同梁箍筋一致，使用"钢筋"工具，选择"钢筋形状：33"，选"10HRB400"类型钢筋；放置平面设为"近保护层参照"；放置方向设为"平行于工作平面"；钢筋集布局选择"最大间距"，间距设为"100mm"，如图 6-30 所示。

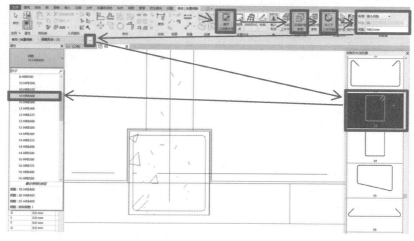

图 6-30　箍筋设置

③ 将鼠标移动至混凝土柱内部，会显示箍筋的预览，通过将鼠标移动至截面内的不同位置或按空格键可以改变弯钩的位置，也可在放置后选中钢筋按空格键来切换方向。放置时的虚线表示混凝土保护层，钢筋会自动附着在保护层上。图 6-31 为放置后的状态。

④ 放置完成后，选中箍筋，在箍筋的四边会出现箭头，拖动箭头可以改变相应的位置，如图 6-32 所示。也可以在"属性"对话框中对箍筋尺寸进行精确调整，配合移动命令摆放到目标位置。

⑤ 选中箍筋并复制，拖动箭头改变相应的位置，完成箍筋绘制，如图 6-33 所示。

图 6-31　箍筋放置

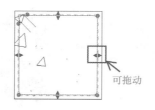

可拖动

图 6-32　调整箍筋位置

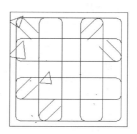

图 6-33　箍筋创建

 技巧与提示

➤ 创建柱底加密区。

进入"南"立面，将视觉样式设为"线框"模式，选中某箍筋，将钢筋集布局改为"间距数量"，数量为"15"，间距为"100mm"。其余箍筋进行相同操作，调整完毕后如

图 6-34 所示。

> 柱顶加密区和非加密区箍筋。

复制箍筋，用上述方法对竖向分布进行调整，创建箍筋非加密区和加密区，顶部加密区高度取 800mm。可以配合移动命令调整位置，如图 6-35 所示。完成后将文件保存为"6-35 创建柱箍筋.rvt"。

图 6-34　柱底箍筋加密区创建　　　　　图 6-35　箍筋创建完成

6.3.2　创建纵筋

① 进入"F2"平面视图。

② 使用"钢筋"工具，在"属性"对话框中选择所需钢筋型号，选择"钢筋形状：01"；放置平面设为"近保护层参照"；放置方向设为"垂直于保护层"；钢筋集布局选择"单根"。在柱中放置纵筋，纵筋会吸附在箍筋上，如图 6-36 所示。完成后将文件保存为"6-36 创建柱纵筋.rvt"。

③ 选中钢筋，设置可见性，进入三维视图中，详细程度设为"精细"，视觉样式设为"真实"，效果如图 6-37 所示。

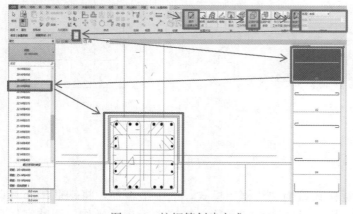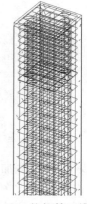

图 6-36　柱钢筋创建完成　　　　　　　图 6-37　柱钢筋三维显示

6.4　放置钢筋——创建基础钢筋

打开第 5 章保存的"5-81 某综合楼模型.rvt"项目文件，此处以 2 层⑫轴、Ⓐ轴交点处的独立承台为例创建基础钢筋。该独立承台的钢筋均为 HRB400、直径 14mm、间距 100mm 的三向环筋。

① 进入"承台底"平面视图。

② 创建承台的剖面，点击"视图"选项卡中的"剖面"绘制"剖面 1"和"剖面 2"，进入"剖面 1"平面视图，如图 6-38 所示。

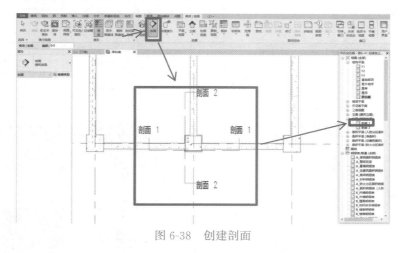

图 6-38　创建剖面

③ 创建三向环筋。进入"剖面 1"平面视图，使用"钢筋"工具，选择"钢筋形状：33"，选择"14HRB400"类型钢筋；放置方法设为"展开以创建主体"；放置平面设为"近保护层参照"；放置方向设为"平行于工作平面"；钢筋集布局选择"最大间距"，间距设为"100mm"，如图 6-39 所示。

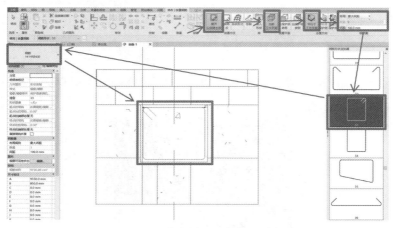

图 6-39　创建"剖面 1"方向上钢筋

④ 分别进入"剖面 2"与"承台底"平面视图，重复步骤③的操作绘制钢筋，如

图 6-40、图 6-41 所示。

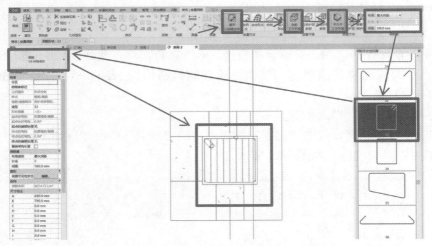

图 6-40　创建"剖面 2"方向上钢筋

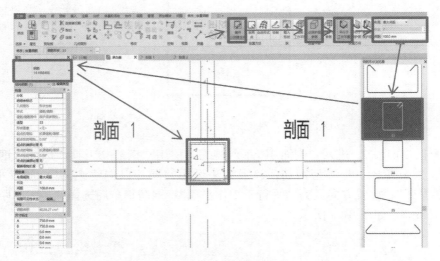

图 6-41　创建"承台底"方向上钢筋

⑤ 独立承台基础配筋完成，如图 6-42 所示。完成后将文件保存为"6-42 创建独立承台三向环筋．rvt"。

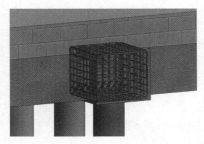

图 6-42　独立承台钢筋三维图

6.5　面积钢筋——创建板钢筋

打开第 5 章保存的"5-81 某综合楼模型.rvt"项目文件，此处以 2 层⑪—⑬轴、Ⓐ—Ⓒ轴的楼板为例创建板钢筋。

使用面积钢筋创建楼板钢筋：进入"F2"平面视图，选择"结构"选项下"钢筋"面板中的"面积"工具，为楼板创建底部的主筋和分布筋：底部主筋为 12HRB400、间距 200mm，底部分布筋为 10 HRB400、间距 200mm；顶部无钢筋，如图 6-43 所示。板钢筋三维视图，如图 6-44 所示。完成后将文件保存为"6-44 用'面积'创建楼板钢筋.rvt"。

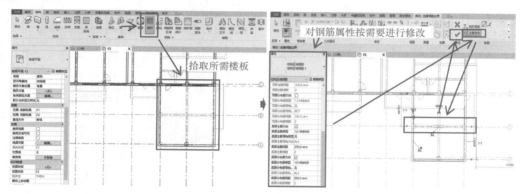

图 6-43　用"面积"钢筋创建板钢筋

图 6-44　用"面积"钢筋创建板钢筋三维图

☞　技巧与提示

➢ 面积钢筋是一个整体，无法对其单独调整，可删除这一整体关系，即选中区域钢筋，单击上下文选项卡中的"删除区域系统"。

6.6　路径钢筋——创建板钢筋

打开第 5 章保存的"5-81 某综合楼模型.rvt"项目文件，此处以 2 层⑪—⑬轴、Ⓐ—Ⓒ轴的楼板为例创建板钢筋。

使用区域钢筋、路径钢筋创建楼板钢筋：进入"F2"平面视图，选择"结构"选项下"钢筋"面板中的"路径"工具，添加板四周的上部钢筋：钢筋为 12HRB40，间距为

150mm，长度为150mm，沿楼板四周顺时针创建路径钢筋，如图6-45所示。主筋形状为"21"，如图6-46所示。绘制完成的板钢筋三维图如图6-47所示。完成后将文件保存为"6-47用'路径'创建楼板钢筋.rvt"。

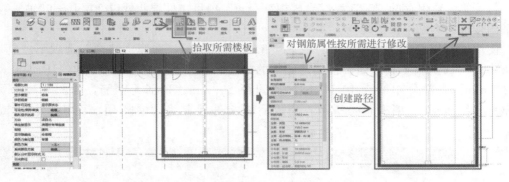

图 6-45　用"路径"钢筋创建板钢筋

钢筋形状：21

图 6-46　钢筋形状图

图 6-47　用"路径"钢筋创建板钢筋三维图

6.7　钢筋属性

在 Revit 中定义了钢筋属性，主要内容有钢筋类型、钢筋的编号、钢筋样式、布置规则和钢筋的可见性。其又针对不同的属性内容分为实例属性和类型属性。

（1）钢筋实例属性

选中绘制的某一钢筋，在如图 6-48（a）所示钢筋"属性"面板中显示的相关实例参数及含义如下：

① 钢筋编号：指定选定钢筋的编号，如果指定给分区，则具有相同类型、大小、形状和材质的钢筋会共享编号。

② 样式：指定弯曲半径控件为"标准"或"镫筋/箍筋"。

③ 造型：钢筋形状的编号，如 01 代表直长直筋，33 代表箍筋，53 代表螺旋钢筋。

当选择 53 时，"属性"对话框中会出现"顶部/底部面层匝数"选项：仅用于螺旋钢筋，指定用来闭合螺旋钢筋底部的完整线圈匝数。

④ 舍入替换：指定选定类型的钢筋舍入参数，单击"编辑"按钮，在打开的对话框中可设定钢筋长度和钢筋段长度的舍入计算规则。

⑤ 视图可见性状态：设置钢筋的查看状态（操作方法见 6.2.3 节）。

⑥ 钢筋体积（只读）。

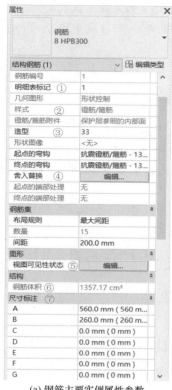

(a) 钢筋主要实例属性参数

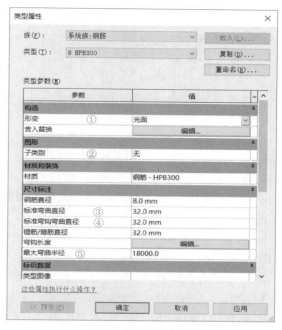

(b) 钢筋主要类型属性参数

图 6-48　钢筋属性

⑦ 尺寸标注：不同形状钢筋尺寸标注的主要参数，由字母 A、B、C 等指定。如箍筋中的 A 指高度，B 指宽度。钢筋长度：单条钢筋长度（只读）。总钢筋长度：钢筋集中所有钢筋总长度（只读）。

（2）钢筋类型属性（图 6-48b）

① 形变：为选定钢筋类型指定形变参数，可选光面或螺纹两种。

② 子类别：用于按子类别提供钢筋的图形替换。要创建新的子类别，请单击"管理"选项卡—"设置"面板—"对象样式"。在"结构钢筋"类别中，在主类别下添加新的子类别。

③ 标准弯曲直径：指定所选钢筋类型的非弯钩弯曲直径。

④ 标准弯钩弯曲直径：指定所选钢筋类型的弯钩弯曲直径。

⑤ 最大弯曲半径：指定了钢筋明细表的"最大弯曲半径"，其目的是平衡在场地中由于弯曲直径较大而弯曲的钢筋。

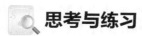 **思考与练习**

1. 下列关于钢筋保护层厚度说法正确的是（　　　）。

A. 最外层钢筋的外缘至混凝土表面　　　B. 主筋表面至混凝土表面

C. 主筋形心至混凝土表面　　　　　　　D. 箍筋形心至混凝土表面

2. 大弯曲半径是指定了钢筋明细表的（　　），其目的是平衡场地中由于弯曲直径较（　　）而弯曲的钢筋。

A. 最小弯曲半径，小　　　　　　　　　B. 最大弯曲半径，大

C. 最大弯曲直径，大　　　　　　　　　D. 最小弯曲直径，小

3. 钢筋的放置方向不包括（　　）。

A. 平行于工作平面　　　　　　　　　　B. 垂直于工作平面

C. 平行于保护层　　　　　　　　　　　D. 垂直于保护层

4. 在钢筋混凝土结构中，用来固定梁内钢箍的位置，构成梁内的钢筋骨架的钢筋是（　　）

A. 箍筋　　　　　　　　　　　　　　　B. 受力筋

C. 架立筋　　　　　　　　　　　　　　D. 分布筋

5. 为了更改钢筋形状的方向，在放置期间按（　　）键可以调整钢筋形状在边界框内的方向。

A. 空格　　　　　　　　　　　　　　　B. Shift

C. Ctrl　　　　　　　　　　　　　　　D. Alt

6. 下列柱的平法标注解读中，说法不正确的是（　　）。

A. 标注"φ10@100/200"，表示箍筋是 HRB300 级钢筋，直径是 10mm

B. 标注"φ10@100/200"，表示箍筋加密区间距为 100mm，非加密区为 200mm

C. 标注"KZ650×600"，表示该柱为框架柱，柱截面尺寸为 650mm×600mm

D. 标注"KZ11"，表示该柱为框架柱，其序号为 11

7. 根据以下信息创建柱钢筋模型。柱混凝土保护层厚度为 25mm；柱截面尺寸为 650mm×600mm；柱高为 3.6m；全部纵筋为 24 根直径为 22mm 的 HRB400 级钢筋；箍筋为 HPB300 级钢筋，直径为 10mm，加密区间距 100mm，非加密区间距 200mm。

8. 根据以下信息创建梁钢筋模型。梁混凝土保护层厚度为 25mm；梁截面尺寸为 300mm×650mm；箍筋为 HPB300 级钢筋，直径为 10mm，间距 200mm，4 肢箍；梁上部配置 4 根直径为 22mm 的 HRB400 级钢筋；梁下部配置 4 根直径为 20mm 的 HRB400 级钢筋；梁的两侧共配置 6 根直径为 22mm 的 HRB400 级钢筋，每侧各配置 3 根，拉筋为直径为 10mm 的 HPB300 钢筋。

9. 根据以下信息使用"面积钢筋"工具创建板钢筋模型。板长为 4200mm，板宽为 3600mm；板底部主筋为直径 10mm 的 HRB400 级钢筋、间距 100mm；底部分布筋为直径为 10mm 的 HRB400 级钢筋、间距 100mm；顶部无钢筋。

10. 根据图 6-49，创建柱模型、梁模型和梁钢筋模型。其中，柱、梁混凝土强度等级为 C30，均沿轴线对称布置；梁混凝土保护层厚度 20mm，柱截面尺寸为 600mm×600mm；柱底标高 0.000m，梁顶标高 8.400m；纵梁端部锚固为 90°弯钩，弯钩长度 330mm，左跨梁端筋加密区和上部非贯通筋范围为 2100mm、右跨梁端筋加密区和上部非贯通筋范围为 1100mm。如图 6-49 所示，在梁端和跨中创建 6 个断面。

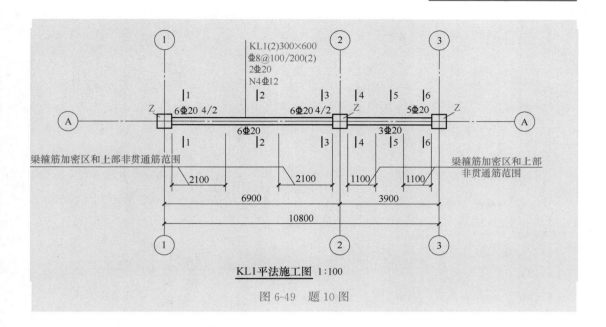

图 6-49 题 10 图

第 7 章

明细表及模型数据
统计标识

Chapter 07

本章将通过明细表的创建与导入导出、房间面积的统计与标识，讲解完成BIM模型创建后，进一步对其中蕴含的相关数据在模型中进行统计标识，也可以表格的形式获取项目应用中所需要的各类项目信息的方法。

7.1 明细表

明细表是Revit软件中的重要组成部分。明细表可以从所创建的Revit模型中获取项目应用中所需要的各类项目信息，并将其以表格的形式直观地表达。Revit可以分别统计模型图元数量、材质数量、图纸列表、视图列表、注释块列表和图形柱明细表等。

7.1.1 创建明细表

以建筑图元"窗"构件为例创建明细表，主要操作过程如下：

① 打开第5章保存的"5-81某综合楼模型.rvt"项目文件，在"视图"选项卡中，单击"明细表"命令，选择"明细表/数量"，如图7-1所示。

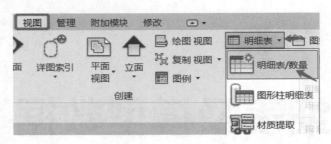

图7-1 打开明细表

② 在弹出的图7-2"新建明细表"对话框中，选择要统计的分类，如"窗""门"等。

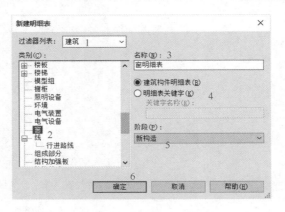

图7-2 "新建明细表"对话框

③ 在"明细表属性"对话框中，在图7-3字段选项卡选择要统计的字段，如"标高""高度""宽度""类型""注释""合计""框架类型"等，单击"添加（A）"按钮；在图7-4外观选项卡设置明细表的线条及文字，最后点击确定。

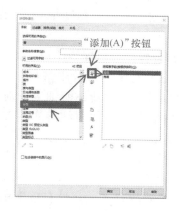

图 7-3　字段选项卡

图 7-4　外观选项卡

☞　技巧与提示

➢ 可以使用明细表字段的许多类型创建过滤器，包括：文字、编号、整数、面积、体积、长度、是/否、楼层和关键字明细表参数。

➢ 以下明细表字段不支持过滤：

• 族

• 类型

• 面积类型（在面积明细表中）

• 材质参数

➢ 明细表统计窗户朝向信息：

（1）点击"管理"选项卡下的"设置"面板上的"项目参数"，在"项目参数"对话框中点击"添加"，在"参数属性"对话框中添加"名称"为"朝向"，"参数类型"为"文字"，"参数分组方式"为"其他"，类别选择为"窗"，最后依次点击"确定"，如图 7-5 所示。

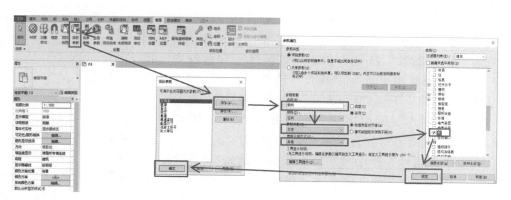

图 7-5　添加项目参数

（2）此后在窗户的属性中就多了一个"朝向"的属性，在"朝向"后面的栏中添加上窗的朝向，例如"南"，如图 7-6 所示。此后在创建窗明细表时，在"明细表属性"对

图 7-6　修改"朝向"属性

话框的"字段"中添加"朝向"参数，窗明细表就会统计出窗的朝向。

➢ 明细表统计"公制常规模型"所建族体积：

在"视图"选项卡下的"创建"面板中选择"明细表"下拉选项中的"明细表/数量"，在"新建明细表"对话框中选择"常规模型"，点击"确定"，在"明细表属性"的"字段"对话框中添加"常规模型"，如图 7-7 所示。即可统计出"公制常规模型"所建族体积，如图 7-8 所示。

➢ 明细表统计用钢量：

Revit 中的明细表统计钢筋的时候，并没有重量相关的参数，因此需要通过"添加参数"的方式来统计重量。

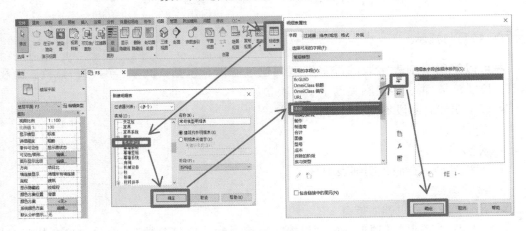

图 7-7　统计"公制常规模型"体积

（1）打开第 6 章保存的"6-42 创建独立承台三向环筋.rvt"项目文件，在"视图"选项卡下的"创建"面板中选择"明细表"下拉选项中的"明细表/数量"，在"新建明细表"对话框中选择"结构钢筋"，点击"确定"，在"钢筋表属性"对话框中，点击"添加参数"按钮，在"参数属性"对话框中，将"名称"填为"每延米重量"，"规程"选择"公共"，"参数类型"选择"数值"，"参数分组方式"选择"其他"，点击"确定"，如图 7-9 所示。即可得到如图 7-10 明细表，明细表中"每延米重量"直接填写数值即可，假设单位为"kg/m"。

（2）点击"属性"栏中"字段"后的"编辑"，在"明细表属性"对话框下"字段"中点击"添加计算参数"按钮，在"计算值"对话框中，将"名称"改为"钢筋重量"，"公式"改为"总钢筋长度×每延米重量/1000"，依次点击"确认"，如图 7-11 所示。最终得到统计钢筋重量的"钢筋明细表"，如图 7-12 所示。完成后将文件以文件名"7-12 创建钢筋明细表.rvt"保存。

<常规模型明细表>	
A	B
族	体积
散水	0.58
散水	0.24
散水	4.89
散水	1.78
散水	0.50
散水	1.16
散水	0.31
散水	0.55
散水	0.12
散水	0.16
散水	1.52
散水	0.61
散水	0.37
坡屋面	90.06

图 7-8　常规模型明细表

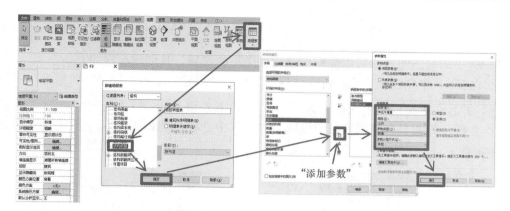

图 7-9 添加"每延米重量"参数

\<钢筋明细表\>			
A	B	C	D
族与类型	钢筋直径	总钢筋长度	每延米重量
钢筋: 14 HRB400	14 mm	3271 mm	0.617
钢筋: 14 HRB400	14 mm	26168 mm	0.617
钢筋: 14 HRB400	14 mm	27639 mm	0.617
钢筋: 14 HRB400	14 mm	27639 mm	0.617

图 7-10 明细表

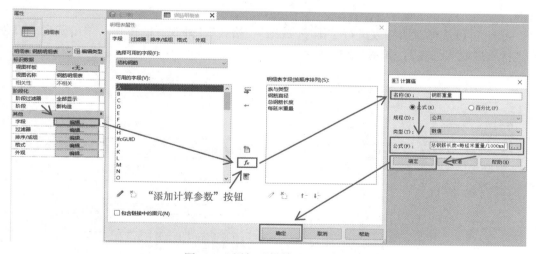

图 7-11 添加"钢筋重量"参数

\<钢筋明细表\>				
A	B	C	D	E
族与类型	钢筋直径	总钢筋长度	每延米重量	钢筋重量
钢筋: 14 HRB400	14 mm	3271 mm	0.617	2.018218
钢筋: 14 HRB400	14 mm	26168 mm	0.617	16.145743
钢筋: 14 HRB400	14 mm	27639 mm	0.617	17.053361
钢筋: 14 HRB400	14 mm	27639 mm	0.617	17.053361

图 7-12 最终"钢筋明细表"

7.1.2　创建材质明细表

Revit 中的材质明细表可以提取所选构件类型的材质，其创建步骤如下：

① 在 Revit 中创建模型后，可在"视图"下的"创建"面板中选择"明细表"下拉按钮，并且在下拉列表中选择"材质提取"，如图 7-13 所示。

② 在打开的图 7-14 "新建材质提取"对话框中，将过滤器类别设为建筑，类别设为墙，单击确定。

图 7-13　打开"材质提取"

图 7-14　"新建材质提取"对话框

③ 弹出"材质提取属性"对话框，指定材质提取属性，在图 7-15 "字段"选项卡中，可从字段的列表框中选择需要统计的字段，单击添加即可将其移动到明细表字段的列表框中。

④ 也可以选择对明细表进行"排序/成组""格式""外观"的操作，单击确定后以创建"材质提取明细表"，如图 7-16 所示。

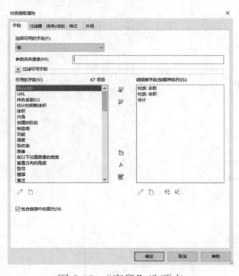

图 7-15　"字段"选项卡

图 7-16　材质提取明细表

7.1.3　图元排序成组分类统计

在"明细表属性"对话框（或"材质提取属性"对话框）的"排序/成组"选项卡上，

可以指定明细表中行的排序选项。也可选择显示某个图元类型的每个实例，或将多个实例层叠在单行上。在明细表中可以按任意字段进行排序，但"合计"除外，如图7-17所示。

（1）设置排序方式，勾选"总计"，在右侧选项栏选择"合计与总数"。

（2）勾选"逐项列举每个实例"。

（3）将总计添加到明细表中：选择标题、合计和总数。其中："标题"显示页眉信息；"合计"显示组中图元的数量。标题和合计左对齐显示在组的下方。"总数"在列的下方显示其小计，小计之和即为总计。具有小计的列的范例有"成本"和"合计"。

可以使用"格式"选项卡添加这些列。其中："合计和总数"显示合计值和小计；"仅总数"仅显示可求和的列的小计信息。

（4）排序明细表中的字段，在"明细表属性"对话框的"排序/成组"选项卡上，可以指定明细表中行的排序选项，还可以将页眉、页脚以及空行添加到排序后的行中。也可选择显示某个图元类型的每个实例，或将多个实例层叠在单行上。

图 7-17 明细表排列组成

☞ 技巧与提示

➤ 勾选"逐项列举每个实例"样式，如图7-18所示，另存为"7-18逐项列举窗明细表.rvt"项目文件。

➤ 不勾选"逐项列举每个实例"样式，如图7-19所示，另存为"7-19不逐项列举窗明细表.rvt"项目文件。

7.1.4 修改明细表外观

将页眉、页脚以及空行添加到排序后的行中，如图7-20所示。

（1）勾选"网格线""轮廓"；在后面的下拉菜单中进行设置。

（2）单击"确定"生成相应的表格。

〈窗明细表〉

A	B	C	D	E
族与类型	宽度	高度	标高	合计
C0907: C0907	900	700	F1	1
C0907: C0907	900	700	F1	1
C0907: C0907	900	700	F1	1
C0907: C0907	900	700	F1	1
C0907: C0907	900	700	F1	1
C0907: C0907	900	700	F1	1
C0907: C0907	900	700	F1	1
C0907: C0907	900	700	F3	1
C0907: C0907: 8				
C1821: C1821	1800	2100	F1	1
C1821: C1821	1800	2100	F1	1
C1821: C1821	1800	2100	F1	1
C1821: C1821	1800	2100	F1	1
C1821: C1821	1800	2100	F1	1
C1821: C1821	1800	2100	F1	1
C1821: C1821	1800	2100	F1	1
C1821: C1821	1800	2100	F1	1
C1821: C1821	1800	2100	F1	1
C1821: C1821	1800	2100	F2	1
C1821: C1821	1800	2100	F2	1
C1821: C1821	1800	2100	F2	1
C1821: C1821	1800	2100	F2	1
C1821: C1821	1800	2100	F2	1
C1821: C1821	1800	2100	F2	1
C1821: C1821	1800	2100	F2	1
C1821: C1821	1800	2100	F2	1
C1821: C1821	1800	2100	F3	1
C1821: C1821	1800	2100	F3	1

图 7-18　逐项列举窗明细表

〈窗明细表〉

A	B	C	D	E
族与类型	宽度	高度	标高	合计
C0907: C0907	900	700		8
C0907: C0907: 8				
C1821: C1821	1800	2100		37
C1821: C1821: 37				
C1821: FC1821	1800	2100	F1	1
C1821: FC1821: 1				
C2415: C2415	1000	1500	F1	1
C2415: C2415: 1				
C2721: 3600 x 24	2700	2100		22
C2721: 3600 x 2400mm: 22				
平开窗A2: C0609	600	900	屋顶	6
平开窗A2: C0609: 6				
总计: 75				

图 7-19　不逐项列举窗明细表

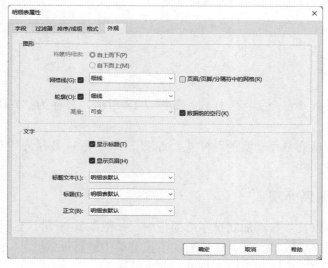

图 7-20　明细表外观

7.1.5　明细表格式

明细表的"条件格式"可根据筛选要求在表中自动标记，其创建步骤如下：

（1）以第 7 章保存的"7-19 不逐项列举窗明细表．rvt"项目文件的"窗明细表"为例，首先在明细表中添加"底高度"字段。点击"属性"栏中"字段"后的"编辑"，选择"明细表属性"对话框"字段"选项下"可用的字段（V）"中的"底高度"，点击"添加"，最后点击"确定"，如图 7-21 所示。

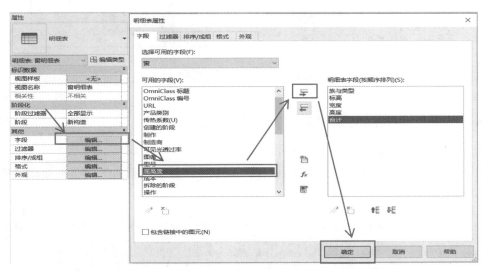

图 7-21　添加"底高度"字段

（2）添加"条件格式"。点击"属性"栏中"格式"后的"编辑"，在"明细表属性"对话框中"格式"选项下的"字段"中选择"底高度"，然后点击"条件格式"，在"条件格式"对话框中的"字段"选择"底高度"，"测试"选择"大于"，"值（V）"填写为"900"，"背景颜色（E）"选择为"红色"，依次点击"确定"，如图 7-22 所示。操作完成

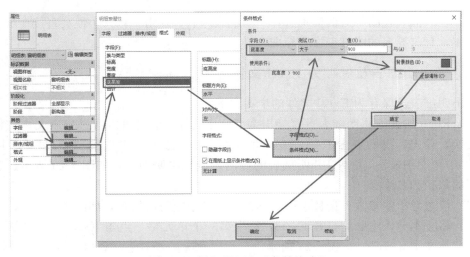

图 7-22　添加明细表"条件格式"

后，明细表中会标红底高度大于 900mm 的窗，如图 7-23 所示。完成后将文件保存命名为"7-23 窗明细表格式.rvt"。

<窗明细表>					
A	B	C	D	E	F
族与类型	标高	宽度	高度	底高度	合计
C0907: C0907		900	700	1800	8
C1821: C1821		1800	2100		37
C1821: FC1821	F1	1800	2100	900	1
C2415: C2415	F1	1000	1500	1050	1
C2721: 3600 x 240		2700	2100	1000	22
平开窗A2: C0609	屋顶	600	900	0	6

图 7-23　窗明细表"条件格式"

7.1.6　从外部导入明细表文件

从外部导入明细表文件具体步骤如下：

（1）选择"插入"选项下"从库中载入"面板中"从文件插入"的下拉菜单"插入文件中的视图"选项，如图 7-24 所示。

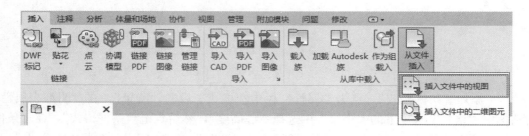

图 7-24　插入文件中的视图

（2）在"插入视图"对话框中选择"明细表"后，点击"打开"便会直接在项目中生成明细表，且与导入的明细表设置标准一样。

7.1.7　导出明细表及保存为 Excel 文件

导出明细表及保存为 Excel 文件的步骤如下：

（1）Revit 中无法将明细表直接导出为 Excel 文件，但是可以通过导出文本文件来间接地转换，首先，我们点击 Revit 右上角的"文件"选项卡中选择"导出"，然后选择"报告"中"明细表"。需要打开明细表的视图才能导出明细表，如图 7-25 所示。选择文件保存的路径和名称。

（2）设置导出的参数，记住字段分隔符和文字限定符的设置，如图 7-26 所示。

（3）将文本导入电脑后打开 Excel，选中第一个单元格，点击 Excel 中的"数据"选项中的"从文本/CSV"，如图 7-27 所示。

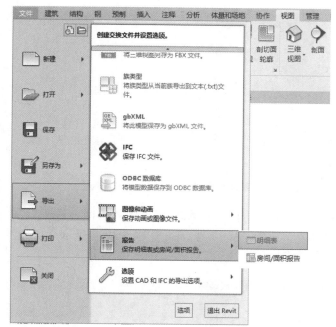

图 7-25　导出明细表

图 7-26　导出明细表设置

图 7-27　Excel 打开导出明细表

7.2　统计房间面积

明细表可汇总相关图元及材料，但是房间面积和体积需要单独标记和统计。本节以统计某综合楼 F1 平面视图为例进行操作方法讲解。

7.2.1　创建房间和房间标记

创建房间和房间标记的步骤如下所示：

（1）以第 5 章保存的"5-81 某综合楼模型.rvt"项目文件为例，在"项目浏览器"面板中打开"F1"平面视图。

（2）设置面积和体积计算规则：点击"建筑"选项卡→在"房间和面积"中展开面板，单击"面积和体积计算"选项〔该选项默认在折叠状态，如图 7-28（a）所示，单击▼，则面板展开，如图 7-28（b）所示，单击左下角 📌 图标可将展开面板固定，再次单击恢复折叠状态〕，在打开的对话框"计算"选项板中选"仅按面积""在墙面面层"（图 7-28c）。

(a)　　　　　　　　　　(b)　　　　　　　　　　(c)

图 7-28　设置面积和体积计算规则

（3）创建房间标记：单击"建筑"选项卡"房间和面积"面板中"房间"选项，如图 7-28（a）所示，在功能区出现的"修改｜放置 房间"上下文选项卡中会显示"房间"及"标记"面板，如图 7-29 所示。

图 7-29　"修改｜放置 房间"上下文选项卡

① 选择"自动放置房间"：在当前标高上的所有边界上的闭合区域中放置房间，如图 7-30（a）所示。

② 选择"高亮显示边界"：将橘黄色高亮显示在当前标高上的所有边界上的闭合区域边界图元，如图 7-30（b）所示。

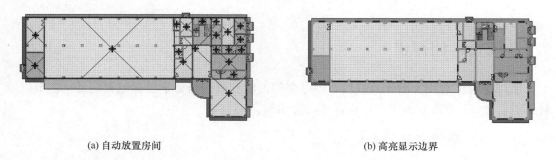

(a) 自动放置房间　　　　　　　　　　(b) 高亮显示边界

图 7-30　创建房间标记

③ 选择"在放置时进行标记"：为每一个图元在放置时进行标记。选择此项时，系统如图 7-31（a）提示，单击"是"，在弹出的"载入族"对话框-"标记"-"建筑"文件夹中选择某一可载入族，如"标记 _ 房间-有面积-施工-仿宋-3mm-0-80.rfa"，如图 7-31（b）所示。

④ 设置上下文选项卡中选项栏参数："上限"，指定从当前标高到房间上边界的标高，

(a) 载入房间标记提示　　　　　　　　　　　(b) 载入房间标记族

图 7-31　在放置时进行标记

即房间空间高度。"偏移"，在房间边界上限基础上的偏移距离。如当前视图为 F1 标高，上限指定为 F1 标高，偏移指定为 2500，则房间的标示高度 2500。勾选"引线"，则房间的标记将带有引线。"房间"，选择"新建"创建新房间，或者从列表中选择一个现有房间，见图 7-29 选项栏。

⑤ 完成参数设置后，在绘图区封闭房间区域依次放置步骤③中选择的房间标志，如图 7-32 所示。

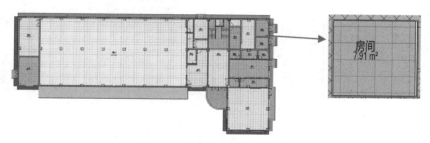

图 7-32　创建的房间及房间标记

（4）房间分隔：对未封闭的区域或大的空间区域进行分割时可以选用"房间分隔"命令，选择直线、弧线等相应的工具进行分割，例如将图 7-32 停车区分割出一个小区域作为维修区域，如图 7-33（a）中 1 所示，分割后的维修区域可以重新标注房间及面积，如图 7-33（a）中 2 所示。

(a) 房间分隔　　　　　　　　　　　　　　(b) 修改房间名称

图 7-33　房间分隔及编辑房间名称

（5）编辑房间名称：可以直接双击房间名称，在文本框中逐一修改名称即可，如图 7-33（b）所示，根据配套资源中的一层平面图完成所有房间标记。完成后将文件保存命名为"7-33 创建房间及房间标记.rvt"。

7.2.2　添加房间图例

1. 新建房间图例视图

为了保留定义好的房间图例，通常需要定义单独的房间图例视图，操作方法如下：

① 切换到 F1 视图，在"浏览器"面板楼层平面中"F1"视图上单击鼠标右键，在弹出的菜单中选择"复制视图—复制"，如图 7-34（a）所示，则生成"F1-副本 1"。

② 在生成的复制视图上单击右键，选"重命名"，如图 7-34（b）所示，在可编辑的视图名中输入"F1-房间图例"，如图 7-34（c）所示，完成新建房间图例视图。

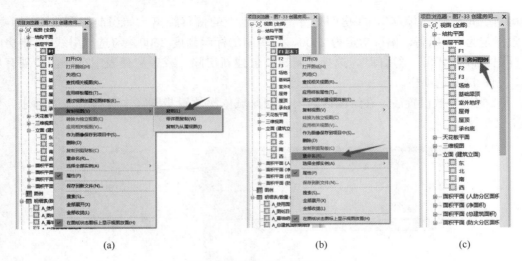

（a）　　　　　　　　　　（b）　　　　　　　　　　（c）

图 7-34　新建房间图例视图

2. 参照 7.2.1 节，完成房间标记

☞　**技巧与提示**

➤ 快捷键 VV，打开"可见性对话框"—"注释类别"选项卡，不勾选"剖面、剖面框、参照平面、立面、轴网"等与房间配色方案无关项。

3. 颜色方案

完成房间标记后可以添加房间图例，并采用颜色填充等方式更清晰地表现房间范围与分布。对于使用颜色方案的视图，颜色填充图例是颜色标识的关键所在，操作步骤如下：

（1）定义颜色方案：在"建筑"选项卡中展开"房间和面积"面板，单击"颜色方案"选项，如图 7-28（b）所示。

（2）打开"编辑颜色方案"对话框，方案类别选择"房间"，如图 7-35 中 1 所示，复制颜色方案 1 命名为"房间颜色按名称"，如图 7-35 中 2 所示，方案标题改为"按名称"，颜色选择"名称"，如图 7-35 中 3、4 所示，完成房间颜色方案编辑，单击确定，完成颜色方案定制。

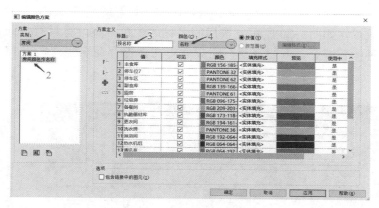

图 7-35　房间颜色方案编辑

4.放置房间图例

（1）转到平面视图，在"注释"选项卡下"颜色填充"面板中选择"颜色填充图例"选项，如图 7-36 所示。

图 7-36　"颜色填充图例"选项

（2）在视图空白区域放置图例，会弹出"选择空间类型和颜色方案"对话框，如图 7-37 所示。在空间类型中选择"房间"，在颜色方案中选"房间颜色按名称"。

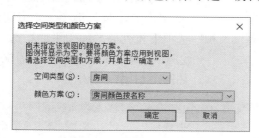

图 7-37　"选择空间类型和颜色方案"对话框

☞　技巧与提示

➤ 也可在放置房间图例前，在"属性"对话框单击"颜色方案"按钮，在打开的对话框中选择图 7-37 中定义的"房间颜色按名称"方案。

（3）若放置好的图例是没有定义颜色方案的，选中图例，在功能区"修改｜颜色填充图例"的"方案"面板中选择"编辑方案"工具，如图 7-38 所示。

图 7-38　"编辑方案"工具

（4）打开"编辑颜色方案"对话框，选择之前编辑好的颜色方案，应用并确定，完成房间颜色方案放置，如图7-39所示。按房间名称的配色方案，将具有相同名称相同功能的房间用同一种颜色填充，方便观察。完成后将文件保存命名为"7-39房间名称的'颜色'方案放置.rvt"。

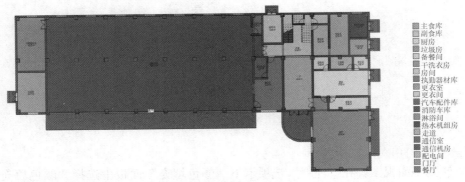

图7-39　完成按房间名称的"颜色"方案放置

7.2.3　面积和面积方案

面积是对建筑模型中的空间进行再分割形成的，可以建立新的面积平面视图，也可以统计某一类具有相同功能的面积，如可以统计人防分区面积、净面积、总建筑面积、防火分区面积等，其范围通常比各个房间范围大。面积不一定以模型图元为边界。可以绘制面积边界，也可以拾取模型图元作为边界。

图7-40　"面积平面"选项

（1）创建面积平面视图

① 单击"建筑"选项卡"房间和面积"面板中的"面积"选项下拉列表"面积平面"选项，如图7-40所示。

② 在"新建面积平面"对话框中，选择"净面积"类型，如图7-41中1所示。

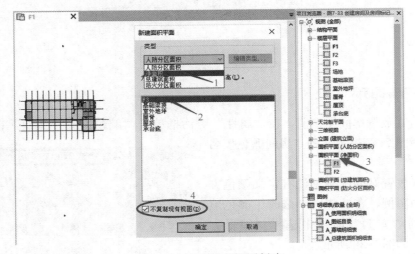

图7-41　面积平面视图创建

③ 为面积平面视图选择标高，如可选预览框中 F3 标高等，如图 7-41 中 2 所示（样板文件通常默认设置了标高 1 和标高 2 视图，本例中标高 1、标高 2 为 F1、F2，如图 7-41 中 3 所示）。

④ 要创建唯一的面积平面视图，勾选"不复制现有视图"复选框，如图 7-41 中 4 所示。要创建现有面积平面视图的副本，不勾选"不复制现有视图"复选框，单击"确定"。

（2）定义面积边界

定义面积边界，类似于房间分割，将视图分割成一个个面积区域。面积平面视图在"项目浏览器"中的"面积平面"下列出。

① 切换到项目浏览器"平面面积（净面积）"中 F1 视图，如图 7-41 中 3 所示，单击"建筑"选项卡"房间和面积"面板中的"面积 边界"按钮 面积 边界。

② 在"修改 | 放置 面积边界"上下文选项卡中选用"直线""矩形"等绘制工具，也可使用"拾取" 工具设置边界，如图 7-42 所示。

图 7-42　"面积边界"上下文选项卡

☞　技巧与提示

➤ 如果不希望 Revit 应用面积规则（图 7-42），可在上下文选项卡选项栏上不勾选"应用面积规则"复选框，并指定偏移参数值。

➤ 注意如果应用了面积规则，则面积标记的面积类型参数将会决定面积边界的位置。

（3）面积创建

以第 5 章保存的"5-81 某综合楼模型 .rvt"项目文件为例，演示面积创建的基本操作。

① 新建面积方案：单击"建筑"选项卡→展开"房间和面积"面板，单击"面积与体积计算"选项，在打开的"面积方案"对话框中单击"新建"，在新建的名称中输入"楼层总面积"，如图 7-43 所示。

图 7-43　新建面积方案

② 建立新视图类别：在"房间和面积"面板中单击"面积—面积平面"按钮（图 7-44a），在"属性"对话框中类型中选"楼层总面积"，选 F1 标高，则建立其面积视图（图 7-44b）。在弹出的询问"是否自动创建与外墙关联的自动边界线"中选"是"（图 7-44c），则在浏览器面板中可见新的视图类别"面积平面（楼层总面积）"（图 7-44d）。可将与总面积计算无关的图元如轴网等隐藏，使图面更清晰。

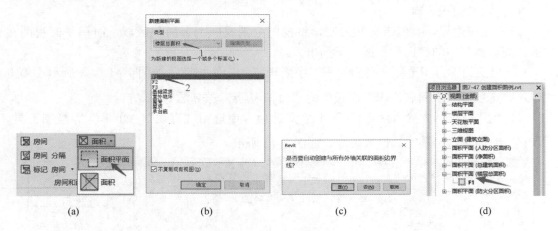

图 7-44　建立新视图类别

☞　技巧与提示

➤ 隐藏图元：可采用快捷键 VV，在"注释类别"对话框中关闭轴网等无关图元显示的选项（图 7-45a），也可以在绘图区轴网图元上单击右键，在弹出的菜单中选择"在视图中隐藏"—"类别"关闭轴网的显示，如图 7-45（b）所示。

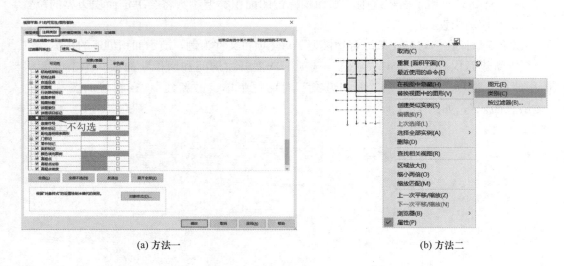

(a) 方法一　　　　　　　　　　　　　　　(b) 方法二

图 7-45　隐藏图元

③ 手动绘制面积边界：如果在图 7-44（c）中选择"否"，则在"房间和面积"面板中单击"面积 边界"按钮，拾取外墙线（不勾选"应用面积规则"），配合修剪命令形成封闭区域。

④ 放置面积标记：在浏览器中切换到"面积平面—楼层总面积"中的 F1 视图，在房间和面积面板中单击"面积—面积"按钮，如图 7-46（a）所示。使用"在放置时进行标记"，如未载入面积标记族，此时系统提示是否载入族，选择载入"标记-面积 . rfa"族，如图 7-46（b）所示，在绘图区选择面积区域（图 7-46c），修改面积名称为"一层总面积"，如图 7-46（d）所示。

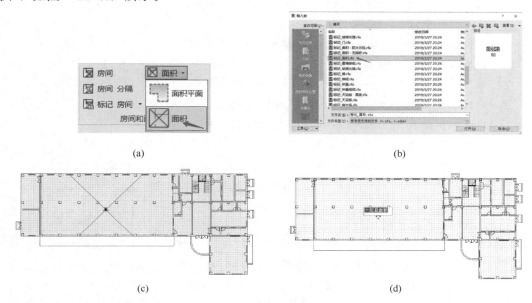

(a)

(b)

(c)

(d)

图 7-46　放置面积标记

⑤ 放置面积图例：在"建筑"选项卡中展开"房间和面积"面板，单击"颜色方案"选项，打开"编辑颜色方案"对话框，方案类别选择"楼层总面积"，颜色方案采用默认方案 1，方案标题改为"按名称"，颜色选择"名称"，完成楼层总面积颜色方案编辑。在"分析"选项卡下"颜色填充面板中"选择"颜色填充图例"选项，在视图空白区域放置图例，在弹出的"选择空间类型和颜色方案"对话框"空间类型"中选择"面积—楼层总面积"，在颜色方案中选"方案 1"，单击确定完成面积图例放置，如图 7-47 所示。完成后将文件保存为"7-47 创建面积图例 . rvt"。

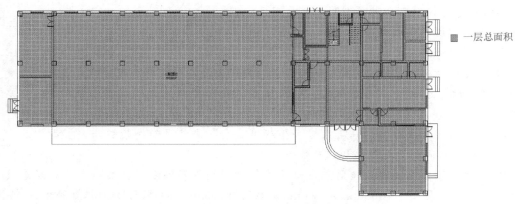

■ 一层总面积

图 7-47　面积图例的创建

面积图例的创建同房间图例的创建类似，可参照7.2.2节。

思考与练习

1. 若不想在明细表中统计长度低于2000mm的梁，可以（　　　）。

A. 在排序中按照长度排序，不考虑低于2000mm梁

B. 在明细表中设置相应的过滤条件

C. 选中全部低于2000mm梁，将其临时隐藏

D. 删除低于2000mm梁

2. 以下不属于BIM软件提供的明细表类型是（　　　）。

A. 建筑柱明细表　　　　　　B. 图形柱明细表

C. 关键字明细表　　　　　　D. 修订明细表

3. 在统计房间面积时，如果应用了面积规则，则面积标记的面积类型参数（　　　）决定面积边界的位置，且必须将面积标记放置在边界（　　　）才能改变面积类型。

A. 会，以内　　　　　　　　B. 会，以外

C. 不会，以内　　　　　　　D. 不会，以外

4. 常规明细表创建的流程为（　　　）。

A. "视图"选项卡→"明细表"下拉菜单→选择"明细表/数量"→在弹出的对话框中选择需要创建的明细类别并为新建的明细表命名→在明细属性表中设置字段、过滤器、排序/组成、格式和外观→单击确定完成明细表的创建

B. "视图"选项卡→选择"明细表/数量"→在弹出的对话框中选择需要创建的明细类别并为新建的明细表命名→"明细表"下拉菜单→在明细属性表中设置字段、过滤器、排序/组成、格式和外观→单击确定完成明细表的创建

C. "视图"选项卡→在弹出的对话框中选择需要创建的明细类别并为新建的明细表命名→选择"明细表/数量"→"明细表"下拉菜单→在明细属性表中设置字段、过滤器、排序/组成、格式和外观→单击确定完成明细表的创建

D. "视图"选项卡→在明细属性表中设置字段、过滤器、排序/组成、格式和外观→在弹出的对话框中选择需要创建的明细类别并为新建的明细表命名→选择"明细表/数量"→"明细表"下拉菜单→单击确定完成明细表的创建

5. Revit中提供哪几种类型明细表？

6. 如何利用明细表统计出"公制常规模型"所建族的体积？

7. 根据以下要求创建第4章思考与练习第8题"墙与门窗模型.rvt"的窗明细表。统计窗的族与类型、宽度、高度、底高度、朝向、合计，并计算总数；样式选择"分类合计个数、计算总数"；排序方式按"族与类型"升序排列并逐项列举每个实例；网格线为"细线"，轮廓为"宽线"；对齐方式为"中心线"。

8. 打开第5章保存的"5-81某综合楼模型.rvt"文件，创建某综合楼模型中房间明细表。统计房间的名称、面积以及数量。

9. 根据以下要求创建柱模型并输出柱的各类型钢筋明细表。柱混凝土保护层厚度为20mm；柱截面尺寸为650mm×600mm；柱高为3.6m；全部纵筋为20根直径为22mm

的 HRB400 级钢筋；箍筋为 HPB300 级钢筋，直径为 10mm，间距 100mm。

10. 根据图 7-48，建立混凝土板、梁模型以及板钢筋模型。其中，板的混凝土强度等级为 C30，保护层厚度为 15mm，板底部钢筋 45°弯钩，顶部锚固端 90°弯钩；边支撑梁的混凝土强度等级为 C30，截面尺寸 300mm×600mm。要求输出板钢筋明细表，并在适当位置标注尺寸，未标明尺寸处可自行定义。

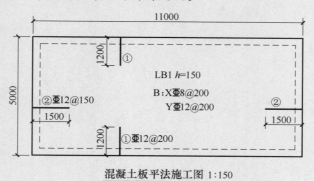

混凝土板平法施工图 1:150

图 7-48　题 10 图

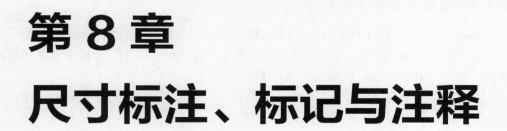

第 8 章
尺寸标注、标记与注释

Chapter **08**

Revit 中的标注、标记与注释方法是应用于建筑设计的方案构思和概念设计阶段的最重要的方法。Revit 软件中的标注、标记与注释方法多种多样，构件、标注类型也十分新颖，还可通过创建族，把很多无法显示的标注、标记与注释方法显示在项目中，具有高度的灵活性，相比于 CAD 来说，还是相当便利的。

本章结合"5-81 某综合楼模型 . rvt"项目文件介绍标注、标记与注释的相关内容，及在 Revit 中有关标注、标记与注释方法的相关操作。

8.1 尺寸标注

尺寸标注用来在对象表面之间标注对象的尺寸。在 Revit 中，尺寸标注属于注释类图元，用来标注构件的空间尺寸，包括高、宽和深度，尺寸标注还可以标注对象的角度、半径、直径和弧长。尺寸标注是系统族，它具有用户可编辑的参数。用户通过复制一个现有的尺寸标注类型并设定用户属性参数值从而创建用户自定义尺寸标注类型。新的用户自定义尺寸标注类型可以增加到属性对话框的类型选择器中，面板内还存在相关的属性。

8.1.1 设置尺寸标注样式

Revit 中可以使用注释工具，进行标注图纸尺寸，具体步骤如下：

（1）开启 Revit 图纸，单击"注释"选项卡，在"尺寸标注"面板中选择相应的标注类型，如"对齐"标注，如图 8-1（a）所示。

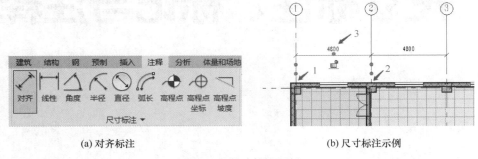

(a) 对齐标注　　　　　　　　　　　　(b) 尺寸标注示例

图 8-1　尺寸标注面板

（2）鼠标左键依次单击 1 轴线、2 轴线，向上拖拽到 3，系统会自动生成标注，单击空白处会自动退出尺寸标注，如图 8-1（b）所示。

（3）选择某一标注，在"属性"对话框上单击"编辑类型"按钮，在打开的"类型属性"对话框中首先单击"复制"，定义新的文字类型，如"GB-3.5mm ISOCP"。在"类型参数"区域内可参照相关国标修改文字颜色为"绿色"，文字大小为 3.5，文字字体为"ISOCP"（一种显示数字和字母较接近国标仿宋字体的文字字体），如图 8-2（a）所示。新尺寸标注样式如图 8-2（b）所示。

8.1.2 不同图元对象的尺寸标注

（1）命令及提示

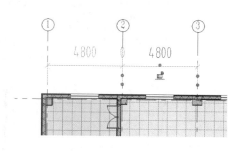

(a)"标注样式类型属性"对话框　　　　　　(b)新尺寸标注样式

图 8-2　设置尺寸标注样式

① 尺寸标注：快捷键为"DI"，直接输入"DI"，即可跳转到"尺寸标注"进行操作。

② 注释样式：可以创建或修改项目中的引线箭头、文字注释、尺寸标注和载入的标记样式。

③ 文字注释：若要记录设计，将文字注释添加到图形中（带有引线或不带引线），修改文字样式（如果需要）。

（2）操作方法

单击"注释"选项卡会出现"尺寸标注"选项，如图 8-3 所示。选择标注类型，如"线性"标注，单击"线性"，在模型中进行线性标注，如图 8-4 所示。

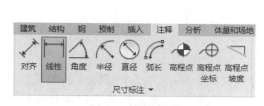

图 8-3　线性标注

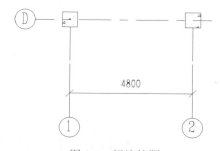

图 8-4　标注柱距

① 对齐尺寸标注：在草图模式中可以在两个平行的参照平面、参照线、模型线、符号线间创建对齐尺寸标注，还可以在构件相互平行的边、一段线的顶点或构件角点创建。要创建单段尺寸标注，只需点击第一个图元然后点击第二个图元，点击第二个图元后，标注命令仍然处于活动状态，这时只要将光标移动到空白处点击就可以放置该单段尺寸标注了。如果在第二次点击后命令仍在活动状态时又点击了第三个图元，将创建连续尺寸标

注，要结束标注需要在合适的空白位置点击鼠标，如图8-5所示。

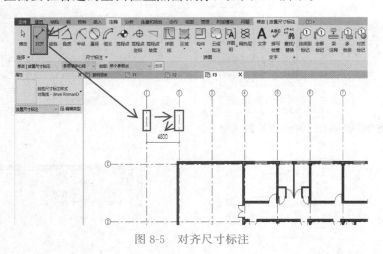

图8-5　对齐尺寸标注

② 角度标注：角度标注用来标注成角的两个图元，图元可以是一个形体的一个组成部分或其他形体的边。角度标注时前两次点击为要标注的边，第三次可以是合适位置的空白处或第三个图元，结束时都是在适当的空白处点击鼠标，如图8-6所示。

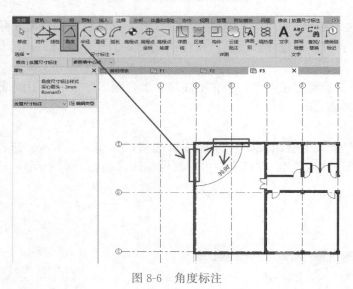

图8-6　角度标注

③ 半径标注：半径标注是标注圆或圆弧半径的工具。第一次点击要标注的曲线，移动鼠标可以预览标注的效果位置，然后在合适的位置点击第二次鼠标就可以创建半径标注，如图8-7所示。

④ 直径标注：直径标注用来标识圆或圆弧的直径。直径标注与半径标注的方法一样，如图8-8所示。

⑤ 弧长标注：弧长标注是标注圆弧长度的标注。第一次点击要标注的圆弧，这时光标显示禁止操作符号，第二次和第三次点击弧线图元的起点或终点，然后移动光标到合适的位置，在空白处点击第四次鼠标就可以创建该标注，如图8-9所示。

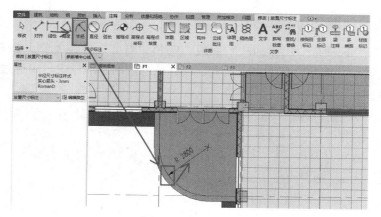

图 8-7 半径标注

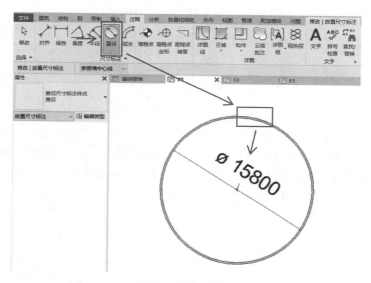

图 8-8 直径标注

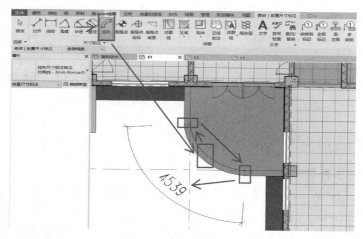

图 8-9 弧长标注

8.1.3　参照墙快速对齐尺寸标注

点击"注释"选项卡"尺寸标注"面板，选择"对齐"标注类型，出现如图 8-10 所示"修改｜放置尺寸标注"上下文选项卡，在红色框选的选项栏中，可通过修改捕捉和拾取参数，调整标注方式。

图 8-10　尺寸标注选项栏

（1）修改捕捉参数：在图 8-10 中用户可根据需要将标注捕捉改为参照"墙中心线""墙面""核心层中心""核心层表面"等多种方式（图 8-11）。

图 8-11　参照"墙面"选项栏

（2）修改拾取参数：当把拾取由"单个参照点"更改为"整个墙"以后，可以发现右侧的"选项"按钮高亮显示（图 8-11），点击选项按钮，在弹出的对话框中（图 8-12a）勾选捕捉洞口的宽度及捕捉相交轴网参数后，点击 F1 平面视图Ⓐ轴上的墙身即可完成如图 8-12（b）所示的标注，极大提高了标注效率。

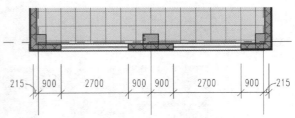

(a)"自动尺寸标注选项"对话框　　　　　　(b) 捕捉洞口宽度及相交轴网参照墙快速标注

图 8-12　参照墙快速对齐尺寸标注

8.1.4　尺寸标注的复制与多种对齐粘贴

Revit 中支持多种复制粘贴命令以提高建模效率。

1. Revit 中支持 Windows 的 Ctrl＋C、Ctrl＋V 操作（图 8-13），但是由于不能很好对齐，用户使用较少。

2. Revit 中"修改"选项卡"复制（CO）"命令：主要用来复制所在视图内的构件

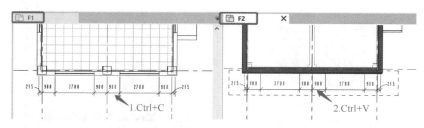

图 8-13　Windows 的 Ctrl＋C、Ctrl＋V 复制尺寸

（图 8-14a），如在前面章节多次使用的复制建立轴网、复制创建柱等。也可以复制尺寸标注，但是标注命令本身使用较为方便，因此用户使用也较少。

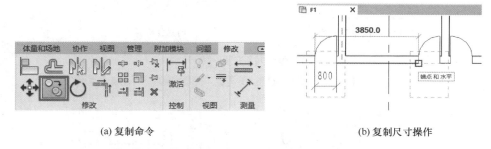

(a) 复制命令　　　　　　　　　　　　　　(b) 复制尺寸操作

图 8-14　利用复制命令在视图内复制尺寸

3. 复制到剪贴板与多种对齐粘贴

Revit 中的"修改"选项卡的"复制到剪贴板"命令［图 8-16（a）中 1］与多重粘贴命令配合［图 8-16（a）中 2］具有强大的功能。如完成 F1 楼层平面尺寸标注后，可进行楼层间尺寸复制。主要操作过程如下：

（1）选择 F1 楼层平面Ⓔ轴上的 3 道尺寸标注（图 8-15），单击"修改"选项卡"剪贴板"面板中的"复制到剪贴板"命令 🗊，如图 8-16（a）中 1 所示。

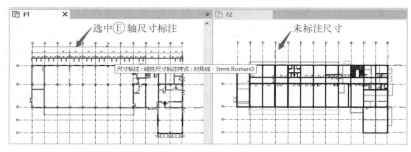

图 8-15　选择 F1 楼层平面Ⓔ轴上的 3 道尺寸标注

（2）选择"粘贴"选项［图 8-16（a）中 2］中的"与选定的视图对齐"选项［图 8-16（a）中 3］。

（3）在弹出的"选择视图"对话框中选择"楼层平面：F2"楼层视图，如图 8-16（b）中 1 所示，点击确定后即可实现楼梯楼层间图元的快速复制。

观察 F2 楼层平面，已完成Ⓔ轴的尺寸标注，如图 8-17 所示。

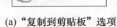

(a)"复制到剪贴板"选项

(b) 选择楼层

图 8-16　楼层间复制尺寸图元

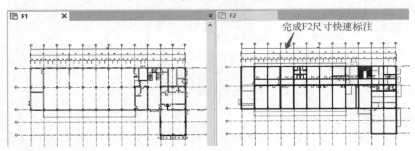

图 8-17　完成 F2 楼层Ⓔ轴的尺寸标注

☞　技巧与提示

➤ 扩展应用：若 F3 楼层为标准层（在"4-91 某综合楼主体结构及围护 . rvt"模型文件中增加 F3～F8 楼层平面），需建立 4～8 层的模型：可在 F3 及南立面选择所需图元（图 8-18a），参考图 8-16，选择"复制到剪贴板"命令，在粘贴命令菜单中选"与选定的标高对齐"，在弹出的"选择视图"对话框中选 F4～F8（图 8-18b），单击确定，删除多余图元，完成 F4～F8 楼层图元复制（图 8-18c）。若有超高层建筑，此命令能极大提高绘图效率。

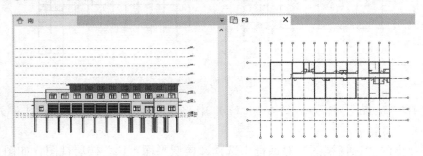

(a) 选择图元

图 8-18　"与选定的标高对齐"复制楼层图元（一）

(b) 选择标高

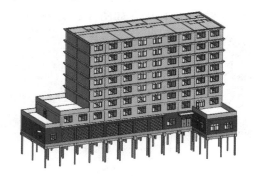
(c) 完成复制

图 8-18　"与选定的标高对齐"复制楼层图元（二）

8.1.5　编辑尺寸标注

鼠标双击尺寸 4800→弹出"尺寸标注文字"对话框，如图 8-19 所示→设置参数。

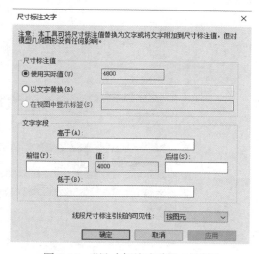

图 8-19　"尺寸标注文字"对话框

☞　技巧与提示

➤ 要想正确地修改尺寸标注，需要对 Revit 的术语和约定惯例有所了解，尺寸标注正常情况下能准确地反映模型的几何尺寸、位置等，除非改尺寸标注值经过"以文字替换"操作。在绘制草图线之前放置参照平面作为辅助线，同样在项目环境中放置构件前也要养成这样的习惯。在族环境中，详图线和模型线也经常用来做参照线，当然在创建好模型构件后要记得删除这些参照，除了参照平面和参照线外。在弹出"尺寸标注"对话框后，可以根据需求来对尺寸大小、文字高度、可见性等进行编辑。

➤ 对于墙厚 250mm，墙长为 4m 的剪力墙，混凝土强度等级为 C30，混凝土保护层厚度为 25mm，其建模及尺寸标注步骤如下：

（1）点击"结构"选项卡中"墙"下拉选项的"墙：结构"，如图 8-20 所示，选择"属性"栏中 250mm 的墙，如图 8-21 所示。

图 8-20　"墙：结构"选项

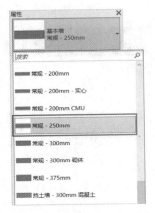

图 8-21　选择"250mm"基本墙

（2）点击"属性"栏中的"编辑类型"，在"类型属性"对话框中，点击"结构"右侧的"编辑"，如图 8-22 所示。

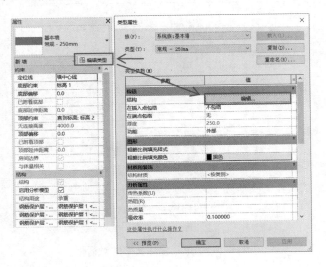

图 8-22　"类型属性"对话框

（3）在"编辑部件"对话框中点击"结构［1］"右侧的"按类别"，在"材质浏览器"中选择"混凝土 C30"，依次点击"确认"，即完成混凝土墙材质的修改，如图 8-23 所示。

（4）将"属性"栏下的"钢筋保护层-外部面""钢筋保护层-内部面""钢筋保护层-其他面"都选择为"保护层 1＜25mm＞"，如图 8-24 所示，即可绘制剪力墙，如图 8-25 所示。

（5）点击"注释"选项卡下的"对齐"命令，即可对"墙"进行尺寸标注，如图 8-26 所示。完成后保存为"8-26'墙'的尺寸标注.rvt"。

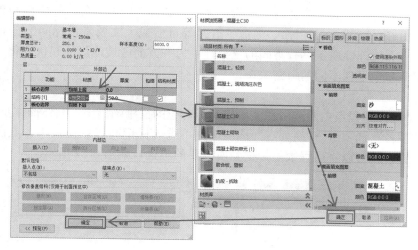

图 8-23　修改"墙"的材质

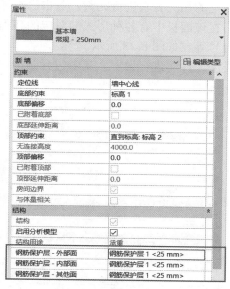

图 8-24　"保护层厚度"选项

图 8-25　创建"墙"

图 8-26　"墙"的尺寸标注

8.2　标记创建与编辑

本节主要讲述标记的相关概念与如何创建和编辑标记，了解在 Revit 中有关标记的相关操作方法。根据实际的项目需求，创建与项目相关的标记，并讲述标记的编辑方法。通过本节学习，熟练掌握高程点、坡度、符号等标记的创建与编辑方式。

8.2.1　标记高程点

高程点即标有高程数值的信息点，通常与等高线配合表达地貌特征的高程信息。高程点分布表达上具有丰富的上下文特征，除个体高程属性上的差异外，一方面与重要地形特征单元（如山峰、鞍部及山谷等）、河流、道路等自然或人文要素目标间的分布关系，使得个体高程点在地理性质上具有不同的重要性；另一方面区域地形的起伏变化，使得高程点群在空间分布上呈现不同的疏密关系。

1. 系统高程点族

Revit 中标记高程点主要应用在立面以及相对应的三维图形中。具体操作步骤如下：

单击"注释"选项卡→"高程点"选项，即可进入标记高程点模式中，点击需要标记高程点的位置，就可以将高程数值标记到所需的位置，如图 8-27 所示。

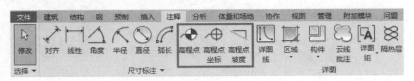

图 8-27 "注释"选项卡

标注高程点后，还需要根据项目对于高程点标记的相关要求进行完善。点击已经标记好的高程点，左侧会弹出高程设置"属性"面板，在该面板中有各种形式的对应的高程点标记样式，例如：三角形、十字光标、垂直、无符号等，如图 8-28 所示。

在"高程点"类型属性面板中，可以对其"类型属性"进行设置。其中包含颜色、类型、宽度等相关信息，如图 8-29 所示。

图 8-28 "高程点"属性面板

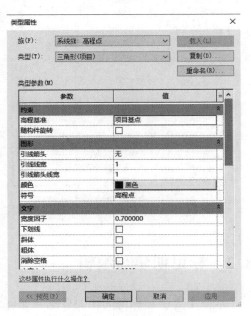

图 8-29 "高程点"类型属性面板

2. 载入其他高程点族

如果需要的高程点标记样式在属性对话框中无法找到，也可以从族中导入高程点标记样式，其操作步骤如下。

① 单击"插入"选项卡—"载入族"工具按钮。

② 在打开的"载入族"对话框中单击"注释"→"符号"→"建筑"文件夹，如图 8-30 所示。

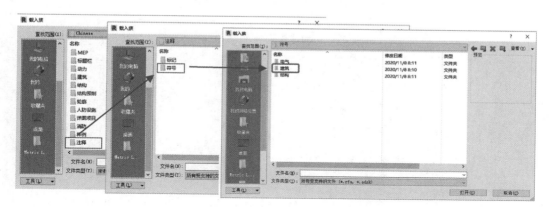

图 8-30　载入其他高程点族操作

③ 在打开的建筑文件夹中可选择与"高程点"相关的族文件，如图 8-31 所示。

图 8-31　其他高程点族

3. 高程点坐标与坡度

坡度（或坡比）是地表单元陡缓的程度，通常为坡面的垂直高度 h 和水平距离 l 的比值，用字母 i 表示。坡度的表示方法有百分比法、度数法、密位法和分数法，其中以百分比法和度数法较为常用。在百分比法中，坡度＝（高程差/路程）×100%；在度数法中，$\tan\alpha$（坡度）＝高程差/路程。

Revit 中标记坡度一般是在倾斜楼板或者有坡度的屋顶结构中使用。设置坡度的主要操作步骤如下：

以第 5 章保存的"5-81 某综合楼模型.rvt"项目文件为例，进入"屋脊"平面视图，单击"注释"选项卡→"高程点坡度"面板，即可以进入高程点坡度标注界面，如图 8-32 所示。

对于已经绘制好的屋顶进行高程点坡度标注，只需要点击对应的"高程点坡度"菜单，进入标注界面后，点击屋顶构件，即可对屋顶坡度进行标注。标注坡度后的屋顶如图

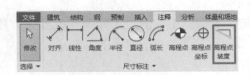

(a)"注释"选项卡

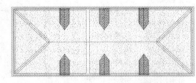

(b) 屋顶实例属性　　　　　　　(c) 高程点坡度标注界面

图 8-32　"注释"选项卡下功能面板

8-33 所示。完成后保存为"8-33 坡度标注显示.rvt"。

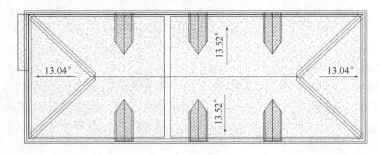

图 8-33　坡度标注显示

此时,可以点击"坡度"选项卡中的"类型属性",对引线箭头、引线线宽、引线箭头线宽、颜色、坡度方向等属性进行调整,以满足项目对于坡度标注的需求。

8.2.2　系统族标记及指北针符号

1. 系统族标记符号

系统族标记符号的创建步骤如下:

（1）点击"新建"→"族"→"注释"→"公制常规标记"，如图 8-34 所示。

图 8-34　"公制常规标记"族

（2）进入样板后，首先浏览一下如图 8-35 所示的中间的红色字体，浏览完毕后，选择左上角"创建"选项下的"族类别和族参数"工具，如图 8-36（a）所示，在弹出的"族类别和族参数"对话框中选择"结构框架标记"并勾选"随构件旋转"复选框，点击"确定"，如图 8-36（b）所示。返回族样板，将红色字体删掉。

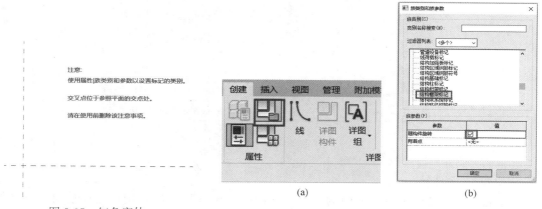

图 8-35　红色字体　　　　　　　图 8-36　"族类别和族参数"选项

（3）开始绘制标记族。首先点击如图 8-37 所示的"创建"选项下"文字"面板中的"标签"工具，在空白处单击后进入"编辑标签"，如图 8-38 所示。

图 8-37　"标签"选项

（4）选择左侧字段工具栏，滚动鼠标下拉，根据需要选择字段。点击右侧绿色箭头添加完成后，对标签进行前缀填写，使其更符合平常的标注样式，最后点击确定，如

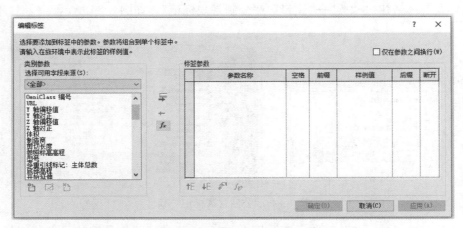

图 8-38　"编辑标签"对话框

图 8-39 所示。完成后将族文件保存为 "8-39 结构框架标记—梁结构.rfa"。

图 8-39　标记族

2. 标记指北针

指北针是一种用于指示方向的工具，广泛应用于各种方向判读，比如航海、野外探险、城市道路地图阅读等领域。它也是登山探险不可或缺的工具，基本功能是利用地球磁场作用，指示北方方位，它必须配合地图寻求相对位置才能明了自己身处的位置。它与指南针的作用一样，磁针的北极指向地理的北极，利用这一性能可以辨别指示方向。

Revit 中的指北针功能，是为了在建筑施工过程中，对于项目的方向和位置做出规定，使用者可以更清楚判别建筑物的朝向以及位置。

放置指北针的操作方法如下：

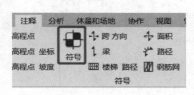

图 8-40　"符号"面板

① 单击"注释"选项卡→"符号"面板，即进入高程点坡度标注界面，如图 8-40 所示。

② 单击"插入"选项卡→"载入族"工具按钮；在打开的"载入族"对话框中单击"注释"→"符号"→"建筑"文件夹；在打开的建筑文件夹中可选择与"指北针"相关的族文件，如图 8-41 所示。

③ 在系统默认族中，可以有多种默认指北针的图像形式，使用者可根据项目的实际

需求选择对应的指北针样式。

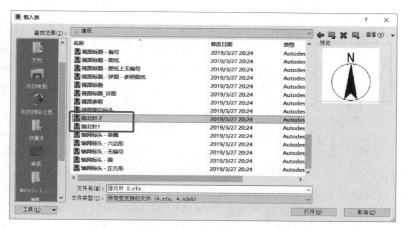

图 8-41 载入指北针

8.2.3 载入族标记坡度等常用符号

比例尺是表示图上一条线段的长度与地面相应线段的实际长度之比。比例尺有三种表示方法：数值比例尺、图示比例尺和文字比例尺。一般来讲，大比例尺地图，内容详细，几何精度高，可用于图上测量。小比例尺地图，内容概括性强，不宜于进行图上测量。

Revit 中的比例尺功能是为了能符合图纸规范要求，对图纸比例进行了详细地表示与说明，在图纸中是必须要体现出来的。因此，在 Revit 中，需要明确表示比例尺。

比例尺的操作方法如下：单击"载入族"选项卡→"注释"面板→"符号"面板→"建筑"面板→"比例尺"选项类别。在"建筑"面板中选择"比例尺"选项，如图 8-42 所示。在系统默认族中，有几种比例尺的图像形式，使用者可根据项目的实际需求选择对应的比例尺样式。

图 8-42 载入比例尺

8.2.4 梁板柱等主要构件的标记

Revit中，"符号"选项卡下有7个子类别选项卡，分别为："符号""跨方向""梁"

图 8-43 "符号"选项卡

"楼梯路径符号""面积""路径""钢筋网"，如图 8-43 所示。使用符号就是对这 7 个子类别选项卡进行使用。下面对部分子类别选项卡进行介绍。

1. 符号

注释是应用于族的标记或符号，可在项目中唯一识别该族。其中，符号是用于当前视图中放置的二维注释图形符号，也是视图专有的注释图元，它仅仅显示在其所在的视图中。对于符号的使用，前文已经有了详细讲解，可以从符号族中载入需要的注释符号，调用"符号"命令后，可以选择相对应的符号类型，在对应的位置放置符号。

一般情况下，系统族中自带的相关符号是可以满足项目的相关需求，不需要重新绘制修改族参数，重新创建新的族。

2. 跨方向

跨方向命令主要用在楼板的添加方面，用于添加楼板跨方向符号。从结构楼板中删除楼板跨方向符号后，可以重新应用它。在放置结构楼板时，会在平面视图中与该结构楼板一起放置一个跨方向的构件。按照半实心箭头的方向指定层面板跨方向。

操作方法如下：

（1）单击"注释"选项卡→"符号"面板→"跨方向"命令。

（2）在选项栏中选择"自动放置"即可以在结构楼板中心放置标记，然后单击结构楼板放置方向跨度即可。

① 如果没有选择"自动放置"，则选择结构楼板。

② 将鼠标光标移动至结构楼板中，然后单击鼠标即可放置方向跨度，如图 8-44 所示。

3. 梁

"符号"选项卡下的"梁"命令，主要适用于使用框架标记或梁系统跨度标记来标记梁系统。框架标记属于结构框架标记，默认状态下，在系统中已创建梁的顶部中心

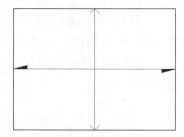

图 8-44 "跨方向"显示

平行对齐。要使用梁注释工具来改变这些系统默认生成的标记位置。

操作方法如下：

（1）梁注释标记：打开第 5 章保存的"5-81 某综合楼模型.rvt"项目文件，载入 8.2.2 节创建的"8-39 结构框架标记-梁结构.rfa"族文件。使用框架标记来标记梁系统，进入"基础梁顶"平面视图，单击"注释"选项卡→"标记"面板→"梁注释"，如图 8-45（a）所示。

（2）在"梁注释"对话框中，点击"平面上的水平梁"中的梁跨中上部选择注释类型，在"选择注释类型"对话框中选择"结构框架标记（T）"，"类型"选择"8-39 结构框架标记-梁结构"族，点击"确定"，如图 8-45（b）所示。

(a) "标记"面板

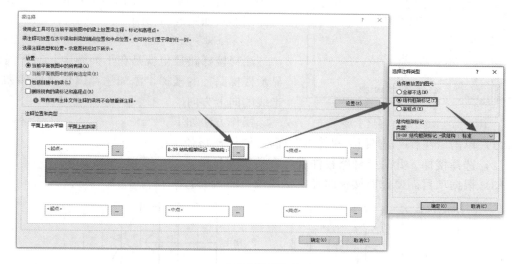

(b) 选择注释类型

图 8-45 梁注释选择

（3）最终显示的标记形式如图 8-46 所示。完成后将文件保存为"8-46'梁注释'显示形式.rvt"。

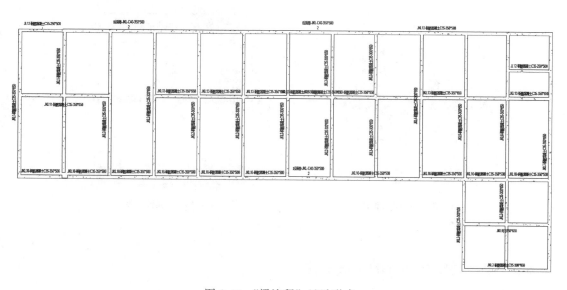

图 8-46 "梁注释"显示形式

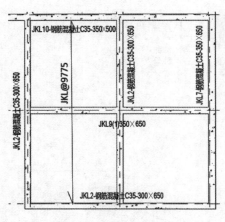

图 8-47　梁系统注释显示形式

（4）梁系统注释：梁系统跨度标记仅适用于梁系统。这些标记显示为垂直于系统中已创建梁的跨度箭头。标签指示梁在梁系统内的结构框架类型和间距（梁类型 @ 间距）。如果要使用框架标记来标记梁系统，可单击"注释"选项卡→"符号"面板→"梁"，如图 8-43 所示。最终显示的标记形式如图 8-47 所示。

4. 楼梯路径

注释楼梯路径也就是在平面图中，对于尚未显示楼梯路径的楼梯，添加注释以包含楼梯和行走线的向上方向。

操作方法如下：

（1）单击"注释"选项卡→"符号"面板→"楼梯路径"命令。

（2）选择楼梯。此时楼梯路径注释会在楼梯上显示。

（3）根据项目需要修改楼梯路径实例属性（图 8-48）。

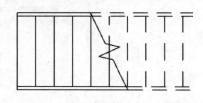

(a) 无路径显示楼梯

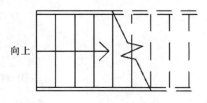

(b) 有路径显示楼梯

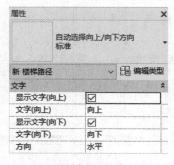

(c) 楼梯实例属性修改

(d) 楼梯类型属性修改

图 8-48　楼梯路径显示与修改

8.2.5　梁板柱结构构件的平法标注

本节以梁为例对结构构件的平法标注进行介绍，如图 8-49 所示。

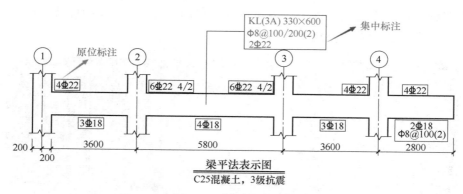

图 8-49 梁平法表示图

图中集中标注表示：框架梁 KL1，3 跨，一端有悬挑，截面为 330mm×600mm；箍筋为一级钢筋，直径 8mm，加密区间距为 100mm，非加密区间距为 200mm，均为两肢箍；上部通长筋为 2 根直径 22mm 的 HRB400 钢筋。

原位标注表示：支座①上部纵筋为 4 根直径 22mm 的 HRB400 钢筋；支座②两边上部纵筋为 6 根直径 22mm 的 HRB400 钢筋，上面一排为 4 根，下面一排为 2 根；第一跨跨距 3600mm，下部纵筋为 3 根直径 18mm 的 HRB400 钢筋，全部伸入支座。

8.2.6 标注文字

Revit 中标注文字的步骤如下：

（1）打开第 5 章保存的"5-81 某综合楼模型.rvt"项目文件，进入"F1"平面视图，在"建筑"面板下"模型"模块中选择"模型文字"，如图 8-50 所示。

图 8-50 模型文字

（2）系统弹出模型文字窗口，输入需要添加的文字内容，点击确定，如图 8-51 所示。

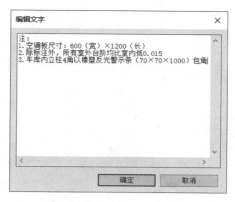

图 8-51 编辑文字内容

（3）鼠标左键点击模型平面，放置模型文字，即可完成文字添加，如图 8-52 所示。完成后将文件保存为"8-52 添加文字 .rvt"。

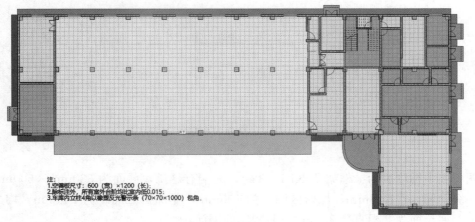

图 8-52　添加文字

8.3　注释创建与编辑

注释类型族是 Revit 非常重要的一种族，它可以自动提取模型族中的参数，自动创建标记注释。使用"注释"类族模板可以创建各种注释类族，例如，门标记、材质标记、轴网标头等。

注释类型族是二维的构件族，分标记和符号两种类型。

标记主要用于标注各种类别构件的不同属性，如窗标记、门标记等。符号一般在项目中用于"装配"各种系统族标记，如立面标记、高程点标高等。注释构件族的创建与编辑都很方便，主要是对于标签参数的设置，以达到用户对于图纸中构件标记的需求。

注释族拥有"注释比例"的特性，即注释族的大小会根据视图比例的不同而变化，保证出图时的大小。

门标记族创建步骤如下：

（1）打开第 5 章保存的"5-81 某综合楼模型 .rvt"项目文件，进入"F1"平面视图，点击"新建"→"族"→"注释"→"公制门标记"，如图 8-53 所示。

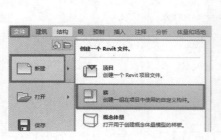
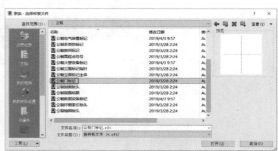

图 8-53　"公制门标记"族

（2）进入样板后，首先浏览如图 8-35 所示的中间红色字体，浏览完毕后，返回族样板，将红色字体删掉。

（3）开始进行绘制标记族。首先点击如图 8-54 所示的"创建"选项下"文字"面板中的"标签"工具，在空白处单击后进入"编辑标签"，如图 8-55 所示。

图 8-54　"标签"选项

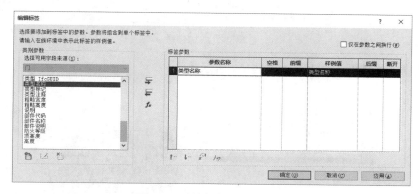

图 8-55　"编辑标签"对话框

（4）选择左侧字段工具栏，滚动鼠标下拉，根据需要选择字段。点击右侧绿色箭头添加完成后，对标签进行前缀的填写，使其更符合平常的标注样式，最后点击确定即可，如图 8-56 所示。

（5）在"类型名称"的属性选项卡中点击"关联族参数"按钮，如图 8-57 所示。

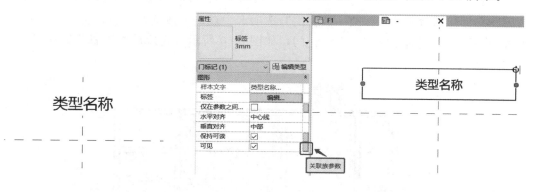

图 8-56　编辑新标签　　　　图 8-57　"类型名称"属性选项卡中设置"关联族参数"

（6）在"关联族参数"对话框中点击"添加参数"按钮，在新打开的"参数属性"对话框中输入名称"尺寸标记"，点击"确定"，如图 8-58 所示。

（7）在"关联族参数"对话框中点击"确认"，在"族编辑器"菜单栏中点击"载入

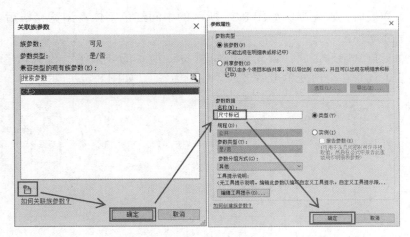

图 8-58　添加参数

到项目"选项,将族载入项目,如图 8-59 所示。

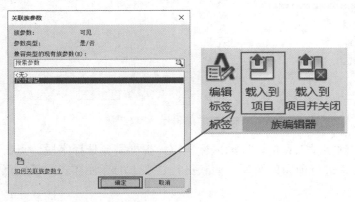

图 8-59　载入门标记族

(8) 创建门时,在"修改 | 放置门"选项卡中点击"放置时进行标记",即可在墙体上添加门图元,同时系统将自动标记门,如图 8-60 所示。完成后将文件保存为"8-60 添加门图元 . rvt"。

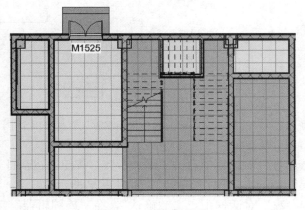

图 8-60　添加门图元

思考与练习

1. 高程点即标有（　　）的信息点，通常与（　　）配合表达地貌特征的高程信息。

A. 高程数值，等高线　　　　　　　　　B. 等高线，高程数值

C. 高程数值，等压线　　　　　　　　　D. 等压线，高程数值

2. 以下不属于坡度的表示方法是（　　）。

A. 度数法　　　　　　　　　　　　　　B. 分数法

C. 百分比法　　　　　　　　　　　　　D. 千分比法

3. 注释类型族是二维的构件族，分（　　）和（　　）两种类型。

A. 注解，符号　　　　　　　　　　　　B. 标记，符号

C. 注解，标记　　　　　　　　　　　　D. 注解，解释

4. 在度数法中，$\tan\alpha = $（　　）。

A. 高程差×路程　　　　　　　　　　　B. 路程/高度差

C. 高程差/路程　　　　　　　　　　　D. 路程×高度差

5. 在 Revit 系统默认族中，有（　　）默认指北针的图像形式。

A. 二种　　　　　　　　　　　　　　　B. 三种

C. 四种　　　　　　　　　　　　　　　D. 多种

6. Revit 中的比例尺功能，是为了能符合图纸规范要求，对图纸比例进行详细的表示与说明，在图纸中是必须要体现出来的。其操作方法为（　　）。

A. 单击"载入族"选项卡→"注释"面板→"建筑"面板→"比例尺"选项类别→"符号"面板

B. 单击"载入族"选项卡→"符号"面板→"注释"面板→"建筑"面板→"比例尺"选项类别

C. 单击"载入族"选项卡→"注释"面板→"符号"面板→"建筑"面板→"比例尺"选项类别

D. 单击"载入族"选项卡→"符号"面板→"建筑"面板→"注释"面板→"比例尺"选项类别

7. 创建梁模型并对它进行集中标注。梁混凝土保护层厚度为 20mm；梁截面尺寸为 300mm×600mm；箍筋为 HPB300 级钢筋，直径为 10mm，间距 200mm，4 肢箍；梁上部与下部分别配置 4 根直径为 22mm 的 HRB400 级钢筋；梁的两侧共配置 4 根直径为 22mm 的 HRB400 级钢筋，每侧各配置 2 根，拉筋为直径为 10mm 的 HPB300 钢筋。

8. 对第 5 章思考与练习的第 7 题所绘制的屋顶进行坡度标注。

9. 打开"5-81 某综合楼模型.rvt"项目文件，对一层Ⓔ轴上①—⑨轴的窗（图 8-61）添加窗图元注释。

10. 绘制剪力墙，并进行相应的标注。其中混凝土强度为 C35，混凝土保护层厚度为 25mm，剪力墙水平筋选用直径 12mm 的 HRB400 钢筋，钢筋间距为 200mm；竖向

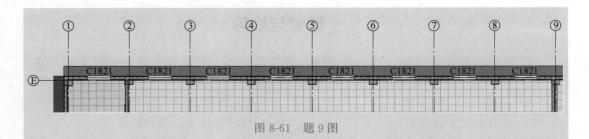

图 8-61　题 9 图

筋选用直径 10mm 的 HRB400 钢筋，钢筋间距为 150mm；所有钢筋起点、终点末端均为 180°弯钩；拐角钢筋排布不做要求。墙高 3.6m，细部尺寸如图 8-62 所示（1＋X 技能等级考试试题）。

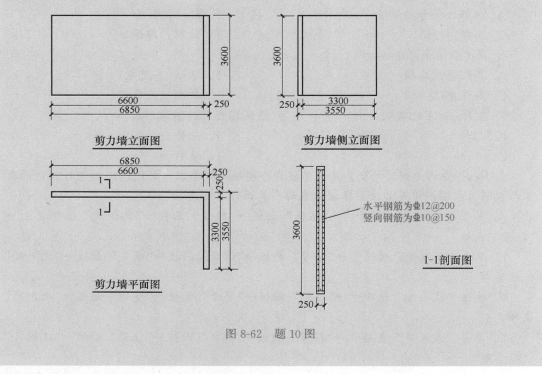

图 8-62　题 10 图

第 9 章
成果输出

Chapter 09

在 Revit 中，利用现有的三维模型，可创建施工图纸。在模型上做图纸变更，可以真正理解实时更新图纸的概念，只要修改一个构件，其平立剖面数据就可以自动更新。

9.1 图纸布图

9.1.1 布置图纸

1. 单击"视图"选项卡下"图纸组合"面板中的"图纸"按钮，如图 9-1 所示。

2. 在弹出的"新建图纸"对话框中通过载入便可以得到相应的图纸。这里选择载入图签中的 A0 公制，单击"确定"按钮完成图纸新建，如图 9-2 所示。此时创建了图纸视图。

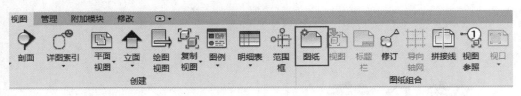

图 9-1 "视图"选项卡

图 9-2 "新建图纸"对话框

注意：图纸边框可以在任何时候进行通过"属性"面板的"类型选择器"下拉菜单进行更改，且不丢失任何数据，因此没有必要一开始在选择图框时占用过多的时间。

3. 有两种方法可以将视图添加到图纸中，以第 5 章保存的"5-81 某综合楼模型 . rvt"项目文件为例，方法一是在图纸的视图下从"项目浏览器"的"视图"面板拖拽到绘图区域，再单击将视图添加到图纸内，便可以将图纸的信息加入视图属性中，如图 9-3 所示。完成后将文件保存为"9-3 添加视图 . rvt"。

方法二是通过使用"视图"选项卡中的"图纸组合"将视图放入图纸中，这将提供可放置于项目之中的三维视图、明细表以及图例列表等，如图 9-4、图 9-5 所示。

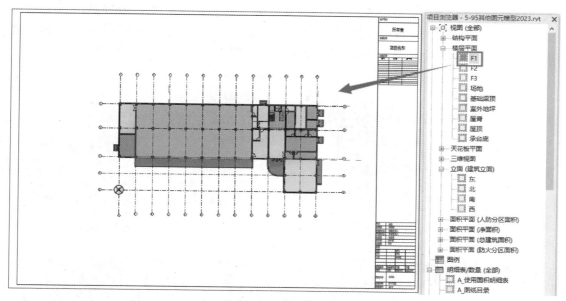

图 9-3 添加视图

图 9-4 "视图"选项卡

☞ 技巧与提示

➢ 将明细表添加进图纸：明细表也可以通过方法二添加入图纸中。

图 9-5 添加视图

4. 通常为了添加信息或者调整模型，可以打开相应的视图，通过单击视图便可以进入"修改｜视图"上下文选项卡，点击"激活视图"，便可以在不离开图纸的情况下修改选定的视图，比如可以调整模型裁剪尺寸的大小，完成操作后，通过"视图"选项卡下的"图纸组合"中"视口"下拉列表选择"取消激活视图"即可，如图9-6～图9-8所示。

图9-6　激活视图

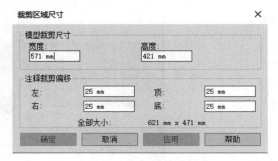

图9-7　调整模型裁剪尺寸

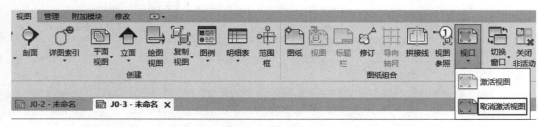

图9-8　取消激活视图

注意：通常不建议在一个激活的图纸中进行大范围的操作，因为这对硬件要求比较高，可能会造成其他影响。

5. 至此完成了图纸的创建工作。

9.1.2　项目信息设置

1. 单击"管理"选项卡下"设置"面板中的"项目信息"按钮，在弹出的"项目信息"对话框中录入项目信息，单击确定，完成录入，如图9-9所示。

2. 创建图纸视图后，在"属性"面板中，可以输入图纸名称、图纸编号、审核者和绘图员等图纸边框中的信息，如图9-10所示。

3. 添加之后，便完成了项目信息的创建。

9.1.3　图纸修订与版本控制

在项目的进行中图纸的修订是不可避免的，Revit可以追踪记录这些修订内容信息，并且可以把它发布到图纸上。

1. 首先对项目中的修订信息进行管理，单击"视图"选项卡，在"图纸组合"面板中单击"修订"按

图9-9　"项目信息"对话框

图 9-10　图纸属性对话框

钮，弹出"图纸发布/修订"对话框，通过右侧的添加按钮可增加一个新的序列，如图 9-11、图 9-12 所示。

2. 图纸的修订需要在图纸中进行标记，切换到 F1 楼层视图，点击"注释"选项卡下"详图"面板的"云线批注"按钮，如图 9-13 所示。单击便可以进入"修改｜创建云线批注草图"上下文选项卡中，沿所发现问题的位置进行绘制标记，如图 9-14 所示。

3. 绘制完成云线标记之后，可以在"属性"对话框中对所发现的问题进行标记或者是注释，将所发现的问题与修订的序列相对应，单击"完成编辑"按钮即可完成当前云线的编辑，如图 9-15 所示。

4. 图纸修订的发布，在"视图"选项卡下"图纸组合"面板中的"图纸发布与修订"按钮，勾选"已发布"选项，单击"确定"，如图 9-16 所示，在项目浏览器中单击包含当前视图的图纸，在图纸右侧的图框中可以看到当前图纸的变更情况，如图 9-17 所示。

图 9-11　图纸修订

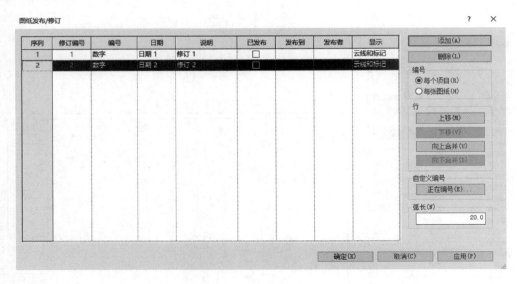

图 9-12　图纸的发布与修订

☞　技巧与提示

➤ 通过对图纸的发布和修订可以对当前项目所有的进程以及修订的信息做整体管理。

➤ 说明的内容可以是工程进行的阶段或者是工程变更的节点。

➤ 图纸的修订理解为阶段管理。

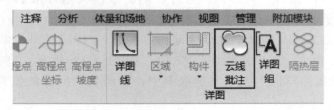

图 9-13　云线批注

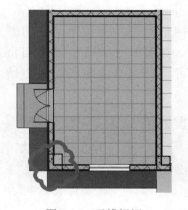

图 9-14　云线标记

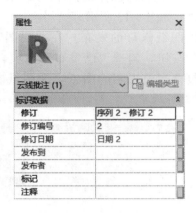

图 9-15　"属性"对话框

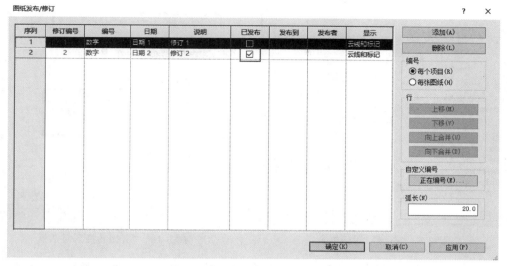

图 9-16　发布修订信息

客户姓名		
所有者		
项目名称		
项目名称		
出图记录		
编号	日期	发布者

图 9-17　图纸标题栏

9.2　打印与图纸导出

在图纸布置完成后，可以利用打印机进行打印，或者是导出 PDF 格式文档，也可以指定视图或者图纸导出为 CAD 格式文件。但值得注意的是，Revit 软件不支持图层概念，但可以设置各构件对象导出 DWG 时对应的图层，以方便在 CAD 中的应用。

9.2.1　打印

1. 单击"文件程序菜单"选择"打印"中的"打印"选项，弹出"打印"对话框，如图 9-18 所示。

2. 在"名称"的下拉列表中指定打印机或者虚拟打印机，单击"属性"按钮，弹出"文档属性"对话框，布局方向选择为"横向"，单击"确定"按钮，如图 9-19 所示。

3. 设置当前视图中可打印范围，切换为"选择视图/图纸"选项，单击左下角底部的"选择"打开"选择视图/图纸"对话框，Revit 列举出了当前所有视图，以及可打印的图纸。选择要打印的图纸，完成之后单击"选择"，如图 9-20 所示。

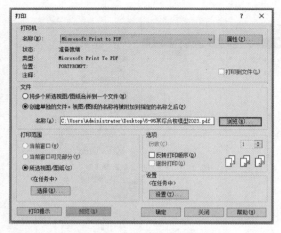

图 9-18　"打印"对话框

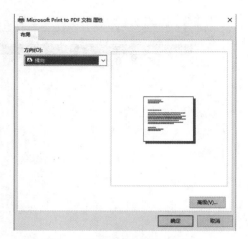

图 9-19　"文档属性"对话框

4. 单击右下角"设置"按钮，弹出"打印设置"对话框，页面位置选择"从角部偏移"，无页边距；缩放方式选择为"缩放"，90％的大小；删除线的方式为"矢量处理"，这样打印的精度会更高；外观中颜色设置为"黑线"，完成后单击"确定"，如图 9-21所示。

5. 单击"打印"对话框的"确定"按钮完成图纸的打印。

图 9-20　"选择视图/图纸"对话框

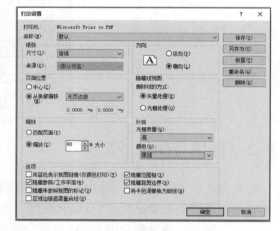

图 9-21　"打印设置"对话框

9.2.2　导出与设置

Revit 可以将其图纸导出为 DWG 格式的文件，供其他用户使用。由于在 Revit 中使用构件类别的方式来管理对象，而在 DWG 图纸中则通过图层管理对象，因此需要在 Revit 构件类别和 DWG 图纸中的图层进行映射的设置。

1. 在项目浏览器中打开图纸视图，在"应用程序菜单"中选择"导出"—"选项"—"导出设置 DWG/DXF"选项，如图 9-22 所示。

2. 弹出"修改 DWG/DXF 导出设置"对话框，确认当前的选项卡为"层"，可以对图元投影的线性、截面的线性、图层的名称和导出的颜色进行手动设置，也可以通过"根据标准加载图层"下拉列表中选择需要的标准规范，Revit 中提供了 4 种常用的标准，还可以选择从"以下文件加载设置"，自定义设置图层文件，如图 9-23 所示。

　　3. 切换到"线"选项卡，对线性做进一步的定义，首先通过图纸空间的下拉列表对线型比例做调整；选中 Revit 中定义的某一线型，通过自动生成线型的下拉列表选定为 CAD 中定义的线型，如图 9-24 所示。

图 9-22　导出设置 DWG/DXF

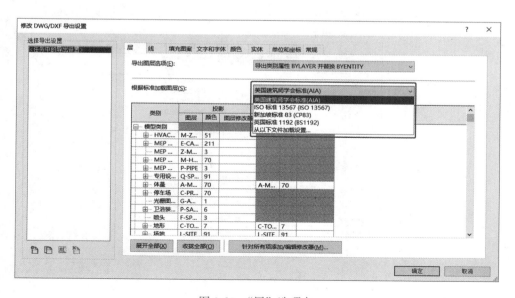

图 9-23　"层"选项卡

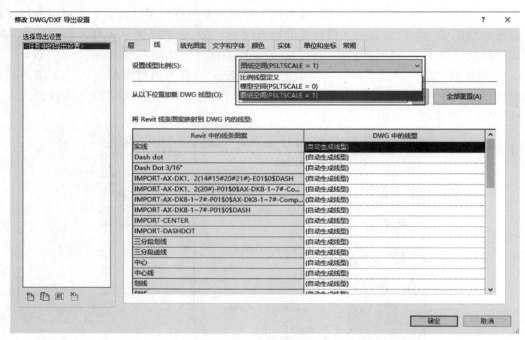

图 9-24 "线"选项卡

4. 切换到"填充图案"选项卡，对填充图案进行设置，将 Revit 中定义的填充图案与 CAD 中 pat 格式的填充图案一一对应，同时在对话框的底部"填充图案类型"中可以选择将 Revit 绘图中的填充图案或模型中的填充图案进行映射，如图 9-25 所示。

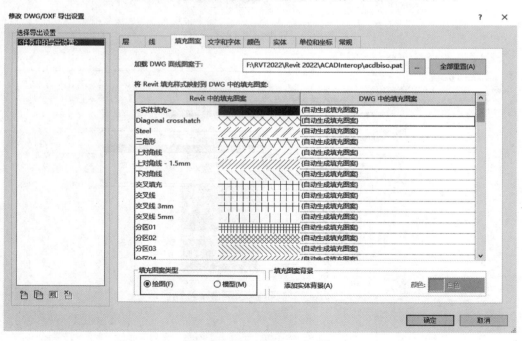

图 9-25 "填充图案"选项卡

5. "文字和字体"选项卡，对当前 Revit 系统中的文字与 CAD 中的文字进行一一映射，如图 9-26 所示。切换到"颜色"选项卡，可以设置图纸是以索引颜色还是以真彩色导出；切换到"实体"选项卡，可以设置 Revit 中的三维视图是以多边形网格还是以 ACIS 实体导出；切换到"单位和坐标"选项卡切换，可以设置导出的 DWG 的单位及坐标系基础；切换到"常规"选项卡，设置不可打印的图层，以及导出的 AutoCAD 的格式，单击确定完成映射设置。

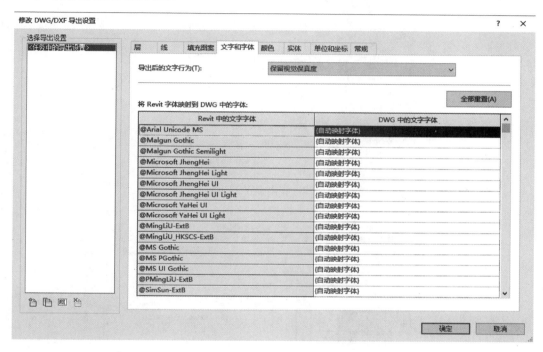

图 9-26 "文字和字体"选项卡

☞ 技巧与提示

➤ 设置完成后可以单击左下角"新建导出设置"按钮，弹出新的"导出设置"对话框，将目前的设置保存到当前的任务中的"导出设置"对话框。

在完成了映射的设置，下一步操作便是将 Revit 图纸导出为 DWG 格式的图纸，具体步骤如下：

1. 在"应用程序菜单"中选择"导出"列表—"CAD 格式"—"DWG"，如图 9-27 所示。

2. 单击"DWG"，弹出"DWG 导出设置"对话框，如图 9-28 所示。

3. 单击下一步，弹出"导出 CAD 格式—保存到目标文件夹"对话框，文件类型设置为 AutoCAD 2019 DWG 文件，不勾选"将图纸上的视图和链接作为外部参照导出"。

注意：不勾选对话框图纸，这样才能把图纸和视图导成一个 DWG 文件，否则 Revit 将以链接的方式来链接导出的图纸。

4. 单击"确定"完成图纸导出。

图 9-27　导出 DWG 图纸

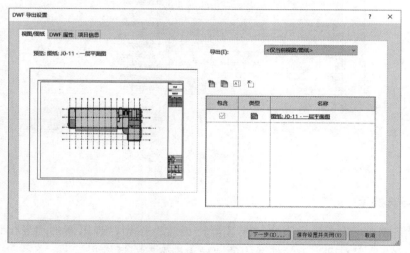

图 9-28　"DWG 导出设置"对话框

9.3　视图渲染与创建漫游动画

9.3.1　虚拟场景构建

Revit 为项目提供了在模型任意位置拍照及渲染设置的功能，能把建好的模型很好展现出来。下面介绍相机拍照及渲染的具体操作。

1. 相机视图的创建

（1）打开第 2 章保存的"某综合楼样例模型.rvt"项目文件，切换到 F2 楼层平面视

图，点击"视图"选项卡—"创建"面板—三维视图的下拉列表中的"相机"，如图 9-29
（a）所示，在上下文选项卡中自"F2"偏移"1750"是指相机视点的高度在 F2 标高加上
人体视觉的高度，可进行修改。

（2）移动鼠标在绘图区单击左键作为相机的起点，移动鼠标调整视距、视野，完成相
机视图的创建，如图 9-29（b）所示。

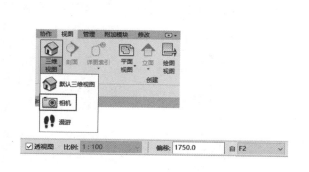

(a) 相机命令   (b) 定义相机参数

图 9-29 相机视图的创建

2. 显示相机视图

在项目浏览器中"三维视图"列表下显示刚创建的相机视图"三维视图 1"，如
图 9-30（a）所示，双击"三维视图 1"可以显示对应视图，如图 9-30（b）所示。完成后
将文件保存为"9-30 相机视图.rvt"。

 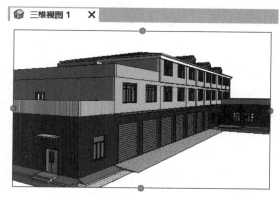

(a) 三维视图列表   (b) 显示新建的相机视图

图 9-30 显示相机视图

☞ 技巧与提示

➢ 如图 9-30（b）所示相机视图下，拖动视图边框圆点，可以改变照片视图范围。
➢ 同时按下"Shift 键＋鼠标中键"移动鼠标，可以转动相机的角度调整模型。

3. 在"相机视图属性"对话框中设置相机参数

单击如图 9-30（b）所示视图边框，在"相机视图属性"对话框中可设置图形显示选
项、视点高度、目标高度等参数。勾选"裁剪视图""裁剪区域可见"复选框，不勾选

"远裁剪激活"复选框（远裁剪激活是指超出一定的范围值Revit将不显示视图当中的模型），如图9-31所示。

☞ 技巧与提示

➢ 若返回平面视图F2不能显示相机视图，可在浏览器中选中相机视图的名称，如"相机视图1"，单击右键选择"显示相机"（图9-32），可以使相机图标重新显示在视图中，进而做进一步的编辑和修改。

图9-31 "相机视图属性"对话框

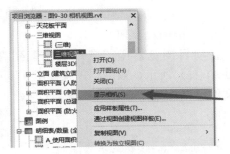

图9-32 显示相机

4. 渲染当前相机视图

（1）渲染对话框设置参数

在项目浏览器面板三维视图中单击建立的"相机视图1"，在"视图"选项卡的"演示视图"面板单击"渲染"按钮，在弹出的"渲染"对话框中调整质量、照明、背景、图像等参数渲染当前相机视图，如图9-33所示。

• 质量：在设置下拉列表中可以选择渲染质量的等级，渲染的效果依次递增，渲染所需的时间也是依次递增，也可以选择"编辑"选项进行自行定义。

• 输出设置：可以设置图形输出的像素，默认屏幕，输出图形的大小等于渲染时在屏幕上显示的大小。

• 照明：渲染输出图形所采用的光照环境，依据项目具体的位置以及实际情况设置日光或者选择室内照明。

• 日光设置：可以设置日光所在的位置、方位角、仰角等。通常日出东方方位角为0°，日落西边方位角为180°。

• 背景：设置云量和雾效等。也可将背景设置为图像，单击"自定义图像"按钮，在打开的"图像设置"对话框中载入已准备的图像文件。

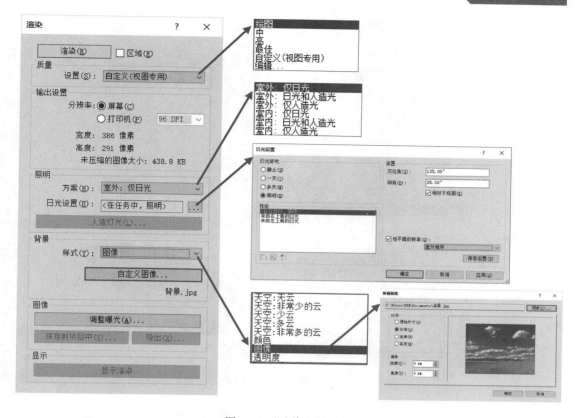

图 9-33　"渲染"对话框

（2）渲染进度：设置完成后单击如图 9-33 所示对话框左上角"渲染（R）"按钮，将开始渲染照片，可在应用程序左下角看到渲染进度比例，较复杂的效果会弹出如图 9-34 所示的"渲染进度"对话框。渲染速度的快与慢取决于场景的分辨率以及所使用渲染的精度，同时还取决于 CPU 的数量及频率。

（3）渲染完成之后，如图 9-33 所示"渲染"对话框原来灰色的部分已经可以编辑。单击"渲染"对话框中的"调整曝光"按钮，在"曝光控制"对话框进行调整；也可单击"显示模型"按钮调整裁剪范围、调整相机的角度，如图 9-35 所示。

图 9-34　"渲染进度"对话框

（4）保存渲染图片：单击图 9-35 中"保存到项目中（V）…"按钮，弹出"保存到项目中"对话框，单击确定（图 9-36），在"项目浏览器"—"渲染"中可以找到刚保存的"三维视图 1 _ 1 渲染"（图 9-37），双击名称便可再次观察渲染的结果，如图 9-38（b）所示。将模型文件保存为"9-38 某综合楼相机图片渲染 .rvt"项目文件。

（5）导出渲染图片：单击如图 9-35 所示"导出（X）…"按钮，可以将渲染的照片导出为外部图像文件，图 9-38 为渲染前后对比图。

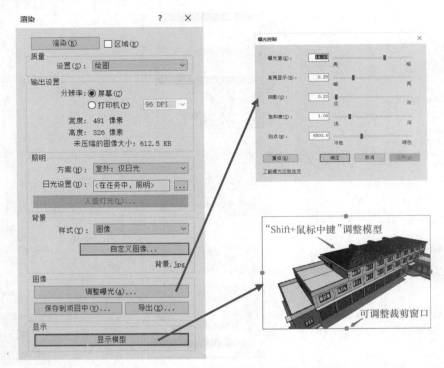

图 9-35　渲染完成后进一步调整参数

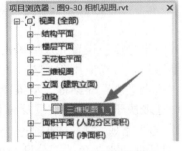

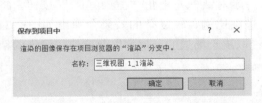

图 9-36　"保存到项目中"对话框

图 9-37　项目浏览器

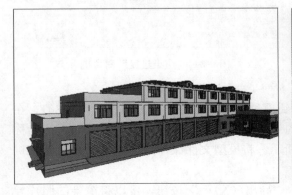

(a) 渲染前

(b) 带背景渲染后

图 9-38　渲染前后对比图

9.3.2　漫游动画

打开第 2 章保存的"某综合楼样例模型．rvt"项目文件，设置 F1 标高从室外到大门的漫游，操作过程如下：

1. 通过项目浏览器，切换到 F1 楼层平面视图，点击"视图"选项卡—"创建"面板—"三维视图"的下拉列表，单击"漫游"，进入"修改｜漫游"（图 9-39a）。在图 9-39（b）中的"修改｜漫游"上下文选项卡中勾选"透视图"，在"偏移"编辑框中输入"1750"（成年人视觉高度，可自行调整）。

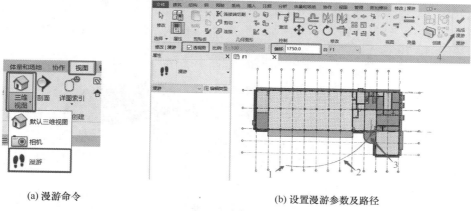

(a) 漫游命令　　　　　　　　　　(b) 设置漫游参数及路径

图 9-39　"漫游"选项卡

2. 创建漫游的路径：如图 9-39（b）所示，在绘图区中适当的位置单击第 1 个关键点，继续单击 2、3 关键点完成路径的绘制，勾选"完成漫游"按钮 4，进入"修改｜相机"上下文选项卡。

3. 单击"编辑漫游"按钮（图 9-40a）进入"修改｜相机｜编辑漫游"上下文选项卡，单击"上一关键帧""下一关键帧"按钮，调整每一关键帧的水平视角、视距、视野等相机参数，如图 9-40（b）所示。

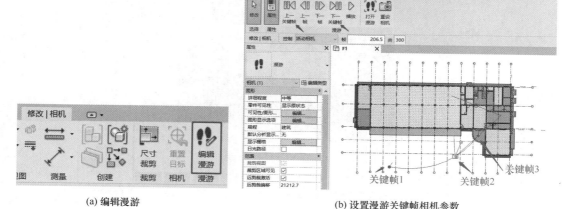

(a) 编辑漫游　　　　　　　　　　(b) 设置漫游关键帧相机参数

图 9-40　漫游路径绘制

☞ **技巧与提示**

➤ 打开多个视图更方便观察漫游路径和视点高度。可用"WT/TW"快捷键切换平铺视图/选项卡视图状态。

➤ 若要改变关键帧的高度，可以切换到南立面视图，将相机控制参数调整为"路径"，调整当前关键帧的高度，如图9-41所示。

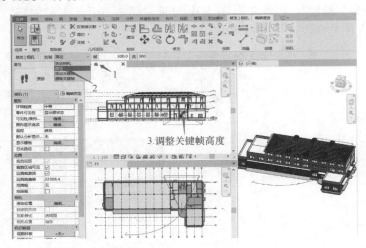

图9-41　调整关键帧高度

4. 完成漫游路径的编辑之后，可以点击"项目浏览器"—"视图"—"漫游"—"漫游1"，双击切换到漫游视图，如图9-42所示，在状态栏修改显示模式为"着色"模式2，单击"上一关键帧""下一关键帧"按钮3，在漫游窗口拖动圆点4编辑调整窗口大小。完成每一关键帧的调整后，返回到关键帧1，单击"播放"按钮进行预览。完成后将文件保存为"9-42漫游.rvt"。

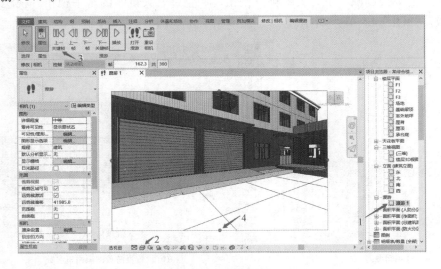

图9-42　漫游视图

5. 选中相机视图的边框可以进入"修改 | 相机"上下文选项卡中，单击"尺寸裁剪"按钮 ，将弹出"裁剪区域尺寸"对话框，如图 9-43 所示，设置相应尺寸参数值，即可完成视图的边界裁剪。

6. 通过单击"漫游属性"对话框中"漫游帧"按钮，将弹出"漫游帧"对话框，用户可以设置总帧数和帧/秒（F），如图 9-44 所示。

图 9-43　"裁剪区域尺寸"对话框

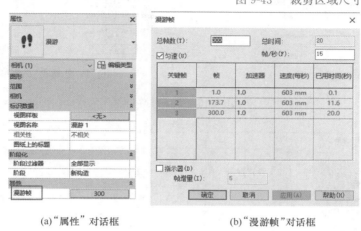

(a)"属性"对话框　　　　　　(b)"漫游帧"对话框

图 9-44　编辑漫游帧

☞　技巧与提示

➤ 在"漫游帧"对话框中系统默认的匀速播放是 15 帧/秒，如果希望快放，可减少每秒帧数，同样如果希望慢放可增加每秒帧数。

7. 再次单击"编辑漫游" 按钮，用户可以在"修改 | 相机"选项栏的"帧"文本框中设置参数为 1.0，此时漫游视频将切换至所建漫游的起点位置。单击"播放"按钮，即可预览漫游效果，如图 9-45 所示。也可以直接单击"上一关键帧"回到第一个关键帧进行"播放"预览。

(a) 最后一帧　　　　　　　　　　　　　(b) 第一帧

图 9-45　漫游预览

8. 预览漫游之后，可以将其输出。单击"文件"程序菜单按钮—"导出"选项—"图像和动画"，单击"漫游"，如图 9-46（a）所示。在"长度/格式"对话框中，可设置导出的视觉样式，单击"确定"（图 9-46b），在"导出漫游"对话框中可设置保存路径、文件名等（图 9-47），单击保存即可完成当前漫游的 avi 视频格式文件。

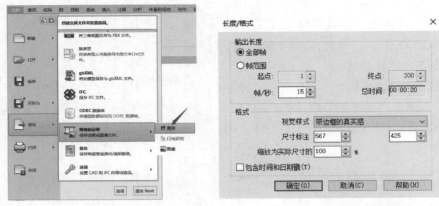

(a) 导出漫游工具　　　　　　　　　　　(b) "长度/格式" 对话框

图 9-46　导出漫游

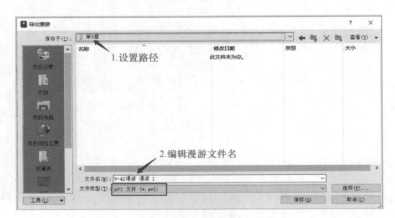

图 9-47　漫游视频保存

导出的 avi 格式视频，可在相关视频软件中直接观看。

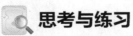 技巧与提示

➢ Revit 模型也可以导入 lumion 或者是 fuzor 等软件中进行景观布置与视频渲染，达到更好的漫游效果。

🔍 思考与练习

1. 基于 BIM 的施工出图相较于传统 CAD 出图方式的优势在于（　　　）。

A. 可以导出 DWG 或者 PDF 格式的图纸

B. 可以导出各个角度的轴测图

C. 可以对节点优化设计，生成节点详图

D. 可以让施工员查看 3D 模型

2. 以下不属于 BIM 技术在结构设计中的应用的是（　　　）。

A. 施工出图   B. 三维漫游

C. 结构分析   D. 模型建立

3. 下列关于在 Revit 进行漫游的说法错误的是（   ）。

A. 相机和漫游功能均可制作动画视频

B. 可以添加或删除路径上的关键帧

C. 可以通过调整矩形边界上的蓝色控制点来调整视图范围

D. 可以调整漫游路径上的各关键帧的位置

4. Revit 软件（   ）图层概念，（   ）设置各构件对象导出 DWG 时对应的图层。

A. 不支持，可以   B. 支持，不可以

C. 不支持，不可以   D. 支持，可以

5. 在 Revit 中，利用现有的（   ）维模型，可创建施工图图纸。在模型上做图纸变更时，只要修改一个构件，其平立剖面数据就（   ）自动更新。

A. 二，可以   B. 三，不可以

C. 二，不可以   D. 三，可以

6. 请写出修改视图标题的两种方法。

7. 参考第 4 章节思考与练习中的第 9 题，将首层平面图、二层平面图及混凝土用量统计表放置在 A0 图纸中。

8. 打开 5.5 节创建的 "5-81 某综合楼模型 .rvt"，创建该模型北立面图纸，选择A1 图纸，将综合楼北立面图放置其中。

9. 打开 5.5 节创建的 "5-81 某综合楼模型 .rvt"，选择 A0 图纸，创建综合楼二层平面图，并修改图纸边框中的信息，将"图纸名称"修改为"二层平面图"，"绘图员"修改为个人的名字。

10. 将本章"思考与练习"的第 9 题所创建的"二层平面图"图纸保存为 DWG 格式，同时利用打印机设置导出 PDF 格式文档。

第 10 章
建筑结构族的创建

Chapter **10**

Autodesk Revit 中的所有图元都是基于族的，"族"是 Revit 的基础，Revit 创建模型好比搭积木，"族"就是各种需要的积木块。Revit 软件自带一部分常规的族，对于非常规或者系统没有的就需要进行"新族"的创建，然后应用到项目中。每个族图元能够在其内定义多种类型，根据族创建者的设计，每种类型可以具有不同的尺寸、形状、材质或其他参数变量。如果事先拥有大量的族，将对设计工作进程和效益有着很大的帮助。

10.1 使用常用构件族

Revit 安装文件目录中提供了一组用于创建建筑构件和一些注释图元的常用可载入族，包括在建筑内和建筑周围安装的建筑构件（例如窗、门、橱柜、装置、家具和植物），也包括一些常规自定义的注释图元（例如符号和标题栏）。常用构件族是在外部"rfa"文件中创建的，可导入或载入到项目中，具有高度可自定义的特征。

10.1.1 载入常用构件族

（1）在"插入"选项板中，选择"载入族"，如图 10-1 所示。

图 10-1 "载入族"选项

（2）选择"载入族"后就会打开文件浏览，选择要载入的族文件即可，如图 10-2 所示。

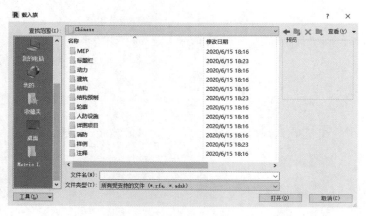

图 10-2 选择载入的族文件

10.1.2 编辑项目中已载入族

（1）在项目中选中需要编辑修改的族，在上下文选项卡中选择"编辑族"，即可打开族编辑器进行族文件的修改编辑，如图 10-3 所示。

（2）修改编辑完成族之后，执行族编辑器界面的"载入到项目中"，然后在项目文件中选择"覆盖现有版本及其参数值"或"覆盖现有版本"。完成族文件的更新，如图10-4所示。

图10-3　选择"编辑族"

图10-4　更新族文件

10.1.3　族编辑器

"族编辑器"是Revit中的一种图形编辑模式，用户能够创建可在模型中使用的族。使用族编辑器，整个族创建过程在预定义的样板中执行，可以根据用户的需要在族中加入各种参数，如距离、材质、可见性等。可以使用族编辑器创建现实生活中的建筑构件和图形/注释构件。

10.1.4　常用构件族文件夹的默认路径

Revit中常用构件族文件夹的默认路径为：C:\ProgramData\Autodesk\RVT 2023，如图10-5所示。

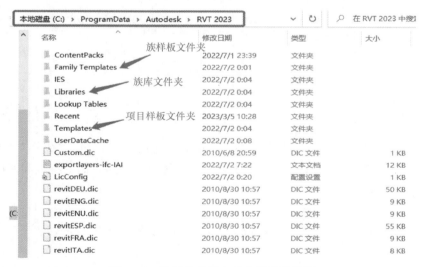

图10-5　常用构件族文件夹的默认路径

10.2　创建可载入族

可载入族是指在外部RFA文件中创建的，并可导入（载入）项目中的一类族，可载入族可用于创建门、窗、家具等建筑构件，锅炉、卫浴装置等系统构件及特殊符号、标题栏等注释图元。可载入族的使用极大提高了 Revit 建模效率，因此除了系统提供的可载入族外，用户还可以根据需要自己创建可载入族，也可购买大量已经建好的专业族库。

10.2.1　新建族文件

若一个工程项目现有的自带族无法满足建模深度要求，用户可自己建立族。若想要创建模型族，在图 2-1 Revit 启动主界面"族"选项组单击"新建"按钮，打开"新族-选择样板文件"对话框，选择一个模型族样板文件（图 10-6），然后进入族创建工具模式中，如图 10-7 所示。

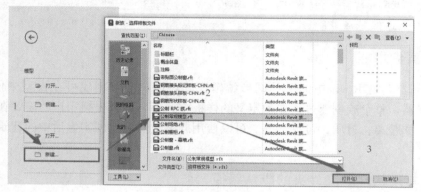

图 10-6　新建族文件

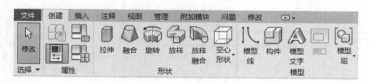

图 10-7　族创建工具

10.2.2　族创建工具

在功能区中的"创建"选项卡中提供了"拉伸""融合""旋转""放样""放样融合"和"空心形状"的建模命令，如图 10-7 所示。下面将分别介绍它们的特点和使用方法。

☞　技巧与提示

➤ 在项目建模模式下，双击载入的族，也可以进入族创建工具模式。

1. 拉伸

"拉伸"命令是通过绘制一个封闭的拉伸端面并给予一个拉伸高度来建模的。下面用拉伸命令绘制如图 10-10（b）所示多边形异形实体。

（1）在绘图区域绘制四个参照平面，并在参照平面上标注尺寸并设置参数化标签。

（2）单击功能区中"创建"—"形状"—"拉伸"，激活"修改｜创建拉伸"选项卡。选择用"内接多边形"方式，深度为"500"，边为"6"，在绘图区域绘制内接圆半径为

1200 的六边形，绘制完按"Esc"键退出绘制，如图 10-8（a）所示。

（3）采用"RP"命令绘制中位参照线，单击"修改｜创建拉伸"选项卡中的"对齐"，再单击绘制的参照线，点击六边形下边，完成对齐，拉伸三维实体如图 10-8（b）所示。

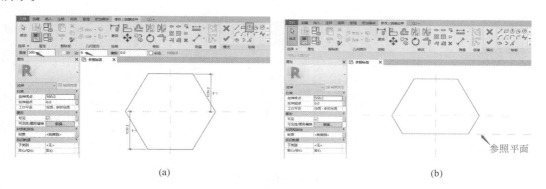

(a)　　　　　　　　　　　　　　　　(b)

图 10-8　拉伸命令

（4）单击"修改｜创建拉伸"选项卡中的 ✔ 按钮，完成实体的创建（图 10-9）。

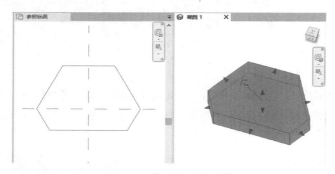

图 10-9　拉伸的三维实体

（5）高度方向上标注尺寸：用户可以在任何一个立面上绘制参照平面，然后将实体的顶面和底面分别锁在两个参照平面上，再在这两个参照平面之间标注尺寸，将尺寸匹配一个参数，这样就可以通过改变每个参数值来改变长方体的长、宽、高。

（6）编辑拉伸：单击想要编辑的实体，然后单击"修改｜拉伸"上下文选项卡中的"编辑拉伸"（图 10-10a），进入编辑拉伸的界面。用户可以重新编辑拉伸端面，如在绘图区六边形的下部捕捉两条斜边的中点，绘制平行于底边的中位线，以此线所在平面作为参照平面（图 10-8b），形成新的六边形拉伸实体（图 10-10b），完成修改后单击 ✔ 按钮，就可以保存修改，退出编辑拉伸的绘图界面，如图 10-10 所示。

2. 融合

"融合"命令可以将两个平行平面上的不同形状的端面进行融合建模。其使用方法如下：

（1）单击功能区中"创建"→"形状"→"融合"，默认进入"创建融合底部边界"模式，这时可以绘制底部的融合面形状，即一个圆。绘制完成后，单击"编辑顶部"，如图 10-11 所示。

(a)"编辑拉伸"工具

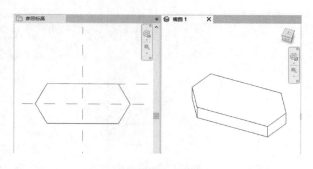

(b)编辑拉伸的三维实体

图 10-10　编辑拉伸

图 10-11　编辑顶部

（2）单击选项卡中的"编辑顶部"，切换到顶部融合面的绘制，绘制一个矩形。

（3）底部和顶部都绘制后，通过单击"编辑顶点"的方式可以编辑各个顶点的融合关系，如图 10-12 所示。

图 10-12　编辑顶点

图 10-13　融合模型

（4）单击"修改｜编辑融合顶部边界"选项卡中的 ✔ 按钮，完成融合建模，如图 10-13 所示。

3. 旋转

"旋转"命令可创建围绕一根轴旋转而成的几何图形，可以绕一根轴旋转任意角度。其使用方法如下：

（1）单击功能区中"创建"→"形状"→"旋转"，出现"修改｜创建旋转"选项卡，默认先绘制"边界线"。可以绘制任何形状，但是边界必须是闭合的，如图 10-14 所示。

（2）单击选项卡中的"轴线"，在中心的参照平面上绘制一条竖直的轴线，如

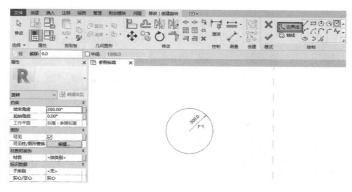

图 10-14　旋转命令

图 10-15 所示，用户可以绘制轴线，或使用拾取功能选择已有的直线作为轴线。

（3）完成边界线和轴线的绘制后，单击✔按钮，完成旋转建模后可以切换到三维视图查看建模的效果，如图 10-16 所示。

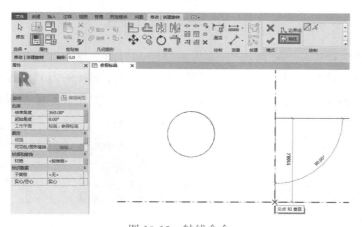

图 10-15　轴线命令　　　　　　　　　　　图 10-16　模型效果

（4）用户还可以对已有的旋转实体进行编辑。单击创建好的旋转实体，在"属性"对话框中，将"结束角度"修改成 180°，使这个实体只旋转半个圆，如图 10-17 所示。

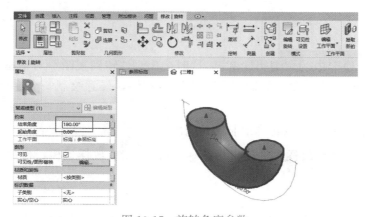

图 10-17　旋转角度参数

4. 放样

"放样"是用于创建需要绘制或应用轮廓（形状）并沿路径拉伸此轮廓族的一种建模方式。其运用方法如下：

（1）在楼层平面视图的"参照标高"工作平面上画一条参照线。通常可以用选取参照线作为放样的路径，如图 10-18 所示。

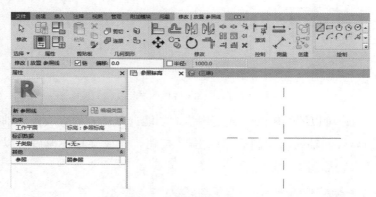

图 10-18　绘制参照线

（2）单击功能区中"创建"→"形状"→"放样"，进入放样绘制界面。用户可以使用选项卡中的"绘制路径"命令画出路径，也可以单击"拾取路径"，通过选择的方式来定义放样路径。单击"拾取路径"按钮，选择刚刚绘制的参照线，单击 ✔ 按钮，完成路径绘制，如图 10-19 所示。

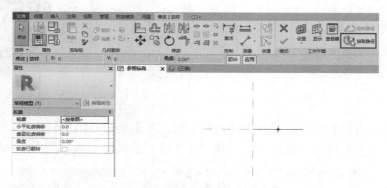

图 10-19　放样绘制

（3）单击选项卡中的"编辑轮廓"，这时会出现"转到视图"对话框，选择"立面：右"，单击"打开视图"，在右立面视图上绘制轮廓线，任意绘制一个封闭的五边形，如图 10-20 所示。

（4）单击 ✔ 按钮，完成轮廓绘制，并退出"编辑轮廓"模式。

（5）单击"修改 | 放样"选项卡中的 ✔ 按钮，完成放样建模，模型效果如图 10-21 所示。

5. 放样融合

使用"放样融合"命令，可以创建具有两个不同轮廓的融合体，然后沿路径对其进行

(a) "编辑轮廓"选项卡

(b) 转到视图

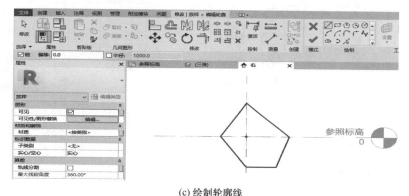

(c) 绘制轮廓线

图 10-20　编辑轮廓

放样。它的使用方法和放样大体一样，只是可以选择两个轮廓面。

如果在放样融合时选择轮廓族作为放样轮廓，这时选择已经创建好的放样融合实体，打开"属性"对话框，通过更改"轮廓1"和"轮廓2"中间的"水平轮廓偏移"和"垂直轮廓偏移"来调整轮廓和放样中心线的偏移量，可实现"偏心放样融合"的效果，如图10-22所示。如果直接在族中绘制轮廓，就不能应用这个功能。

图 10-21　模型效果图

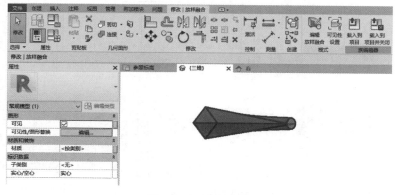

图 10-22　放样融合

6. 空心形状

空心形状创建的方法有两种：

（1）单击功能区中"创建"→"形状"→"空心形状"按钮，在下拉列表中选择命令，各命令的使用方法和对应的实体模型各命令的使用方法基本相同，如图 10-23 所示。

（2）实体和空心相互转换。选中实体，在"属性"对话框中将实体转变成空心，如图 10-24 所示。

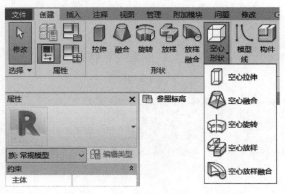

图 10-23　空心形状

图 10-24　空心转换

10.3　创建内建族

如果项目需要不重复使用的特殊几何图形，或需要必须与其他项目几何图形保持一种或多种关系的几何图形，需创建内建族。可以在项目中创建多个内建族，但与系统族和可载入族不同，不能通过复制内建族类型来创建多种类型。

创建内建族与创建可载入族使用相同的族编辑器工具。下面以绘制散水为例，演示内建族的创建与编辑操作。打开"5-81 某综合楼模型 .rvt"项目文件，切换到 F1 楼层平面视图。

（1）内建模型参数设置：在"建筑""结构"或"系统"选项板的"构件"下拉菜单选择"内建模型"（图 10-25a），在打开的"族类别和族参数"对话框中选择需要创建的族

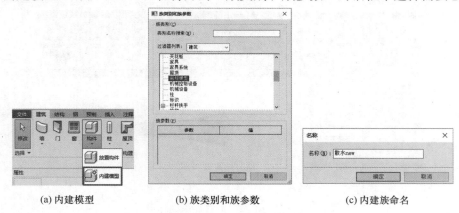

(a) 内建模型　　　　　　(b) 族类别和族参数　　　　　　(c) 内建族命名

图 10-25　内建模型参数设置

类别，散水内建族可选择"常规模型"（图 10-25b），单击确定，在弹出的"名称"对话框中输入拟建的自建族名称（图 10-25c）进入族编辑器界面，创建内建族模型。

（2）实体放样路径设置：打开族编辑器界面（图 10-26a），单击"放样"工具，在弹出的"修改｜放样"上下文选项卡中单击"绘制路径"工具（图 10-26b），在弹出的"修改｜放样＞绘制路径"上下文选项卡中单击"拾取线"工具，如图 10-26（c）中 1 所示，在绘图区拾取外墙线作为放样路径 2（可配合"修剪延伸"工具），单击 ✔ 完成放样路径选择。

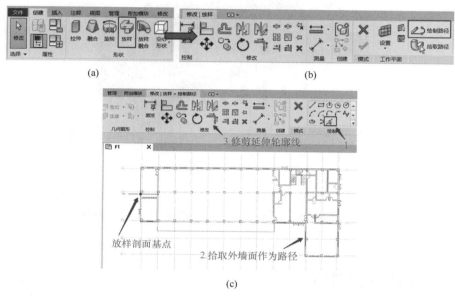

图 10-26　创建实体放样路径

（3）创建放样剖面轮廓：在"修改｜放样"上下文选项卡中单击"编辑轮廓"工具（图 10-27a），根据放样剖面基点位置（图 10-26c），在弹出的"转到视图"对话框中选择"立面：南"，单击"打开视图"则转到南立面视图（图 10-27b）。在南立面绘制垂直方向为"300"（参照配套数字资源中图纸为正负零到室外地坪的距离）、水平方向为"800"的散水放样轮廓图形（图 10-27c），单击 ✔ 完成剖面轮廓编辑模式。

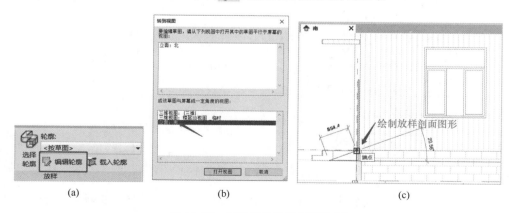

图 10-27　创建实体放样剖面轮廓

（4）再次单击 ✔ 完成实体放样，在完成内建族创建后，在"修改｜放样"上下文选项卡单击"完成模型"即可完成内建族的创建，如图10-28所示。

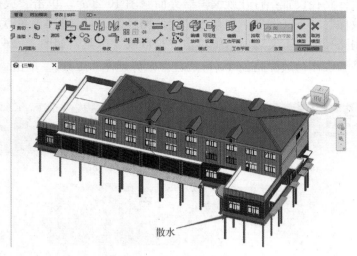

图 10-28　执行"完成模型"

（5）若需要再次对已建好的内建族进行修改，选中内建族，在上下文选项卡点击"在位编辑"重新进入"族编辑器界面"修改内建族，编辑完成后，重复步骤（2）～（4）完成修改。

10.4　建筑结构族创建实例

本节以窗族的制作方法为例介绍建筑结构族创建。

（1）启动 Revit2023，在欢迎界面单击"新建"按钮，弹出"新族-选择族样板"对话框。选择"公制窗.rft"作为族样板，单击"打开"按钮进入族编辑器模式。

（2）单击"创建"选项卡"工作平面"面板"设置"命令，在弹出的"工作平面"对话框选择"拾取一个平面"单选按钮，单击"确定"按钮，选择墙体中心位置的参照平面作为新工作平面，如图10-29所示。

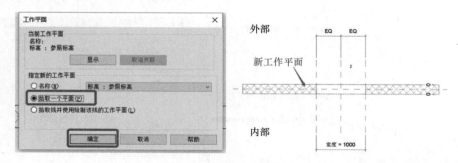

图 10-29　设置工作平面

（3）在随后弹出的"转到视图"对话框中，选中"立面：外部"选项，单击"打开视图"按钮，如图10-30所示。

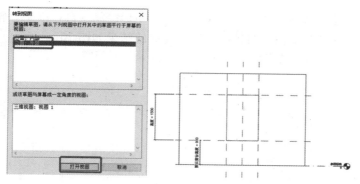

图 10-30　打开立面视图

（4）单击"创建"选项卡"工作平面"面板"参照平面"按钮，然后绘制新工作平面并标注尺寸，如图 10-31 所示。

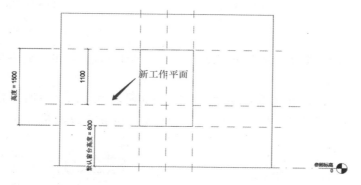

图 10-31　建立新工作平面（窗扇高度）

（5）选中标注为"1100"的尺寸，在选项栏"标签"下拉列表中选择"添加参数"选项，打开"参数属性"对话框。确定参数类型为"族参数"，在"参数数据"中添加参数"名称"为"窗扇高"，并设置其"参数分组方式"为"尺寸标注"，单击"确定"按钮，完成参数的添加，如图 10-32 所示。

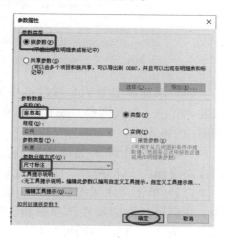

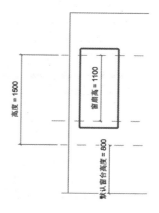

图 10-32　为尺寸标注添加参数

（6）选择"创建"选项卡"拉伸"命令，利用矩形绘制工具，以洞口轮廓及参照平面为参照，创建轮廓线并与洞口进行锁定，绘制完成的结果如图 10-33 所示。

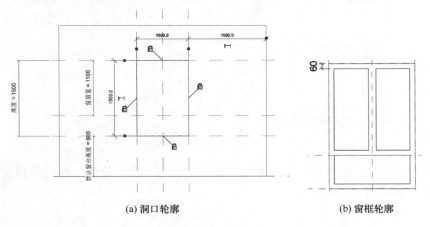

(a) 洞口轮廓 (b) 窗框轮廓

图 10-33 绘制窗框

（7）利用"修改｜编辑拉伸"上下文选项卡"测量"面板中的"对齐尺寸标注"工具标注窗框，如图 10-34 所示。

（8）选中单个尺寸，在选项栏中"标签"下拉列表中选择"添加参数"选项，打开"参数属性"对话框。为选中尺寸添加名为"窗框宽"的新参数，如图 10-35 所示。

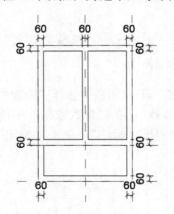

图 10-34 标注窗框尺寸

图 10-35 为窗框尺寸添加参数

（9）添加新参数后，依次选中其余窗框的尺寸，并一一为其选择"窗框宽"的参数标签，如图 10-36 所示。

（10）窗框中间的宽度为左右、上下对称，因此需要标注 EQ 等分尺寸，如图 10-37 所示。

（11）单击"完成编辑模式"按钮，完成绘制。在窗口左侧的属性选项面板上设置"拉伸起点"为"－40"，"拉伸终点"为"40"，单击"应用"按钮，如图 10-38 所示。

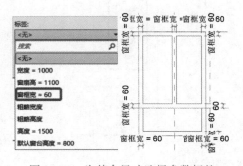

图 10-36 为其余尺寸选择参数标签

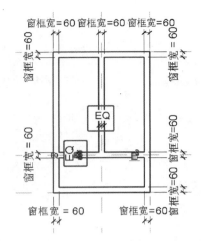

图 10-37　标注 EQ 等分尺寸

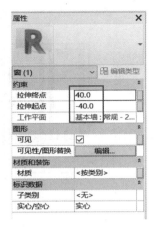

图 10-38　完成拉伸模型的创建

（12）在"属性"选项卡中，点击"材质"右侧的"关联族参数"按钮，在"关联族参数"对话框中点击"添加参数"按钮，在"参数属性"对话框中设置好材质的"名称"及"参数分组方式"等，点击"确认"，即完成窗框的绘制，如图 10-39 所示。

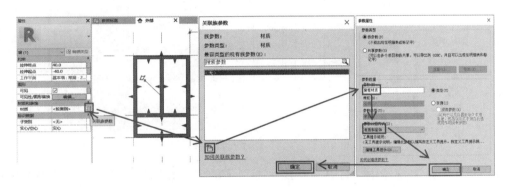

图 10-39　完成窗框的绘制

（13）窗扇的创建与窗框的创建步骤一致，仅在截面轮廓、拉伸深度、尺寸参数、材质参数有所不同，如图 10-40、图 10-41 所示。

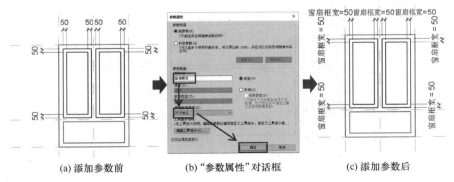

(a) 添加参数前　　　　(b) "参数属性"对话框　　　　(c) 添加参数后

图 10-40　绘制窗扇框并添加尺寸参数

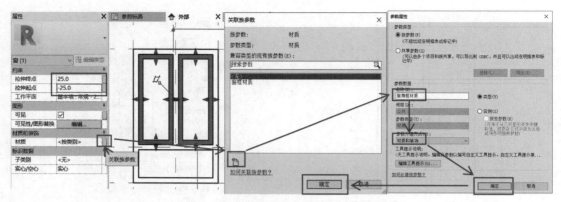

图 10-41　设置拉伸深度并添加材质关联族参数

（14）创建玻璃构件及相应材质，设置拉伸起点、拉伸终点、构件可见性、材质等，如图 10-42 所示。

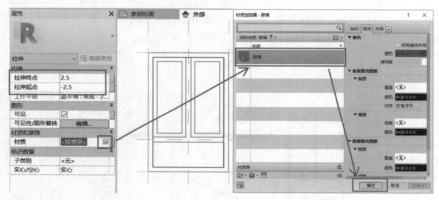

图 10-42　创建玻璃构件

（15）在项目浏览器中，打开"楼层平面"下的"参数标高"视图。在"参数属性"对话框中设置名称为"窗框厚度"，参数分组方式为"尺寸标注"，在绘图区标注窗框宽度尺寸，并添加参数标签，如图 10-43 所示。

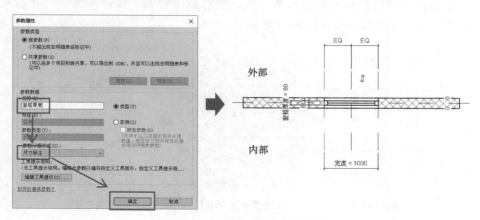

图 10-43　添加尺寸及参数标签

（16）以上完成了窗族的创建，结果如图 10-44 所示。完成后将文件保存为"10-44 窗族．rvt"。

图 10-44　窗族三维图

思考与练习

1. Revit 中常用构件族是在外部（　　）文件中创建的，可导入或载入到项目中，具有高度可自定义的特征。

A．"rfa"　　　　　　　　　B．"ret"

C．"rft"　　　　　　　　　D．"rvt"

2. Revit 中"拉伸"命令是通过绘制一个（　　）的拉伸端面并给予一个（　　）来建模的。

A．不封闭，拉伸高度　　　　B．封闭，拉伸宽度

C．封闭，拉伸高度　　　　　D．不封闭，拉伸宽度

3. 可以在项目中创建（　　）内建族，内建族（　　）通过复制内建族类型来创建多种类型。

A．一个，不能　　　　　　　B．多个，不能

C．多个，能　　　　　　　　D．一个，能

4. （　　）是 Revit 中的一种图形编辑模式，使用户能够创建可在模型中使用的族。使用时，整个族创建过程在预定义的样板中执行，（　　）根据用户的需要在族中加入各种参数。

A．族编辑器，不可以　　　　B．族创建工具，可以

C．族编辑器，可以　　　　　D．族创建工具，不可以

5. Revit 用户操作界面的各操作区域中，可以进行族类型更换的是（　　）。

A．属性选项板　　　　　　　B．类型选择器

C．项目浏览器　　　　　　　D．信息中心

6. 如果项目需要不重复使用的特殊几何图形，或需要必须与其他项目几何图形保持一种或多种关系的几何图形，需创建（　　）。

A．系统族　　　　　　　　　B．可载入族

C．内建族　　　　　　　　　D．项目文件

7. 以 10.4 节"建筑结构族创建实例"为例,创建"窗高度为 1800mm,窗扇高 1200mm,窗框宽为 70mm"的窗族实例。

8. 用"旋转"创建如图 10-45 所示模型,放样轮廓为边长 500mm 的六边形,圆环内半径为 1000mm。

平面图   三维图

图 10-45 题 8 图

9. 用族创建一堵墙(图 10-46),墙厚 200mm,墙长 4.2m,高 3.3m,在墙上开一个半径为 1000mm 的圆形洞口。

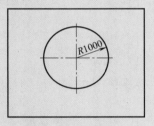

图 10-46 题 9 图

10. 创建图 10-47 中的螺母模型,螺母孔的直径为 10mm,正六边形边长 9mm、各边距孔中心 8mm,螺母高 10mm。

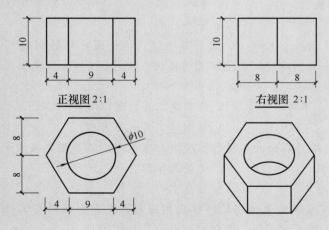

图 10-47 题 10 图

第 11 章
钢结构及装配式结构

Chapter **11**

近年来，国家提出要大力发展钢结构和装配式建筑，钢结构和预制结构正逐渐成为设计的重点，本章在学习 Revit 基本建模方法的基础上，进一步讲解 Revit 软件中的钢结构和装配式结构的基本操作方法。

11.1 钢结构的创建与编辑

在 Revit2023 中，钢结构设计工具分别在"结构"选项卡和"钢"选项卡中，如图 11-1 所示。

(a)"结构"选项卡

(b)"钢"选项卡

图 11-1 钢结构设计工具

利用"结构"选项卡设计工具可以创建结构基础、结构柱、结构梁系统、钢结构支撑、钢梁等构件。钢结构设计中的钢板、钢梁、钢柱、钢桁架等构件与第 4 章中结构柱、结构梁的设置方法是相似的，不同之处主要体现在钢结构的连接与切割上。

"钢"选项卡中的钢结构设计工具包括钢结构连接、预制板与螺栓、角点的切割以及连接端的切割倾斜等，是用于创建钢结构间的连接与钢结构构件切割的辅助工具。钢结构的连接包括钢梁的连接、钢板与钢梁的连接、钢柱与基础的连接、结构支撑的连接和其他形式连接等。切割主要是指切割钢板、钢梁及钢柱，使其能够在连接板、连接螺栓作用下紧密连接。

钢结构是由钢制材料组成的结构，是主要的建筑结构类型。钢结构主要是由型钢和钢板等制成的钢梁、钢柱、钢桁架等构件组成，各构件之间通常采用焊接、螺栓或锚固钉连接。钢结构因其自重较轻，且施工简便，广泛应用于厂房、场馆、超高层等领域。Revit 提供了钢结构构件的创建方式，对于钢构件的连接也提供了螺栓（螺栓、锚固件、孔、剪力钉）、焊缝的选项卡。同时，Revit 还提供了参数化切割的选项以便于钢构件的剪切。

11.1.1 绘制钢结构图元

1. 创建钢结构板图元

选项卡："钢"选项卡｜"预制图元"面板｜"板"

操作方法：

（1）单击"钢"选项卡→"预制图元"面板→"板"工具△。

（2）使用"修改｜创建钢板"选项卡中的"绘制"面板上的绘制工具绘制矩形板，长、宽分别为4200、3000，如图11-2所示。

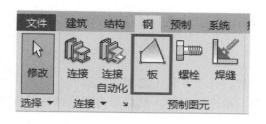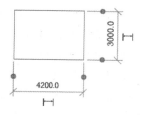

图11-2　绘制板的形状

（3）单击"修改｜创建钢板"选项卡中"模式"面板→点击 ✔ 完成编辑模式，选中钢板，在"属性"中结构"厚度"默认为10，如图11-3所示。

图11-3　创建的板和"板属性"面板

注意：板仅在视图的"详细程度"设置为"精细"时可见，如图11-4所示。

图11-4　视图详细程度设置

☞　技巧与提示

➢ 钢结构板的实例属性。

修改板实例属性可以更改结构厚度、涂层等属性，如图11-3所示。

结构材质：为可能会影响结构分析的图元指定材质。它还可以控制结构图元的隐藏视图显示。"混凝土"或"预制"将显示为隐藏。"钢"或"木材"在前面有另一个图元时会显示。如果被其他图元隐藏，将不会显示未指定的内容。

厚度：指定钢连接板的厚度。

涂层：从通用钢涂层列表中指定钢板的涂层材质。

长度：钢连接板的长度。

宽度：钢连接板的宽度。

对正：板相对于定义工作平面的位置，介于 0 和 1 之间的任意值。

图像：将图像与选定图元实例关联。单击值字段，然后单击浏览按钮以打开"管理图像"对话框。

注释：用户对图元添加的注释。

标记：为图元创建的标签。可以用于施工标记。对于项目中的每个图元，此值都必须是唯一的。如果此数值已被使用，Revit 会发出警告信息，但允许您继续使用它。

创建的阶段：指明在哪一个阶段创建了板构件。

拆除的阶段：指明在哪一个阶段拆除了板构件。

2. 沿钢图元放置螺栓

（1）依次单击"钢"选项卡→"预制图元"面板→▣ "螺栓"选项中的"螺栓"。

（2）在绘图区域中，选择要连接的螺栓图元（注：使用 Ctrl＋单击可选择多个图元），按 Enter 键完成选择。

（3）选择螺栓图元垂直于图元表面，依次单击"修改｜创建螺栓图案"选项卡→"绘制"面板，选择矩形进行绘制，如图 11-5 所示，Revit 软件会自动在所绘制矩形四个角点放置螺栓。

(a) 选择矩形工具　　　　　　　　(b) 绘制图案　　　　　　　　(c) 完成螺栓的编辑

图 11-5　绘制螺栓的形状

（4）在图元表面上绘制螺栓图案的形状，依次单击"修改｜创建螺栓图案"选项卡→"模式"面板→✔（完成编辑模式），完成螺栓编辑，如图 11-5（c）所示。

☞　技巧与提示

➤ 螺栓的实例属性：

在图 11-6（a）中可通过修改螺栓标准、等级、直径等实例属性更改螺栓。

标准：指定螺栓的规格标准。

等级：指定螺栓抗拉和屈服强度的等级。

直径：指定螺栓杆的直径。

结构	⌃
标准	EN 14399-4
等级	10.9
直径	36.00 mm
部件	Na2W
螺栓长度	150.0
夹点长度	100.0
夹点长度增加	0.0
孔定义	编辑...
已颠倒	□
缝隙处的涂层计算	☑
位置	场地
涂层	无
边 1 的数量	2
边 2 的数量	2
边 1 的长度	2900.0
边 2 的长度	1800.0
边 1 的间距	2900.0
边 2 的间距	1800.0
边 1 的边缘距离	0.0
边 2 的边缘距离	0.0
标识数据	⌃
图像	
注释	
标记	
阶段化	⌃
创建的阶段	新建建筑
拆除的阶段	无

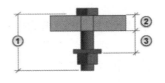

① 螺栓长度
② 夹点长度
③ 夹点长度增加

(a) "螺栓属性"面板　　　　　　(b) 螺栓实例参数图例

图 11-6　"螺栓属性"面板及参数图例

部件：指定螺栓连接的装配零件。例如：螺栓、螺母和 2 个垫圈。

螺栓长度：指定螺栓的长度，该值为只读，如图 11-6（b）所示。

夹点长度：连接图元的厚度，该值为只读，如图 11-6（b）所示。

夹点长度增加：已添加到计算的夹点长度，默认值为 0，如图 11-6（b）所示。

孔定义：可以打开"孔参数"对话框，在其中配置选定螺栓组的每个连接图元的孔。

已颠倒：反转螺栓的方向。

缝隙处的涂层计算：如果要连接的图元之间存在缝隙，则螺栓长度计算可以于缝隙处完成。

位置：指定螺栓装配位置。

涂层：指定螺栓涂层的材质。

边 1 的数量：（仅方形绘制图案）沿螺栓图案的较长草图绘制边分布的螺栓数。

边 2 的数量：（仅方形绘制图案）沿螺栓图案的较短草图绘制边分布的螺栓数。

边 1 的长度：（仅方形绘制图案）螺栓图案的较长绘制边的长度。

边 2 的长度：（仅方形绘制图案）螺栓图案的较短绘制边的长度。

边 1 的间距：（仅方形绘制图案）沿螺栓图案的较长草图绘制边的螺栓之间的距离。

边 2 的间距：（仅方形绘制图案）沿螺栓图案的较短草图绘制边的螺栓之间的距离。

边 1 的边缘距离：（仅方形绘制图案）图案的较长草图绘制边的边缘与第一个螺栓之间的距离。

边 2 的边缘距离：（仅方形绘制图案）图案的较短草图绘制边的边缘与第一个螺栓之间的距离。

半径：（仅环形绘制图案）绘制的圆形螺栓图案的半径。

编号：（仅环形绘制图案）围绕绘制的圆形螺栓图案分布的螺栓数量。

图像：将图像与选定图元实例关联。单击值字段，单击"浏览"按钮打开"管理图像"对话框。

注释：对图元添加的注释。

标记：图元创建的标签，可以用于施工标记。对于项目中的每个图元，标注必须是唯一的。如果此数值已被使用，Revit 会发出警告信息，但允许继续使用它。

创建的阶段：指明在哪一个阶段中创建了螺栓构件。

拆除的阶段：指明在哪一个阶段中拆除了螺栓构件。

3. 沿钢图元设置其他构件

绘制矩形或环形锚固件、孔、剪力钉等图案时，可以在三维视图或平面视图中的结构图元上放置锚固件、孔、剪力钉（图 11-7、图 11-8）。其放置步骤与"沿钢图元放置螺栓"的方法是相似的，属性与螺栓类似。

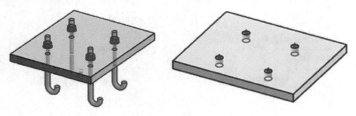

图 11-7　设置钢板锚固件和孔

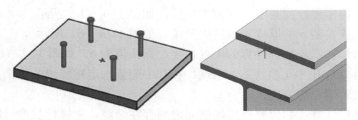

图 11-8　设置钢板剪力钉和焊缝

在钢结构图元之间添加焊缝以便于在钢结构图元之间建立连接。其设置步骤与"沿钢图元放置螺栓"相似。

11.1.2　模型图元参数化切割

在 Revit 中，钢结构模型图元"参数化切割"包括连接端切割、斜接、贯穿切割以及切割方式 4 个选项，如图 11-9（a）所示。

1. 用于钢预制的"连接端切割"的步骤

（1）在相交的结构梁上创建参数化连接段切割，可以在梁之间生成相关连接。钢结构的"钢梁"创建方法与创建梁模型方法相同。

（2）创建好钢梁后，单击"钢"选项卡→"参数化剪切"面板→连接端切割 （图 11-9a）。

（3）选择要进行连接端切割的相交钢图元（图 11-9b），按 Enter 键后将创建连接端切割且钢图元之间的子连接显示为虚线框，如图 11-9（c）所示。

注：钢图元连接端切割剪切仅在视图的"详细程度"设置为"精细"时可见。

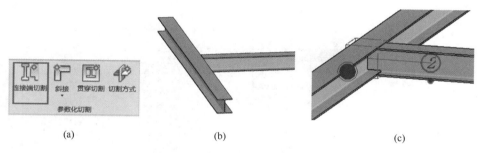

(a)   (b)   (c)

图 11-9　创建钢图元与连接端切割

（4）单击图 11-9（c）中连接点处子连接虚线框，在"属性"选项卡中编辑详细参数，如图 11-10 所示。

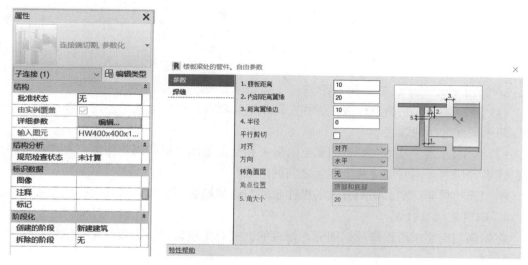

图 11-10　连接端切割"子连接"属性和详细参数

2. 用于钢预制的参数化斜接的步骤

（1）创建好钢梁后，单击"钢"选项卡→"参数化剪切"面板→📐（斜接）。

（2）选择要进行斜切割的钢图元，按 Enter 键后，斜接已创建且钢图元之间的子连接显示为虚线框，如图 11-11 所示。

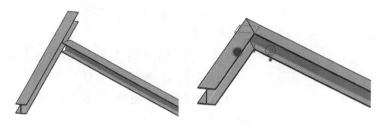

图 11-11　钢图元创建和斜接

（3）单击图 11-9（c）中连接点处子连接虚线框，可以在"属性"选项卡中编辑详细参数，如图 11-12 所示。

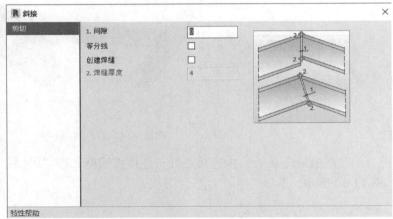

图 11-12　斜接属性和详细参数

3. 钢图元的贯穿切割、切割方式

（1）贯穿切割：是指在环绕另一相交模型图元轮廓的模型图元上创建贯穿切割，同时创建两个图元之间的焊接。

（2）切割方式：是指在模型图元上沿另一相交模型图元形状创建切割，并在相交图元上创建贯穿切割，同时创建两个图元之间的连接。

钢图元的贯穿切割、切割方式的操作步骤与连接端切割类似，可依次完成相应操作。

4. 钢图元的修改器

在钢预制模型中可以修改钢图元，修改的方式有角点切割、连接端切割倾斜、缩短和轮廓切割。

（1）结构板上创建切角

在结构板上可以通过创建切角来自定义结构板形状，其创建步骤如下：

① 单击"钢"选项卡→"修改器"面板→ （"角点切割"选项），如图 11-13 所示。

② 单击结构板，剪切放置于板上点击位置最近的角上，选择切角并在"属性"选项板中修改其属性（切角的类型有直线、外凸、凹），如图 11-14 所示。

③ 选择切角的类型后，设置切角的边长并确定，这样切角就可以生成，如图 11-14 所示（注：板和切角仅在视图的"详细程度"设置为"精细"时可见）。

图 11-13　"角点切割"工具

（2）钢图元的连接端切割倾斜

在实际项目中通常要对钢构件的连接端进行切割，用以适应钢预制图元连接和几何图形，其创建步骤如下：

图 11-14　"角点切割"属性和编辑好的切角

① 单击"钢"选项卡→"修改器"面板→（"连接端切割倾斜"选项），如图 11-15 所示。

② 在结构中单击图元的任一端，此时剪切将创建在选定图元的最接近边缘和侧边、顶部或底部，选择"连接端切割倾斜"在"属性"选项板中设置相关属性，如图 11-16 所示。

图 11-15　"连接端切割倾斜"工具

③ 按照要求设置连接端切割倾斜的属性并确定，如图 11-16 所示。

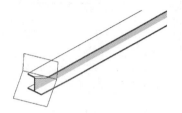

图 11-16　"连接端切割倾斜"属性和编辑好的切割

图 11-17　缩短工具

（3）钢图元的缩短

钢图元的"缩短"选项是用于缩短钢梁、支撑或柱的前端、末端、顶部或底部，以此修改钢预制图元的几何形状。其创建步骤如下：

① 单击"钢"选项卡→"修改器"面板→（"缩短"选项），如图 11-17 所示。

② 在结构中单击钢图元的任一端，此时剪切将创建在选定图元的最近端点上，选择剪切在"属性"选项板中设置相关属性，如图 11-18 所示。

③ 按照要求设置连接端切割的属性并确定，如图 11-18 所示。属性中，增加长度可进一步缩短剪切；输入负长度可以延伸图元；沿梁的高度和宽度指定角度值可以创建斜切。

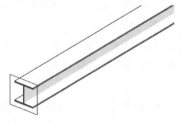

图 11-18　"缩短"属性和编辑好的缩短图元设置

图 11-19　"轮廓切割"工具

（4）轮廓切割

钢图元的"轮廓切割"是在钢框架图元或板上创建轮廓切割，其创建步骤如下：

① 单击"钢"选项卡→"修改器"面板→ ![icon]（"轮廓切割"选项），选择要切割的钢图元表面，如图11-19所示。

② 使用"绘制"面板的绘制工具来绘制轮廓的形状，单击"修改｜创建轮廓"选项卡→"模式"面板→ ✔（完成编辑模式）。

注意：只能在平面上创建轮廓切割，且板和轮廓切割仅在视图的"详细程度"设置为"精细"时可见。

③ 选择轮廓可以在"属性"选项板中设置其属性，如图11-20所示。

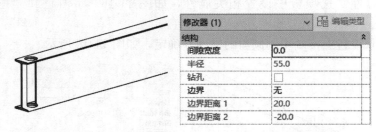

图11-20 "轮廓切割"属性和编辑好的切割轮廓图元设置

11.1.3 模型图元结构连接

钢连接是结构连接族，可以按照结构连接的方式放置和修改连接。在 Revit 中，钢结构连接可以通过下列方式添加到项目中：①加载钢连接；②创建自定义连接；③使用参数化剪切；④从其他项目载入一个或多个选定的类型或选定系统族的所有族类型。

钢结构连接方式可连接钢预制图元或将钢预制图元和混凝土图元连接，这些连接方式可以在三维视图或者平面视图中创建，且仅在视图的"详细程度"设置为"精细"时可见。

在创建钢结构连接时，有可能会创建失败，这些失败的原因有：①输入的图元不是受支持的钢结构形状或族；②输入图元的几何图形位置不正确；③输入图元的顺序不正确；④默认连接参数配置不正确。

1. 加载钢连接

Revit 提供了多种标准钢连接，可以通过在模型中加载并使用这些连接。具体操作步骤如下：

（1）单击"钢"选项卡中的"连接"面板→单击面板右下角的小箭头，这样可以通过"结构连接设置"选项框来选择钢结构连接方式，如图11-21所示。

（2）通过"连接组"的"所有连接"来选择连接方式，或者选择"连接组"中"梁端点到端点""柱-梁""常规支撑""梁处的板""平台梁""檩条和冷轧""管连接""加劲肋连接"和"其他"等单个选择连接方式，如图11-21所示。

（3）选择要加载的钢结构连接方式，单击"添加"按钮就可以载入连接；若要删除载入的连接，可在"载入的连接"框中选择要删除的连接，单击"删除"按钮完成操作。

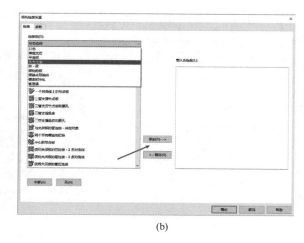

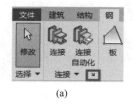

(a)
(b)

图 11-21 钢结构的结构连接设置

2. 钢连接的自定义连接

自定义连接包括钢图元（如板、轮廓、螺栓或焊缝）、标准连接（加载连接方式）、参数化切割（连接端切割、斜接、贯穿切割、切割方式）。可以通过组合任意钢部件、标准连接和参数化切割以自定义连接。

11.2 钢桁架创建与编辑

钢结构厂房是由钢排架柱和轻型钢屋架屋盖体系组成的钢结构单层工业厂房。钢结构厂房的结构体系按照荷载的传递途径，依次为：轻型屋面材料、檩条、轻型钢屋架、柱、吊车梁、各类支撑系统、基础等。它主要由四种结构组成：①横向排架结构：由钢梁或钢屋架—钢结构柱—基础组成；②纵向支撑结构：由屋盖支撑、柱间支撑组成；③屋盖结构：由屋面材料—檩条—钢梁或钢屋架组成；④围护结构：由纵墙和山墙组成。

（1）新建一个项目文件，绘制好所需轴网。首先放置主跨的柱子：进入"标高 2"楼层平面，单击"结构柱"工具，在"类型选择器"选择类型"工字钢柱"，注意需选择"深度"，放置两个柱子，并留出相应距离，按空格键使两个柱子变换方向，如图 11-22 所示。

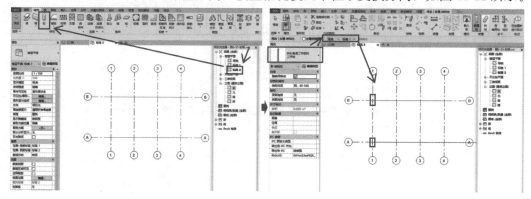

图 11-22 绘制钢柱

（2）点击"结构"选项卡中的"桁架"，载入所需"桁架"族，如图 11-23 所示。

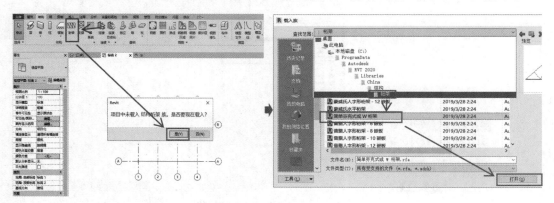

图 11-23 载入"桁架"族

（3）载入"桁架"族后，按图纸进行绘制，如图 11-24 所示。

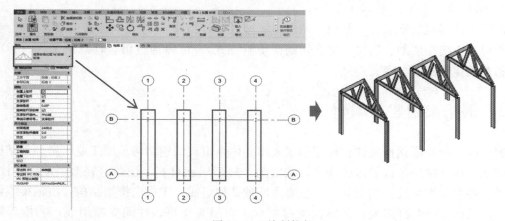

图 11-24 绘制桁架

（4）点击"项目浏览器"选项卡下"立面"中的"东"立面，切换到东立面视图。点击"注释"选项卡下的"对齐"命令，可标注柱顶与桁架底的距离，如图 11-25 所示。

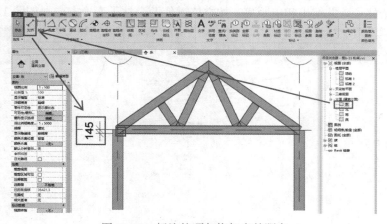

图 11-25 标注柱顶与桁架底的距离

（5）选中柱子，在"属性"选项卡中的"顶部偏移"中填入柱顶与桁架底的距离，由于柱顶高于桁架底，因此向下偏移（即输入"-145"），点击"取消连接图元"，可将桁架底放置于柱顶，如图11-26所示。

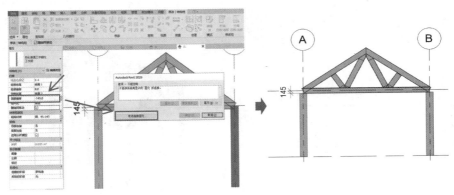

图 11-26 修改柱顶部偏移

（6）按住"Tab"键，选择桁架底部横梁，点击"解锁"按钮，把梁拖到柱外边缘。其余梁的操作相同，如图11-27所示。

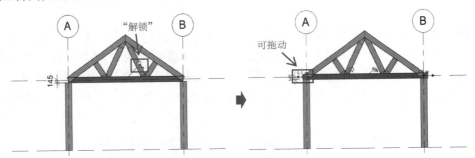

图 11-27 修改梁位置

（7）点击"修改"选项卡中的"连接端切割"，分别点击所需切割型钢，切割型钢连接端，如图11-28所示。

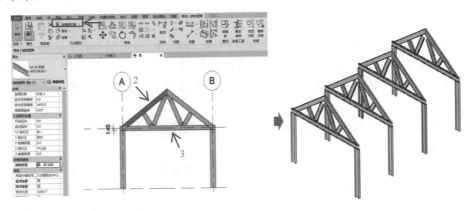

图 11-28 切割型钢连接端

299

（8）点击"项目浏览器"中"楼层平面"下的"标高 2"进入视图，点击"结构"选项卡中的"梁"，在"类型"选择器中选择"热轧普通工字钢"，进行连系梁绘制，如图 11-29 所示。完成后将文件保存为"11-29 钢桁架.rvt"。

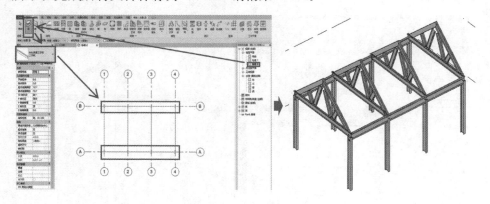

图 11-29　绘制连系梁

11.3　预制构件设计

预制结构正逐渐成为设计的重点，Revit 中可以在其功能区的"预制"选项卡中创建预制结构。复杂部件由"预制"工具创建：首先，将墙和楼板分割为可拆分的部件；其次，Revit 会按照规则自动增强并拟合分割图元与连接件；完成后，使用多种视图生成工具、尺寸标注、位置、符号等来自动创建墙和楼板的施工图，Revit 中的预制构件设计工具如图 11-30 所示。

图 11-30　预制构件设计工具

本节主要讲述预制构件用于分段、连接、钢筋、施工图和 CAM 输出的建立和相应规则，了解 Revit 中"预制"选项卡的功能区的结构预制工具。"预制"功能区的工具有：

（1）分段面板："拆分"是将墙或楼板分割成预制部件，从而提供分段、钢筋、连接和其他所需零件。

（2）连接面板："安装件"是将其他安装件放置到预制部件，并使用新零件进行更新。

（3）钢筋面板：

"钢筋"是为相同图元类型的选定部件或零件创建钢筋。

"自定义钢筋网片"是将自定义的钢筋网片应用于墙和楼板。

"CFS 配置"是在"自定义钢筋网片配置"对话框中，定义生成自定义钢筋网片的规则。

（4）预制面板

"施工图"是使用预定义样板为选中的图元创建施工图。

"CAM 输出"是基于预制部件创建的数据文件。

（5）配置面板

"配置"是用于生成预制图元的规则。

（6）预制更新程序

"启用"是在预制部件进行更改时，自动重新创建预制图元，仅适用于预制部件。

"禁用"是在预制部件进行更改时，禁止重新创建预制图元，仅适用于预制部件。

11.3.1　预制图元配置

在 Revit 中，通过"配置"对话框（图 11-31a）生成预制图元的规则，可以配置项目中的预制墙和楼板的零件和部件、分段参数、钢筋的详细信息、施工图以及 CAM 输出等，如图 11-31（b）所示。

(a)

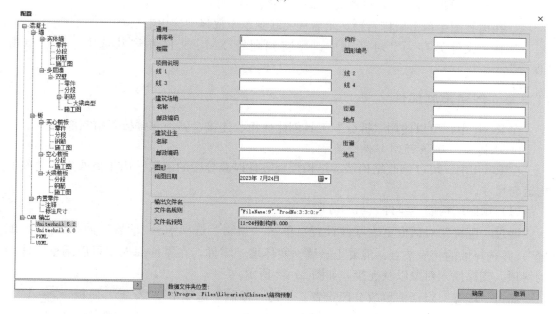

(b)

图 11-31　"配置"对话框

1. "配置"对话框的操作步骤

（1）单击"预制"选项卡→"配置"面板→（配置）以启动"配置"对话框。若

"配置"工具首次用于项目时，系统会通过对话框提示需要加载特定的预制族，单击"确定"按钮即可载入预制族，进入"配置"对话框。

（2）"配置"对话框的信息

"墙"配置："墙"节点可选择配置实体墙、多层墙。这些设置包括零件、分段、钢筋以及施工图等。

"板"配置："板"节点可选择配置空心楼板、实心楼板和大梁楼板。这些设置包括零件、分段、钢筋以及施工图等。

"内置零件"配置："内置零件"节点需要设置零件中的注释和尺寸标注信息。

"CAM 输出"配置："CAM 输出"节点配置了不同 CAM 文件类型的更多数据。

2. 导入或导出预制配置设置

在实际项目中，多个类似项目的预制配置设置是相似的，为了保持配置设置的一致性，故需要导入或导出预制配置文件。

（1）导入结构预制配置文件

① 单击"预制"选项卡→"配置"面板→ ▥▤（配置）。

② 在树视图中单击鼠标右键，然后从关联菜单中选择"导入"。

③ 在"打开配置文件"对话框中，导航到配置 XML 文件并将其选中，然后点击"打开"。

（2）导出结构预制配置文件

① 单击"预制"选项卡→"配置"面板→ ▥▤（配置）。

② 在树视图中单击鼠标右键，然后从关联菜单中选择"导出"。

③ 在"文件另存为"对话框中，导航到配置 XML 文件并将其选中，然后单击"保存"。

11.3.2 创建预制部件

在 Revit 中，可以使用"拆分"工具创建嵌板、连接、斜顶和楼板等预制部件。

1. 结构墙、楼板预制部件配置

在 Revit 中，可以修改结构墙、结构楼板零件以及分段的参数，用于更改生成部件的构造与尺寸。

（1）预制结构墙"零件"与"分段"配置

通过"配置"对话框更改零件设置：单击"预制"选项卡→"配置"面板→▥▤（"配置"）并选择墙的相应节点：混凝土→墙→实体墙→零件，在零件面板中可以调整实体墙的斜顶、支撑插入对象以及连接，如图 11-32 所示。

通过"配置"对话框更改分段设置：单击"预制"选项卡→"配置"面板→▥▤（"配置"）并选择墙的相应节点：混凝土→墙→实体墙→分段，调整墙的分段参数生成部件，如图 11-33 所示。

（2）预制结构楼板"零件"与"分段"配置

通过"配置"对话框更改分段设置。单击"预制"选项卡→"配置"面板→▥▤（"配置"）并选择楼板的相应节点：混凝土→板→实心楼板→零件，在零件面板中可以调整实

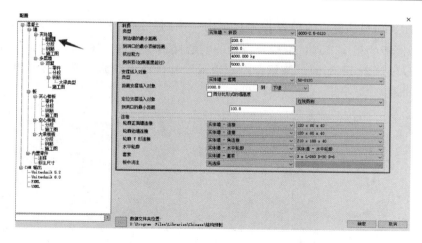

图 11-32 预制结构墙"零件"配置参数设置

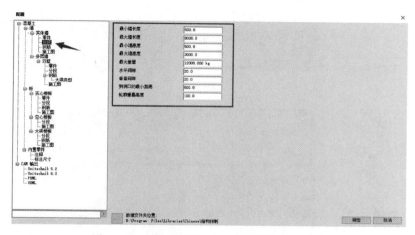

图 11-33 预制结构墙"分段"配置参数设置

心楼板的斜顶参数，如图 11-34 所示。

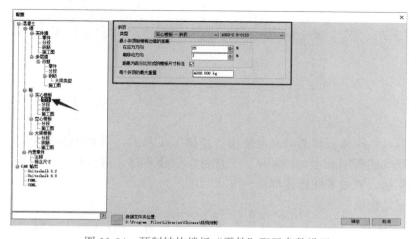

图 11-34 预制结构楼板"零件"配置参数设置

通过"配置"对话框更改分段设置。单击"预制"选项卡→"配置"面板→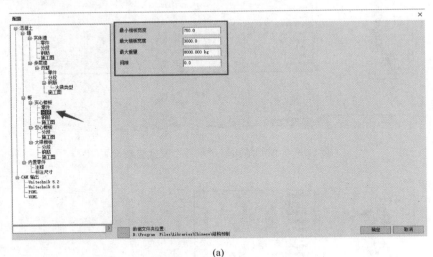（"配置"）并选择楼板的相应节点：混凝土→板→实心楼板→分段（图11-35a）；混凝土→板→空心楼板→分段（图11-35b）（**注意：空心楼板尺寸标注由其族定义，若要更改空心尺寸标注需要编辑族**）。

(a)

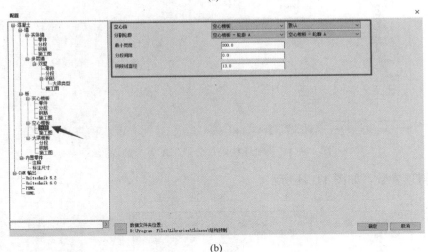

(b)

图11-35 预制结构楼板"分段"配置参数设置

2. 结构墙、楼板预制部件拆分

在结构墙、结构楼板和基础底板使用"预制"工具时，可创建预制构件。在结构墙、结构楼板和基础底板图元上，"拆分"工具可以创建零件、根据规则分割命令分割零件、放置连接和钢筋、通过零件创建部件。

（1）预制结构墙部件拆分

① 单击"预制"选项卡→"分段"面板→"拆分"（图11-36a），选择结构墙（图11-36b），同时在"选项栏"上选择"多个"用以选择多个图元；

② 在绘图区域，选择结构图元，并在"选项栏"上单击"完成"选项（图 11-36c），拆分完成的结构墙如图 11-36（d）所示。

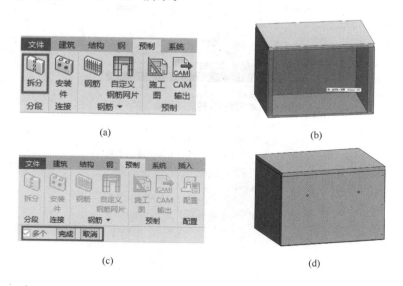

图 11-36　预制结构墙部件拆分

（2）预制结构板部件拆分

① 单击"预制"选项卡→"分段"面板→"拆分" ，选择结构楼板（图 11-37a），同时在"选项栏"上选择"多个"以选择多个图元；

② 在绘图区域，选择结构图元，并在"选项栏"上单击"完成"选项，拆分完成的结构楼板如图 11-37（b）所示。

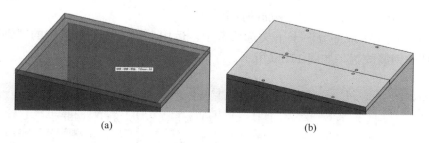

图 11-37　预制结构楼板部件拆分

☞　技巧与提示

➤ 在 Revit 中，若需要创建预制双壁，其创建过程与"结构墙"的操作相似。在墙的"类型属性"中的"编辑"对话框可设置以下内容（图 11-38）：

① 在"功能"列中，创建 3 个层，分别为：结构；保温层/空气层；结构；

② 在"材质"列中，分别添加下列材料：混凝土；空气；混凝土；

③ 在"厚度"列中，输入每层的厚度值。

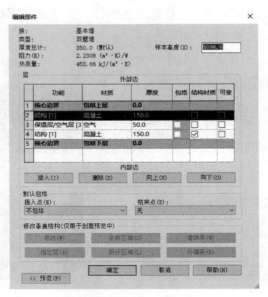

图 11-38　预制双壁墙

11.3.3　预制部件钢筋模型建立

在 Revit 中，可直接对预制部件放置钢筋，也可通过定义钢筋类型采用钢筋网片的形式放置钢筋。

1. 预制部件直接放置钢筋

在预制构件中直接放置钢筋可参考第 8 章钢筋的布置，操作步骤相同，其创建过程如下：

① 单击选中视图中所需创建钢筋的预制部件。

② 在"修改｜组成部分"上下文选项卡中，运用"钢筋"工具栏中的"钢筋"创建工具进行结构钢筋放置，如图 11-39 所示。

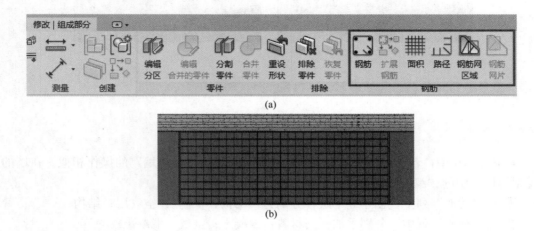

(a)

(b)

图 11-39　预制部件直接放置钢筋

2. 预制结构部件钢筋网片布置钢筋

在实际项目中，若钢筋类型较多可通过放置钢筋网片为预制结构部件设置多个钢筋类型。

（1）预制结构墙部件钢筋配置

在"配置"对话框中更改钢筋设置，单击"预制"选项卡→"配置"面板→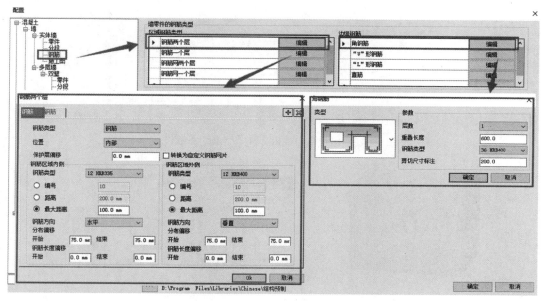（"配置"），并选择相应钢筋节点：混凝土→墙→实体墙→钢筋，为预制墙部件创建、定义和编辑钢筋类型，如图11-40所示，钢筋类型会在随后放置钢筋图元时变为已选择的钢筋类型。

图 11-40　预制结构墙部件"钢筋"配置参数设置

（2）预制结构楼板部件钢筋配置

在"配置"对话框中更改钢筋设置，单击"预制"选项卡→"配置"面板→（"配置"），并选择结构楼板的相应钢筋节点：混凝土→板→实心楼板→钢筋，如图11-41所示。

在"配置"对话框的"区域钢筋"选项上，为预制楼板部件创建、定义和编辑钢筋类型，如图11-41所示，钢筋类型会在随后放置钢筋图元时变为已选择的钢筋类型。

（3）结构墙钢筋网片放置

通过在预制部件放置钢筋网片的方法放置结构钢筋，其创建过程如下：

① 单击"预制"选项卡→"钢筋"面板→（"钢筋"），同时单击选择需要布置钢筋的结构墙预制部件，如图11-42（a）所示。

② 在"选项栏"中可以选择"多个"，以选择多个同一类型的结构构件，做好选择后单击"确定"（图11-42b）。

③ 在弹出的"墙特性"对话框上，选择"配置"中设置完成的"区域钢筋类型"与"边缘钢筋类型"（图11-42c），单击"确定"，创建完成的结构墙钢筋网片如图11-42（d）所示。

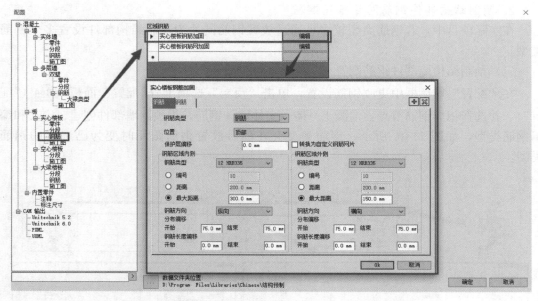

图 11-41　预制结构楼板部件"钢筋"参数设置

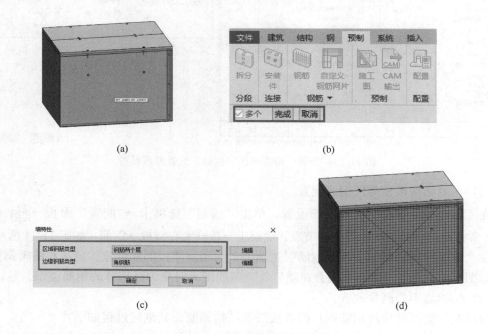

图 11-42　结构墙钢筋网片放置

（4）结构楼板钢筋网片放置

① 单击"预制"选项卡→"钢筋"面板→（"钢筋"），同时单击选择需要布置钢筋的结构板预制部件，如图 11-43（a）所示。

② 在"选项栏"中可以选择"多个"，以选择多个同一类型的结构构件，做好选择后单击"确定"（图 11-43b）。

③ 在弹出的"楼板特性"对话框上，选择"配置"中设置完成的"区域钢筋类型"（图 11-43c），单击确定，创建完成的钢筋网片如图 11-43（d）所示。

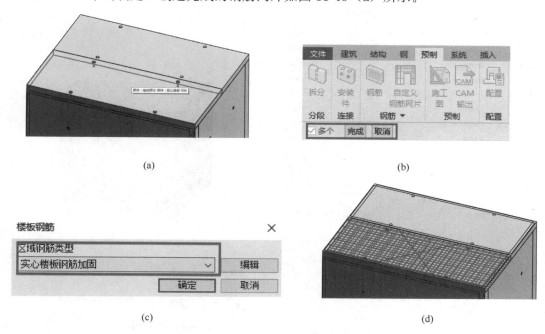

（a）

（b）

（c）

（d）

图 11-43　结构楼板钢筋网片放置

3. 创建自定义钢筋网片

在预制结构墙或结构楼板中可将已经创建完毕的钢筋转换为自定义钢筋网片，其创建步骤如下：

（1）在创建钢筋网片时，须先设置自定义钢筋网片的准则。单击"预制"选项卡→"钢筋"面板下拉列表→（"CFS 配置"），打开"自定义钢筋网片配置"对话框，如图 11-44（a）所示。查看并修改钢筋网片的准则，未满足这些准则的钢筋部件不会转换为网片。

（2）编辑好"自定义钢筋网片"的准则后，选择要成为钢筋网片的钢筋（图 11-44b），单击"修改｜结构钢筋"上下文选项卡，在创建面板中选择（创建部件），如图 11-44（c）所示。在"新建部件"对话框中可编辑"类型名称"，点击"确定"，如图 11-44（d）所示。

（3）单击"预制"选项卡→"钢筋"面板→（自定义钢筋网片），如图 11-44（e）所示，在"选项栏"上单击"完成"。这样，钢筋部件会转换为自定义放置的钢筋网片，如图 11-44（f）所示。

11.3.4　创建施工图

在 Revit 中，可以为任何图元自动创建施工图。

1. 创建预制部件图形的标题栏

生成预制构件施工图时，需提供预制特定窗口的标题栏才可以使用。在 Revit 中，可

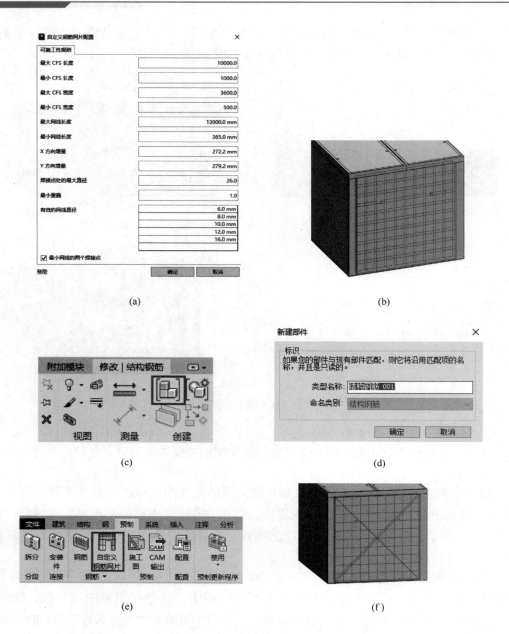

图 11-44　CFS 配置和自定义钢筋网片

通过载入结构预制标题栏族来生成标题栏，操作步骤为：

单击"插入"选项卡→"从库中载入"面板→（载入族）。在"载入族"对话框中，在结构预制目录下，选中"实体墙-A3.rfa"，单击"打开"即可，如图 11-45 所示。

2. 为"预制部件"创建"施工图"

在 Revit 中，为结构预制部件生成施工图的操作步骤为：

（1）将标题栏载入 Revit 项目中，单击"预制"选项卡→"配置"面板→（"配置"），选择"施工图"节点，可以在此面板设置以下内容：施工图样板、重心、尺寸标注

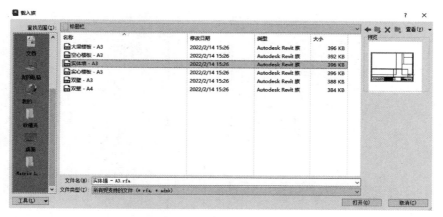

图 11-45　载入"标题栏"

类型、尺寸线距离、尺寸线说明，如图 11-46 所示。

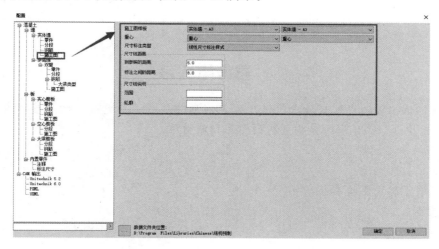

图 11-46　设置"施工图"配置参数

（2）单击"确定"关闭"配置"对话框，在绘图区域中，单击"预制"选项卡→"制造"面板→⚟（施工图），如图 11-47（a）所示，选择要生成施工图的预制部件（图 11-47b），将会生成施工图（图 11-47c）并放置在"项目浏览器"的"部件"目录。

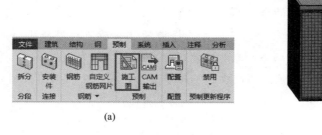

(a)　　　　　　　　　　　　　(b)

图 11-47　生成预制部件施工图（一）

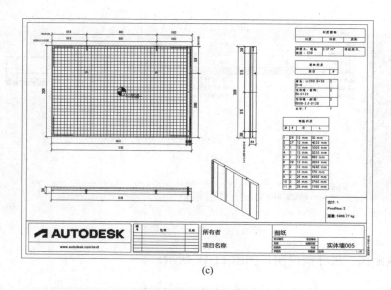

(c)

图 11-47　生成预制部件施工图（二）

思考与练习

1. 在钢结构板的实例属性中，修改板实例属性（　　）更改结构厚度、涂层等属性。结构材质（　　）影响结构分析的图元指定材质。

A. 可以，可能会

B. 不可以，可能会

C. 可以，不会

D. 不可以，不会

2. 水平预制构件族不包括（　　）。

A. 空调板族

B. 预制阳台

C. 预制梁

D. 预制凸窗

3. 预制结构墙分段配置流程为（　　）。

A. 单击"预制"选项卡→"配置"面板→墙→⊞（"配置"）并选择墙的相应节点：混凝土→实体墙→分段，调整墙的分段参数生成部件

B. 单击"预制"选项卡→"配置"面板→⊞（"配置"）并选择墙的相应节点：混凝土→墙→分段，调整墙的分段参数生成部件→实体墙

C. 单击"预制"选项卡→"配置"面板→⊞（"配置"）并选择墙的相应节点：混凝土→墙→实体墙→分段，调整墙的分段参数生成部件

D. 单击"预制"选项卡→⊞（"配置"）并选择墙的相应节点：混凝土→"配置"面板→墙→实体墙→分段，调整墙的分段参数生成部件

4. Revit 预制构件族分为水平预制构件族和竖向预制构件族，竖向构件预制族不包括（　　）。

A. 叠合板族

B. 预制女儿墙

C. 预制墙族

D. 预制柱

5. Revit 中可通过"配置"对话框更改预制结构楼板分段设置，其流程为（　　）。

A. 单击"预制"选项卡→"配置"面板→（"配置"）并选择墙的相应节点：混凝土→板→实心楼板→分段

B. 单击"预制"选项卡→"配置"面板→板→（"配置"）并选择墙的相应节点：混凝土→实心楼板→分段

C. 单击"预制"选项卡→（"配置"）并选择墙的相应节点：混凝土→"配置"面板→板→实心楼板→分段

D. 单击"预制"选项卡→"配置"面板→板→（"配置"）并选择墙的相应节点：混凝土→空心楼板→分段

6. 在 Revit 中，以下不属于钢模型图元参数化切割类型的是（　　）。

A. 连接端切割　　　　　　　　B. 斜接

C. 穿切割　　　　　　　　　　D. 垂直切

7. 在设置钢图元及其连接方式时，如何才能显示在视图中？

8. 在 Revit 中，钢图元的连接方式有几种？

9. 在 Revit 中，如何生成预制图元的预制规则？

10. 在实体或三维视图中，如何查看钢筋网片和自定义钢筋网片？

思考与练习参考答案

第1章

1. B 2. C 3. C 4. B 5. D 6. A 7. B 8. C 9. C 10. D

第2章

1. D 2. B 3. B 4. A 5. A 6. C 7~9 略

第3章

1. B 2. C 3. C 4. D 5. A 6. C 7~10 略

第4章

1. D 2. B 3. B 4. C 5. C 6. B 7~10 略

第5章

1. D 2. D 3. B 4. C 5. B 6. A 7~10 略

第6章

1. A 2. B 3. B 4. A 5. C 6. A 7~10 略

第7章

1. B 2. A 3. A 4. A

5. 答：明细表的类型具体可分为明细表/数量、关键字明细表、材质提取、注释明细表、修订明细表、视图列表、图纸列表7种。

6. 答：点击"视图"选项卡下"创建"面板中的"明细表"，点击"明细表/数量"按钮创建明细表，在弹出的"新建明细表"对话框中将类别设置为"常规模型"，在"明细表"属性对话框中将"体积"字段添加到明细表字段中。

7~10 略

第8章

1. A 2. D 3. B 4. C 5. D 6. C 7~10 略

第9章

1. D 2. B 3. A 4. A 5. D

6. 修改视图标题的方法有两种。

方法一：读取视图，直接点选视图标题进行修改。

方法二：修改视图的"类型属性"中"图纸上的标题"参数值。

7~10 略

第10章

1. A 2. C 3. B 4. C 5. B 6. C 7~10 略

第11章

1. A 2. D 3. C 4. A 5. A 6. D

7. 在视图的"详细程度"设置为"精细"时，钢图元及其连接方式才可以在视图范围中显示。

8. 钢结构连接可以通过下列方式添加到项目中：①加载钢连接；②创建自定义连接；③使用参数化剪切；④从其他项目载入一个或多个选定的类型或选定系统族的所有族

314

类型。

9. 在 Revit 中，通过"预制"选项卡中的"配置"对话框以生成预制图元的规则，可以配置项目中的预制墙、楼板的零件和部件、分段参数、钢筋的详细信息、施工图以及 CAM 输出等。

10. 在实体或三维视图中，查看钢筋网片和自定义钢筋网片的操作步骤为：①选择钢筋网片；②在"属性"对话框中，单击"视图可见性状态"对应的"编辑"按钮；③在该对话框中，选择钢筋网片在其中清晰可见或显示为实体的三维视图。

参 考 文 献

[1] 中华人民共和国住房和城乡建设部. 建筑信息模型应用统一标准：GB/T 51212—2016 [S]. 北京：中国建筑工业出版社，2017.

[2] 中华人民共和国住房和城乡建设部. 建筑信息模型施工应用标准：GB/T 51235—2017 [S]. 北京：中国建筑工业出版社，2017.

[3] 中华人民共和国住房和城乡建设部. 建筑信息模型设计交付标准：GB/T 51301—2018 [S]. 北京：中国建筑工业出版社，2018.

[4] 中华人民共和国住房和城乡建设部. 建筑制图标准：GB/T 50104—2010 [S]. 北京：中国建筑工业出版社，2011.

[5] 同济大学等合编. 房屋建筑学 [M]. 4 版. 北京：中国建筑工业出版社，2006.

[6] 中华人民共和国住房和城乡建设部. 装配式混凝土结构表示方法及示例（剪力墙结构）：15G107-1 [S]. 北京：中国计划出版社，2015.

[7] 王茹，行媛，闻华洲，等. 基于 Revit 的建筑施工图正向设计流程 [J]. 土木工程信息技术. 13 (1)，2020.

[8] 王茹，王亚康. 大型地下综合体设计阶段 BIM 应用研究 [J]. 建筑科学，36 (1)，2020.

[9] 王茹，权超超. 公路立交 BIM 参数化快速精确建模方法研究 [J]. 图学学报，40 (4)，2019.

[10] 王茹，宋楠楠，蔺向明，朱旭. 基于国建筑信息建模标准框架的建筑信息建模构件标准化研究 [J]. 工业建筑. 46 (3)，2016.

[11] 王茹，逯同洋，程凯. 地铁车站施工信息模型应用标准化研究 [J]. 现代隧道技术，60 (1)，2022.

[12] 王茹. BIM 结构模型创建与设计 [M]. 西安：西安交通大学出版社，2017.

[13] 王茹. BIM 技术导论 [M]. 北京：人民邮电出版社，2018.

[14] 王茹，魏静. 结构工程 BIM 术应用 [M]. 北京：高等教育出版社，2019.

[15] 王茹. 装配式建筑施工与管理 [M]. 北京：机械工业出版社 2020.